21世纪高等教育计算机规划教材

Linux 环境编程

Linux Programming

■ 姜林美 编著

U0258401

人 民 邮 电 出 版 社

北 京

图书在版编目（CIP）数据

Linux环境编程 / 姜林美编著. -- 北京 ：人民邮电
出版社，2013.5（2024.7重印）
21世纪高等教育计算机规划教材
ISBN 978-7-115-31225-9

Ⅰ. ①L⋯ Ⅱ. ①姜⋯ Ⅲ. ①Linux操作系统－高等学
校－教材 Ⅳ. ①TP316.89

中国版本图书馆CIP数据核字(2013)第051447号

内 容 提 要

本书介绍 Linux 环境下 Shell 编程、C 语言系统编程和 Gtk+编程三个方面的知识。第 1 章～3 章介绍 Linux 操作系统的基础知识、Linux 常用命令和 Shell 编程；第 4 章介绍 C 语言的基础知识；第 5～第 8 章介绍 Linux 系统编程，包括文件 I/O、标准 I/O 库、进程和信号以及进程间通信等方面的知识；第 9～第 10 章介绍如何使用 Gtk+库进行图形界面编程。

本书编写的宗旨是引导读者快速入门，所以行文注重循序渐进、逻辑连贯、语言简洁、阐述清晰、例程详尽。

本书适合作为高等院校计算机相关专业"Linux 环境编程"课程的教材或参考书，也适合具有一定编程基础的读者将其作为学习 Linux 环境下应用程序开发之入门教程。

21 世纪高等教育计算机规划教材

Linux 环境编程

◆ 编 著 姜林美
　　责任编辑 刘 博

◆ 人民邮电出版社出版发行　　北京市丰台区成寿寺路 11 号
　　邮编 100164　　电子邮件 315@ptpress.com.cn
　　网址 http://www.ptpress.com.cn
　　北京九州迅驰传媒文化有限公司印刷

◆ 开本：787×1092　1/16
　　印张：20.5　　　　　　　　2013 年 5 月第 1 版
　　字数：541 千字　　　　　　2024 年 7 月北京第 11 次印刷

ISBN 978-7-115-31225-9

定价：42.00 元

读者服务热线：(010)81055256　印装质量热线：(010)81055316
反盗版热线：(010)81055315

前言

Linux 是目前的主流操作系统之一，因其开源、免费、稳定、网络功能强大等特性，加之其桌面环境越来越美观、易用，其用户群体呈爆炸式增长的趋势。然而，与此趋势不相协调的是，介绍 Linux 环境编程的书籍却明显稀少，尤其是介绍 Linux 环境编程知识的课堂教材堪称匮乏。因此，笔者结合多年的课堂教学教案和 Linux 环境应用系统开发的经验编写了本书。

笔者以为，学习编程重在入门，入得其门，则一通百通。在如今互联网高度开放和发达的背景下，具体应用开发需要解决的问题很容易找到经验者的解答或相关的参考文献，但是理解他人的解答或参考文献中叙述却仍需要以入门知识为基础。

本书编写的宗旨是引导读者快速入门，所以行文注重循序渐进、逻辑连贯、语言简洁、阐述清晰、例程详尽。

全书共分 10 章，各章内容安排如下。

第 1 章，介绍学习 Linux 环境下的编程所需掌握的 Linux 的基础知识，包括 Linux 的发展因素、Linux 系统的安装、Linux 的桌面环境、命令行 Shell 和 Linux 文件系统。Linux 文件系统方面的知识是这一章介绍的重点。

第 2 章，介绍 Shell 命令操作。Linux 命令操作与图形界面操作相比，输之于易操作性，但胜之于高效、迅捷。掌握常用命令是学习 Linux 环境编程所必备的基本技能。这一章的内容不仅包括获取命令帮助的方法、特殊符号、查看历史命令等基础操作，更着重于介绍与文件系统搜索、文本阅读和编辑、用户管理、权限管理、进程管理、网络管理等相关的 70 多个常用命令的常用选项，对每个命令都给出了详尽的使用范例。

第 3 章，介绍 Shell 编程。Shell 程序通常由 Shell 命令加上程序控制结构组成，具有简洁、开发容易和便于移植的特点。Shell 脚本程序是进行系统管理维护不可缺少的利器。这一章囊括了 Shell 程序语言的所有语法知识点，每一个知识点均给出了丰富的示例。内容包括 Shell 程序的基础知识、Shell 变量、控制结构、函数、内部命令和 Shell 调试方法。

第 4 章，介绍 Linux 环境下的 GCC 编译器、Eclipse CDT 集成开发环境和 C 语言的基础知识。这一章着重以简洁的语言、合适易懂的示例介绍 C 语言的语法，内容包括 C 语言的特点、数据类型、运算符与表达式、语句、控制结构、函数、内存管理和编译预处理。

第 5 章，介绍基于文件描述符的底层文件 I/O 编程。在 Linux 中，几乎任何事物都可以用一个文件来表示，既包含普通的磁盘文件，也包含特殊的硬件设备文件、管道（PIPE）文件、套接字（SOCKET）文件和目录文件等。因此，文件 I/O 编程是 Linux 应用编程基础。这一章的内容包括 Linux 文件 I/O 概述、底层文件访问、链接文件操作、目录文件操作和设备文件。

第 6 章，介绍基于流的标准库 I/O 编程。标准 I/O 库是在系统调用函数基础上构造的，它处理很多细节（例如缓存分配）以优化执行 I/O，更加简单、方便和高效。这一章内容包括流和文件指针、缓存、流的打开和关闭、基于字符和行的 I/O、二进制 I/O、定位流、格式化 I/O、临时文件以及流与描述符的关系。

第 7 章，介绍进程和信号。进程是操作系统中最基本和重要的概念，信号是软件中断，提供了一种处理异步事件的方法。这一章以丰富的示例详细地介绍了进程和信号编程的基本方法，内容涵盖了进程的基本概念、Linux 进程环境和 Linux 进程控制、信号的概念和机制、信号的发送和捕获等各个方面。

第 8 章，介绍进程间通信编程。这一章详细介绍了如何在进程间交换信息，以及如何对多进程的数据访问进行同步，内容包括 IPC 简介、管道、命名管道（FIFO）、信号量、共享内存、消息队列，对每一种 IPC 机制均给出了实用易懂的示例程序。

第 9 章，介绍 Gtk+编程的基础知识。Gtk+的设计目的是支持在 X Window 系统下开发图形界面的应用程序，是 GNU 的标准图形界面开发程序库。这一章的内容包括 Gtk+简介、glib 库、Gtk+程序结构、响应 Gtk+的信号、构件的基本概念和构件的排列。

第 10 章，介绍 Gtk+的各类常用构件。Gtk+的构件十分丰富，有的使用简单，有的功能强大但使用起来较为复杂。这一章将详细说明各种常用的构件的使用方法，并给出详尽的例子引导读者快速掌握各种 Gtk+构件的编程技术，内容涵盖了 Gtk+基础构件、菜单、工具栏、树型构件和列表构件、对话框等各类界面元素的编程知识。

由于国内大多数学生或软件开发从业人员都是先学习 Windows 环境编程，习惯了 Windows 的操作和编程机制，因此要转型到 Linux 具有一定的门槛。在学习 Linux 环境编程的前期需要些许耐心和毅力，切忌在初学时持观望态度，不愿扎实探索，望而却步。

由于作者的学识有限，书中疏漏和不当之处在所难免，敬请广大同行和读者批评指正。

本书实例的源代码及电子教案可在人民邮电出版社教学服务与资源网（www.ptpedu.com.cn）上免费下载，也可通过电子邮件向笔者索取。

笔者的电子信箱是：clough@hqu.edu.cn。

作者
二〇一三年元月于华侨大学

目录

1

第1章
Linux 基础

Linux 是目前的主流操作系统之一，Linux 环境下的编程是本书要解决的主要问题。本章将介绍学习 Linux 环境下的编程所需掌握的 Linux 的基础知识。主要内容包括：

- Linux 概述
- Linux 的安装
- Linux 操作环境

1.1　概　　述

Linux 操作系统是 UNIX 操作系统的一种克隆系统。它诞生于 1991 年的 10 月 5 日（这是第一次正式向外公布的时间）。以后借助于 Internet 网络，并在全世界各地计算机爱好者的共同努力下，现已成为今天世界上使用最多的一种类 UNIX 操作系统，并且被认为是微软公司 Windows NT 系列操作系统最大的竞争对手。

Linux 的标志是可爱的企鹅，是芬兰的吉祥物。

1.1.1　Linux 内核和发行版

1991 年，芬兰赫尔辛基大学的一位研究生 Linus Torvalds 购买了自己的第一台 PC，并且决定开始开发自己的操作系统。他很快编写了自己的磁盘驱动程序和文件系统，并且慷慨地把源代码上传到互联网。

Linux 选择了使用"公共版权许可证（GPL）"的方式来发行这个软件，这是 Linux 取得长足发展的一个重要因素。GPL 版权允许任何人以任何形式使用及传播 Linux 的源程序。GPL 许可的内涵可简单理解为"你可以随意使用，知道这是我的东西就可以了。"

在互联网快速发展和普及的同时，在 Linux 开放自由的版权的吸引之下，无数软件高手投入开发，改善 Linux 的内核程序，使得 Linux 的功能日见强大。到本书写作时，Linux 已经推出了最新的稳定内核版本 3.5.3（见 http://www.kernel.org/）。

除了内核程序外，一个操作系统还需要其他的系统软件和应用软件的辅助配合才具有真正的实用性。Linux 系统中大部份常用的系统程序和应用程序是美国自由软体基金会（Free Software Foundation）开发出来的，也有部分是其他软件机构或个人利用自己的闲暇时间开发出来并不计报酬地奉献给 Linux 的。这些软件和 Linux 内核一样，大多是自由软件，任何人都可以免费在互联网上取得。不过自行收集这些软件再一一安装非常不便，于是便有一些专业的软件公司对 Linux

上的各类软件进行收集和整合，构建成一个完整的操作系统，方便一般使用者简便地安装整个操作系统。这就是 Linux 的"发行版"（distribution）。人们常常在互联网上看到各种各样不同的 Linux 的存在，这正是由于人们真正安装使用的 Linux 系统是由不同公司、机构整合出来的不同发行版的结果。

Linux 发行版的种类繁多，这些不同的发行版都使用相同的 Linux 内核，因此都算是 Linux 系统，它们所收录的也都大体相同，区别仅在于对软件套件的设置、更新和管理方式。以下列举几个目前常见的 Linux 发行版，如表 1.1 所示。

表 1-1　　　　　　　　　　　　　常见的 Linux 发行版

名　称	特　点	打包方式	桌面、类型及主页
Ubuntu	基于 Debian 的易用和免费的桌面操作系统，固定的发布周期（6 个月）和支持期限；易于初学者学习；丰富的文档	.deb 格式，使用 dpkg 及其前端 apt 作为包管理器	桌面：GNOME 类型：Beginners，Desktop，Server，Live Medium，Netbooks 处理器架构：i386，powerpc，sparc64，x86_64 http://www.ubuntu.com/
Fedora	高度创新，出色的安全功能；数量众多的支持包，严格遵守自由软件；其优先偏向企业应用的特点，而不是桌面可用性	.rpm 格式，使用 rpm 和 yum 包管理器	桌面：GNOME，KDE，LXDE，Openbox，Xfce 类型：Desktop，Server，Live Medium 处理器架构：i686，powerpc，x86_64 http://fedoraproject.org/
OpenSUSE	综合，直观的配置工具，大量的软件支持，优秀网站的架构和精美的文档库	YaST 的图形和命令行实用工具和 rpm 包管理器	桌面：Blackbox，GNOME，IceWM，KDE，Wmaker，Xfce 类型：Desktop，Server，Live Medium 处理器架构：i586，x86_64 http://www.opensuse.org/
Debian	非常稳定，卓越的质量控制，超过 20000 数量的软件；比任何其他的 Linux 发行支持更多的处理器架构。因为它的许多处理器架构的支持，最新的技术并不总是包括在内；周期缓慢（每 1～3 年发布稳定版）	.deb 格式，使用 dpkg 及其前端 apt 作为包管理器	桌面：AfterStep，Blackbox，Fluxbox，GNOME，IceWM，KDE，LXDE，Openbox，Wmaker，Xfce 类型：Desktop，Live Medium，Server 处理器架构：alpha，arm，armel，hppa，ia64，i386，m68k，mips，mipsel，powerpc，s390，sparc64，x86_64 http://www.debian.org/
CentOS	它是来自 Red Hat Enterprise Linux 依照开放源代码规进行重新编译而成的，并且仅仅是将 logo 标识替换掉，所以也可以说 CentOS 是 redhat 服务器的免费版。CentOS 有效、稳定和可靠，但缺乏最新的 Linux 技术支持	.rpm 格式，使用 rpm 和 yum 包管理器	桌面：GNOME，KDE 类型：Desktop，Live Medium，Server 处理器架构：i386，powerpc，s390，s390x，x86_64 http://www.centos.org/
Mandriva	上手容易，操作界面友好，使用图形配置工具，卓越的统一配置实用程序；非常友好的"开箱即用"的数种语言的支持，有庞大的社区进行技术支持，支持 NTFS 分区的大小变更	使用 RPM 包和 Rpmdrake URPMI 图形前端	桌面：JWM 类型：Desktop，Old computers，Live Medium，Netbooks 处理器架构：i386 http://www.puppylinux.com/

续表

名　称	特　点	打包方式	桌面、类型及主页
Linux Mint	超强的 "minty" 工具集合，数以百计的用户友好体验的增强，包含众多的多媒体编解码器，开放的用户建议，但并不总是包括最新功能	使用 DEB 包和 APT，兼容 Ubuntu	桌面：Fluxbox，GNOME，KDE，Xfce 类型：Beginners，Desktop，Live Medium 处理器架构：i386，x86_64 http://linuxmint.com/
RHEL	Red Hat Enterprise Linux，也就是所谓的 Redhat Advance Server，收费版本。目前最流行的 Linux 服务器发行版。国内使用人群最多的 Linux 版本；图书和网上资源丰富	.rpm 格式，使用 rpm 和 yum 包管理器	桌面：GNOME，KDE 类型：Desktop，Live Medium，Server 处理器架构：i386，powerpc，s390，s390x，x86_64 http:/www.redhat.com

1.1.2　Linux 的发展要素

在 Linux 诞生和发展过程中，有 5 个重要因素构成了其必备条件，它们是：UNIX、Minix、GNU 计划、POSIX 和 Internet。

1.1.2.1　UNIX 操作系统

UNIX 于 1969 年诞生在 Bell 实验室，是两个伟大计算机科学家 Ken.Thompson 和 Dennis Ritchie 开发的分时操作系统。UNIX 是大型系统采用的主流操作系统，采用固定机型的解决方案，各主要计算机产商有其自有版本的 UNIX。

目前 UNIX 变种非常多，最主要的也有 100 多种，但是 Linux 是使用人数最多的一种。以下是一些比较有名的 UNIX 系统。

● AIX：AIX（Advanced Interactive eXecutive）是 IBM 开发的一套 UNIX 操作系统。它符合 Open group 的 UNIX 98 行业标准（The Open Group UNIX 98 Base Brand），通过全面集成对 32-位 和 64-位应用的并行运行支持，为这些应用提供了全面的可扩展性。它可以在所有的 IBM ~ p 系列 和 IBM RS/6000 工作站、服务器和大型并行超级计算机上运行。AIX 重点支持商业和技术应用负载，提供对称多处理以及高端的可扩展性。AIX 是一个真正的服务器操作系统，IBM 的 pseries 已经占领了小型机的大半江山。AIX 一般用来运行 Oracle、Sybase、DB2 等大型数据库系统，不会用于桌面系统。

● HP-UX：HP-UX（Hewlett Packard UNIX），是惠普 9000 系列服务器的操作系统，可以在 HP 的 HP-UX 11i v3 PA-RISC 处理器、Intel 的 Itanium 处理器的计算机上运行。它基于 System V，是 UNIX 的一个变种。惠普 9000 服务器支持范围从入门级商业应用到大规模服务器应用，支持互联网防火墙、虚拟主机或者远程办公室业务，大型公司可以采用此服务器管理 ERP 或电子商务业务，对于高端应用，可以采用惠普公司的 Superdome 计算机，支持最多 64 个处理器进行并行计算。同 AIX 一样，HP-UX 一般用来运行 Oracle、Sybase、DB2 等大型数据库系统，不会用于桌面系统。

● Solaris：Solaris 是 Sun Microsystems 研发的计算机操作系统。目前 Solaris 属于混合开源软件。2005 年 6 月 14 日，Sun 公司将正在开发中的 Solaris 11 的源代码以 CDDL 许可开放，这一开放版本就是 OpenSolaris。Sun 的操作系统最初叫做 SunOS，开始主要是基于 BSDUnix 版本。SunOS 5.0 开始，Sun 的操作系统开发开始转向 System V Release 4，并且有了新的名字叫做 Solaris 2.0；Solaris 2.6 以后，Sun 删除了版本号中的 "2"，因此，SunOS 2.10 就叫做 Solaris 10。Solaris 的早期版本后来又被重新命名为 Solaris 1.x。所以 "SunOS" 这个词被用做专指 Solaris 操作系统的内核，因此 Solaris 被认为是由 SunOS，图形化的桌面计算环境，以及它网络增强部分组成。Solaris 支持多种系统架构：SPARC、x86 和 x64。与 Linux 相比，Solaris 可以更有效地支持对称多处理器（即 SMP 架构）。Sun 同时宣布将在 Solaris 10 的后续版本中提供 Linux 运行环境，允许 Linux 二进制程序直接在 Solaris x86 和 x64 系统上运行。由于 Sun 公司被 Oracle 收购，Solaris 和 OpenSolaris 一并归 Oracle 所有。

- FreeBSD：FreeBSD 是由经过 BSD、386BSD 和 4.4BSD 发展而来的类 UNIX 的一个重要分支。FreeBSD 拥有超过 200 名活跃开发者和上千名贡献者。它不是 UNIX，但如 UNIX 一样运行，兼容 POSIX。作为一个操作系统，FreeBSD 被认为相当稳健可靠。其核心为一组开发人员设计，而用户应用程序则交由他人开发（例如 GNU 计划）。

- XENIX/SCO UNIX：XENIX 是 Microsoft 公司与 SCO 公司联合开发的基于 INTEL80x86 系列芯片系统的微机 UNIX 版本。由于开始没有得到 AT&T 的授权，所以另外起名叫 XENIX，采用的标准是 AT&T 的 UNIX SVR3（System V Release 3）。Microsoft 将系统提供给像 IBM 这样的设备制造商，随着他们的机器一起销售；而 SCO 则将 XENIX 命名为 SCO XENIX 卖给个人用户。后来 AT&T 放松了对 UNIX 命名的限制，SCO 就将 SCO-XENIX 改名为 SCO UNIX，目前最新的是 SCO UNIX 5.0，并逐渐称为微机版 UNIX 系统的主流。由于 INTEL 系列芯片的微机现在使用最广泛，所以 SCO UNIX 也成了最常见的 UNIX 版本。

Linux 是 UNIX 的一种典型的克隆系统，采用了几乎一致的 API 接口。

1.1.2.2　Minix 操作系统

Minix 名称取自英语 Mini UNIX，是一个迷你版本的类 UNIX 操作系统。它于 1987 年由荷兰著名计算机教授 Andrew S. Tanenbaum 开发完成，全套 Minix 除了启动的部份以汇编语言编写以外，其他大部分都是纯粹用 C 语言编写，全部的代码共约 12000 行，分为内核、内存管理及文件系统三部分。Minix 的系统要求在当时来说非常简单，只要三片磁片就可以起动。由于 Minix 系统的出现并且提供源代码（Andrew 教授将代码置于他的著作 "Operating Systems: Design and Implementation"（ISBN 0-13-637331-3）的附录里作为示例，只能免费用于大学内）在全世界的大学中刮起了学习 UNIX 系统旋风。

Linux 刚开始就是参照 Minix 系统于 1991 年开发的。

1.1.2.3　GNU 计划

GNU 计划开始于 1984 年，旨在开发一个类似 UNIX、并且是自由软件的完整操作系统：GNU 系统（GNU 是 "GNU's Not UNIX" 的递归缩写）。各种使用 Linux 作为核心的 GNU 操作系统正在被广泛使用。虽然这些系统通常被称作 "Linux"，但是严格地说，它们应该被称为 GNU/Linux 系统。

自由软件基金会（the Free Software Foundation – FSF）成立于 1985 年，除了软件开发的工作，FSF 还极力保护和推广自由软件。FSF 是 GNU 项目（计划）的主要组织和开发者。自由软件基金会依靠一些公司捐助和其他商业捐助来维持。有大约 2/3 的运转资金来自个人的捐款，FSF 目的是支持和倡导软件的自由使用、学习、复制、修改和发布。

GNU 和 FSF 都是由 Richard M. Stallman(RMS)一手创办的。

到 20 世纪 90 年代初，GNU 项目已经开发出许多高质量的免费软件，其中包括有名的 emacs 编辑系统、bash Shell 程序、gcc 系列编译程序、gdb 调试程序等。这些软件为 Linux 操作系统的开发创造了一个合适的环境，是 Linux 能够诞生的基础之一。

1.1.2.4　POSIX 标准

POSIX 是 Portable Operating System Interface of UNIX 的缩写。由 IEEE（Institute of Electrical and Electronic Engineering）开发，由 ANSI 和 ISO 标准化。

IEEE 最初开发 POSIX 标准，是为了提高 UNIX 环境下应用程序的可移植性。然而，POSIX 并不局限于 UNIX。许多其他的操作系统，例如 DEC OpenVMS 和 Microsoft Windows NT，都支持 POSIX 标准，尤其是 IEEE Std. 1003.1-1990（1995 年修订）或 POSIX.1，POSIX.1 提供了源代码级别的 C 语言应用编程接口（API）给操作系统的服务程序。POSIX.1 已经被国际标准化组织（International Standards Organization，ISO）所接受，被命名为 ISO/IEC 9945-1:1990 标准。

POSIX 现在已经发展成为一个非常庞大的标准族，描述了操作系统的调用服务接口，用于保证编制的应用程序可以在源代码一级上在多种操作系统上移植运行，可称为 UNIX 的国际标准。最新标准从 http://www.opengroup.org/austin/ 获取。

在 1991-1993 年间，POSIX 标准的制定处在最后投票敲定的时候，此时 Linux 刚刚起步，这个 UNIX 标准使得 Linux 能够与绝大多数 UNIX 系统兼容。POSIX 标准在推动 Linux 操作系统以后朝着正规路上发展起着重要的作用。

1.1.2.5　Internet

正是因为有了 Intenet，有了遍布全世界的无数计算机骇客的无私奉献，Linux 才得以越来越完善。

1.2　Linux 的安装

1.2.1　在虚拟机上安装

随着计算机硬件性能的大幅提升，在一台普通的个人电脑上同时运行多个虚拟机已经非常轻松，也非常常见。目前虚拟机软件产品常见的有：VMware、Oracle VirtualBox、Xen、Microsoft VirtualPC 和 Bochs 等。本节将以 VirtualBox 为例介绍如何在虚拟机下安装 Ubuntu 12.04.1 Desktop LTS 版 Linux 操作系统。

1.2.1.1　VirtualBox 的安装

首先从 VirtualBox 官网（https://www.virtualbox.org/wiki/Downloads）下载 VirtualBox 的安装文件，如图 1-1 所示。下载完毕后，启动该.exe 可执行文件即进入安装界面，如图 1-2 所示。对于普通用户而言，在安装过程的各个界面无须做任何配置，只要单击 "next"、"yes" 或 "Install" 按钮即可完成安装。

图 1-1　下载 VirtualBox

图 1-2　VirtualBox 安装启动界面

1.2.1.2 在 VirtualBox 中创建虚拟机

VirtualBox 安装完毕后，双击桌面上的"Oracle VM VirtualBox"图标，启动 VirtualBox，其主界面如图 1-3 所示。图中左边栏中所列是笔者电脑上的 VirtualBox 中已创建的虚拟机列表，其中安装有 Windows 7、Windows XP、CentOS、OpenSolaris、Ubuntu 等各类操作系统。如果读者刚安装完 VirtualBox 的话，该列表应当还是空白。下面简要介绍如何创建一个虚拟机。

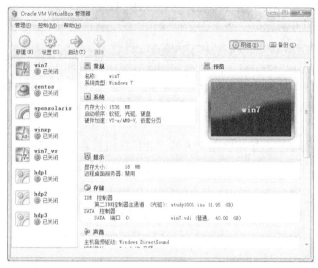

图 1-3　VirtualBox 主界面

单击工具栏中的"新建"按钮，打开"新建虚拟电脑"向导。在向导的首页直接单击"下一步"，来到图 1-4 所示的界面，在该界面可设置虚拟电脑的名称和欲在其中安装的操作系统的类型。名称可任意输入，因为要安装 Ubuntu 12.04.1 Desktop LTS 版，操作系统应该选择"Linux"，版本则应该选择"Ubuntu"。

继续单击"下一步"按钮，来到图 1-5 所示的内存设置界面，该界面中可设置欲分配给虚拟机的内存大小。注意：指定的内存将完全由虚拟机占用，也就是说主机中能分配给其他软件使用的内存将减少相应的量，一般建议所有同时启动的虚拟机占用的内存总量应低于主机物理内存的一半。

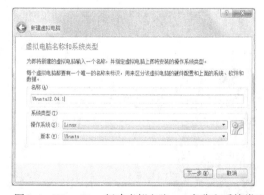

图 1-4　VirtualBox 新建虚拟电脑——名称和系统类型

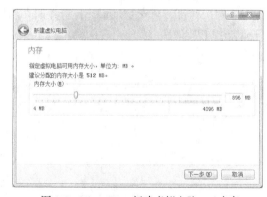

图 1-5　VirtualBox 新建虚拟电脑——内存

再次单击"下一步"按钮，来到图 1-6 所示的虚拟硬盘设置界面，该界面中可设置创建新的虚拟硬盘或使用已有的虚拟硬盘，因为是全新创建，这里选择"创建新的虚拟硬盘"。

继续单击"下一步"按钮，这一步选择虚拟硬盘的文件类型（虚拟硬盘在主机中实际就是一个文件），保持默认的"VDI"不变。

再次单击"下一步"按钮，设置虚拟硬盘"动态分配"或"固定大小"。"动态分配"表示随着虚拟机的使用逐渐增加虚拟硬盘文件的大小，优点是主机硬盘的空间不会一下被占用；"固定大小"表示一次性创建一个所分配大小的虚拟硬盘文件，优点是虚拟机的运行性能会更好一些。读者可以根据自己的需要选择，这里保持默认的"动态分配"不变。

继续单击"下一步"按钮，这一步选择虚拟磁盘文件的位置和大小，如图 1-7 所示。位置可任选，大小则至少应为 8GB，推荐 40GB 以方便安装各类软件。

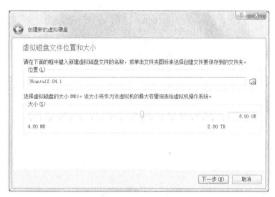

图 1-6　VirtualBox 新建虚拟电脑——虚拟硬盘　图 1-7　VirtualBox 新建虚拟电脑——虚拟磁盘文件位置和大小

再次单击"下一步"按钮，来到向导的最后一个界面，并单击"创建"，这样一个新的虚拟机即创建完毕，回到 VirtualBox 的主界面，如图 1-8 所示，左方列表栏出现了刚才创建的虚拟机"Ubuntu12.04.1"。

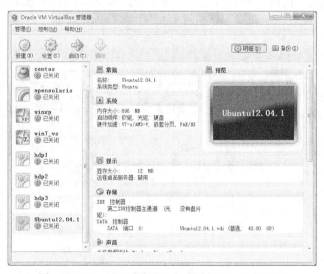

图 1-8　VirtualBox 主界面——虚拟机 Ubuntu12.04.1

1.2.1.3　在虚拟机中安装 Ubuntu

首先从 Ubuntu 官网（http://www.ubuntu.com/download/desktop）下载 Ubuntu12.04.1 版的光盘镜像文件 ubuntu-12.04.1-desktop-i386.iso。然后，将该镜像文件设置为虚拟机的启动光盘，操作步骤如下。

启动 VirtualBox，在其主界面的虚拟机列表中选中"Ubuntu12.04.1"，如图 1-8 所示。然后单击工具栏的"设置"按钮，进入虚拟机的设置界面，左边列表选择"存储"选项，可以看到中部"IDE 控制器"处有一个光盘图标项显示"没有盘片"，单击该项，在"分配光驱"项的最右边单击光盘图标，将弹出一个快捷菜单，如图 1-9 所示。单击"选择一个虚拟光盘"将打开文件选择对话框，选中下载好的 ubuntu-12.04.1-desktop-i386.iso 文件即可。

图 1-9　VirtualBox——选择光盘

设置好启动光盘后，在 VirtualBox 主界面中保证虚拟机列表中当前选中项是"Ubuntu12.04.1"，单击工具栏上的"启动"按钮，稍等片刻，可以看到已开始进入到 Ubuntu 的安装界面，如图 1-10 所示。

图 1-10　Ubuntu 安装界面——首页

在左边列表中可以选择安装语言,默认安装为英文版,向下滚动列表框可找到"中文(简体)"项,如图 1-11 所示。选中该项后,单击"安装 Ubuntu"按钮开始安装,出现"准备安装 Ubuntu"窗口,此处若提示"已经连接到互联网",建议先断开主机的网络连接,这样可以加快安装的速度,然后单击"继续"按钮进入下一步。在下一个窗口会提示是"清除整个磁盘并安装 Ubuntu"还是手动进行分区,为简便起见,保持默认的选择"清除整个磁盘并安装 Ubuntu"(不用担心,此处只是清除虚拟硬盘,不会影响主机的真正硬盘)。单击"续续"按钮并在出现的下一个窗口中单击"安装",系统便开始了 Ubuntu 的文件复制,如图 1-12 所示,此处也可设置地区(默认已选中上海)。

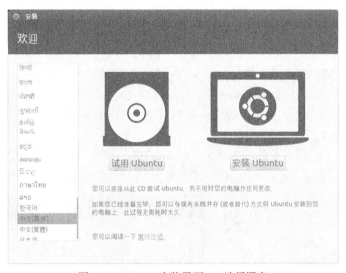

图 1-11　Ubuntu 安装界面——选择语言

图 1-12　Ubuntu 安装界面——复制文件&选择地区

在系统复制文件的同时(或复制完毕之后),单击"继续"按钮进入下一步"选择键盘布局",在此保持默认的"汉语"不变,再次单击"继续"按钮进入下一步"您是谁"窗口,如图 1-13 所示。在此窗口设置完用户信息,并保持"登录时需要密码"选项为选中状态,单击"继续"按钮,系统开始安装 Ubuntu，如图 1-14 所示。

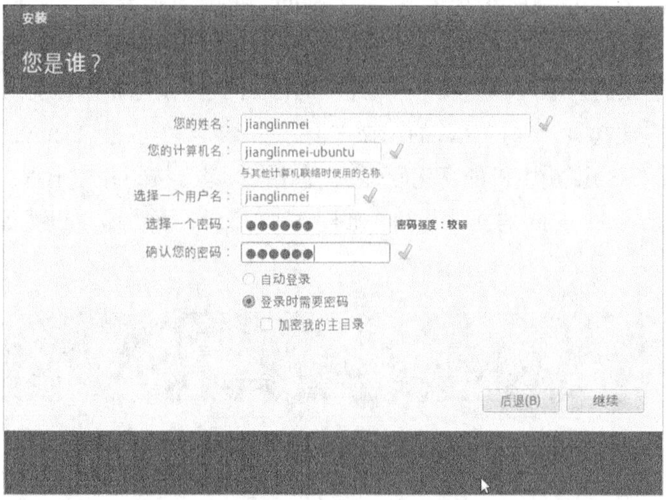

图 1-13　Ubuntu 安装界面——设置用户信息

图 1-14　Ubuntu 安装界面——安装过程

　　视主机的性能以及分配给虚拟机的内存大小不同，安装过程持续的时间长短不一，待安装完毕后，单击"现在重启"，若提示"remove installation media…"，可以通过图 1-15 所示的 VirtualBox 菜单的"移除虚拟盘"（注意：如果鼠标光标被限定在虚拟机窗口内，可以按"右侧的 Ctrl 键"解除光标锁定），然后回车重启。整个 Ubuntu 安装完毕。

　　重启 Ubuntu 后，在 Ubuntu 的登录界面中输入在安装过程中设置的密码（见图 1-13）登录 Ubuntu 桌面。作为虚拟机中安装的最后一步，为了提高虚拟机的性能，应当安装虚拟机的"增强功能"，这可以通过 VirtualBox 的设备菜单完成，如图 1-16 所示，单击"安装增强功能…"菜单项，Ubuntu 的桌面上将弹出一个"确认自动运行光盘"的对话框，如图 1-17 所示。单击"运行"按钮，又将弹出一个"授权"对话框，如图 1-18 所示。在该对话框中输入登录时使用的密码，单击"授权"按钮，开始安装增强工具。增强工具安装完毕后会在控制台窗口提示"Press Return to close this window"，如图 1-19 所示。按回车关闭该窗口即可，增强工具安装完毕。最后，单击 Ubuntu 桌面右上角的系统图标 ，将弹出一个菜单，如图 1-20 所示，单击"关机…"菜单项，在随后弹出的"关机"对话框中单击"重新启动"按钮重启虚拟机以使用增强功能，如：全屏、与主机共享粘贴板、共享文件夹等。

图 1-15　Ubuntu 安装界面——移除启动光盘并重启

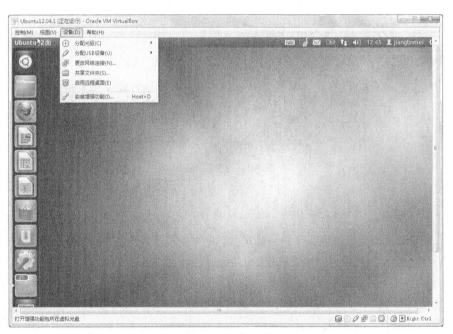

图 1-16　Ubuntu 桌面

图 1-17　启动安装增强工具对话框

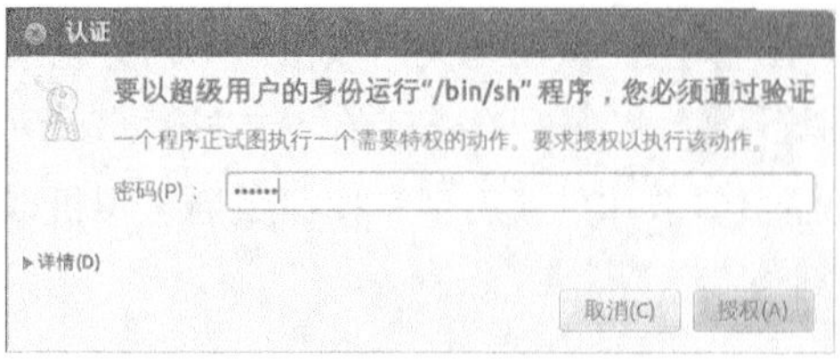
认证
要以超级用户的身份运行"/bin/sh"程序，您必须通过验证
一个程序正试图执行一个需要特权的动作。要求授权以执行该动作。
密码(P)：
详情(D)
取消(C)
授权(A)

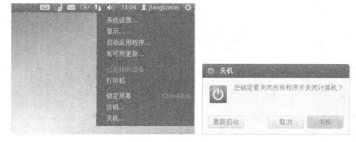

图 1-18　授权对话框

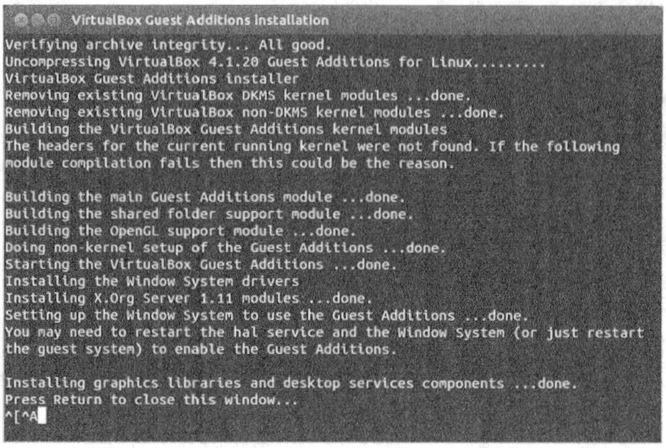
VirtualBox Guest Additions installation
Verifying archive integrity... All good.
Uncompressing VirtualBox 4.1.20 Guest Additions for Linux.........
VirtualBox Guest Additions installer
Removing existing VirtualBox DKMS kernel modules ...done.
Removing existing VirtualBox non-DKMS kernel modules ...done.
Building the VirtualBox Guest Additions kernel modules
The headers for the current running kernel were not found. If the following
module compilation fails then this could be the reason.
Building the main Guest Additions module ...done.
Building the shared folder support module ...done.
Building the OpenGL support module ...done.
Doing non-kernel setup of the Guest Additions ...done.
Starting the VirtualBox Guest Additions ...done.
Installing the Window System drivers
Installing X.Org Server 1.11 modules ...done.
Setting up the Window System to use the Guest Additions ...done.
You may need to restart the hal service and the Window System (or just restart
the guest system) to enable the Guest Additions.
Installing graphics libraries and desktop services components ...done.
Press Return to close this window...
^[^A

图 1-19　增强工具安装完成窗口

13:04
jianglinmei
系统设置...
显示...
启动应用程序...
有可用更新...
已连接的设备
打印机
锁定屏幕
Ctrl+Alt+L
注销...
关机...
关机
您确定要关闭所有程序并关闭计算机？
重新启动
取消
关机

图 1-20　重启 Ubuntu

1.2.2　在实体机上安装

将下载的 Ubuntu 光盘镜像文件刻录成光盘，即可使用该光盘在实体机上安装 Ubuntu。使用光盘在实体机上的安装过程与在虚拟机中的安装过程一致，应注意的地方是实体机上安装时，分区是对实际硬盘进行的，如果不是空白硬盘就应格外小心，不要损毁已有数据。除了使用光盘安装外，也可使用 U 盘或直接通过硬盘安装，这两种安装方式较为烦琐，有兴趣的读者可自行上网查找相关资料，本书不再赘述。

1.3　Linux 操作环境

1.3.1　GNOME 简介

在学习 GNOME 之前，有必要先简单了解一下 X Window。X Window 是一种以位图方式显示的软件窗口系统，是 UNIX、类 UNIX 操作系统所一致适用的标准化软件工具包及显示架构的运作协议。GNOME 和 KDE 等图形桌面都是以 X Window 为基础构建的。

GNOME 是 GNU Network Object Model Environment 的缩写，是一个开放源代码的桌面环境，属于 GNU（GNU's Not UNIX）计划的一部分。GNOME 是 Ubuntu 安装时的默认桌面环境。

GNOME 属于集成式桌面环境，由很多功能强大的组件组成，包括：启动应用程序和显示状态的控制面板、放置应用程序和数据的桌面、一组标准的桌面工具和应用程序、一组协调各应用程序的规则等。此外，GNOME 也具有高度可设置性，用户可以根据个人的喜好和习惯设置自己的桌面环境。

目前 Ubuntu12.04.1 默认安装的是 GNOME3.4.2 版。为方便初学者快速适应 Linux 环境，本节将简单介绍该版本的 GNOME 下的几个常用界面与操作。更多的 GNOME 配置使用方式，请读者在使用过程中自行摸索或参阅 GNOME 手册。

系统菜单

登录 Ubuntu 后，单击桌面右上角的系统图标 ⚙ 将弹出系统菜单，如图 1-21 所示。同 Windows 操作系统一样，后边带 "…" 号的菜单项表示单击后将弹出一个对话框。在系统菜单中除了最常用的"注销"和"关机"菜单项外，"锁定屏幕"（快捷键 Ctrl+Alt+L）菜单项也提供一项非常有用的功能，帮助用户在暂时离开的时候防止他人使用电脑。此外，"显示"和"系统设置"也是一般用户最常使用的功能，单击"显示"菜单项将弹出一个显示设置窗口，该窗口主要用于设置屏幕分辨率。单击"系统设置"菜单项将弹出系统设置窗口，下面将介绍该窗口。

图 1-21　系统菜单

系统设置

在系统菜单中单击"系统设置…"菜单项，将弹出系统设置窗口，如图 1-22 所示。

GNOME 3 的系统设置窗口的功能与 Windows 操作系统的控制面板的功能相类似。其中包含了各类操作系统管理工具的图标，单击相应的图标即可进入各工具设置窗口进行具体的设置。系统设置窗口中的管理工具被分为三个区：个人区、硬件区和系统区。使用硬件区或系统区中的工具一般要求具有 root 用户的权限，因此经常要输入授权后才能够进行设置或设置成功。

个人区中的工具用于为 GNOME 用户提供个性化设置功能，比如设置界面外观、设置语言支持和设置屏幕亮度等。

硬件区中的工具用于硬件设置，如：调整鼠标左右手使用习惯、双击速度、指针移动速度，设置声音效果，设置蓝牙和网络连接等。

系统区中的工具用于对操作系统的软件功能进行管理，如：对系统进行备份、设置系统时间、管理系统用户账户以及管理系统中安装的服务等。

图 1-22　系统设置窗口

网络设置

现今互联网的发展已经深入人心，绝大部分用户很难离开互联网而离线使用电脑。为此，作为 Linux 用户，掌握基本的网络设置方法是实用且必要的。

安装 Ubuntu Linux 后必须设置好网络连接后才能够连上局域网或互联网。在 GNOME 3 中，在网卡已正确安装（一般在安装 Ubuntu 时已自动完成）之后，可以通过单击任务栏上的网络图标 或 （如图 1-23 所示） 打开网络菜单，如图 1-24（左）所示。如果已配置好网络连接属性，如图中的 "Wired connection 1"（此为在虚拟机中安装 Ubuntu 时默认创建的有线连接），在菜单中单击该连接名即可连接网络；否则，需要对连接的属性进行设置，其中最重要的是设置 IP 地址、网关和域名服务器信息。

图 1-23　任务栏上网络连接断开（左）和网络已连接（右）的图标

在网络菜单（见图 1-24 左图）中，单击"编辑连接…"菜单项，将弹出网络连接窗口（见图 1-24 右图），该窗口有有线、无线、移动宽带等选项卡可分别设置相应的网络属性。以有线连接为例，选中，然后单击右侧的"编辑"按钮，将打开一个网络连接编辑对话框，如图 1-25（左）所示，在此可以设置网络连接的名称、是否开机时自动连接、MTU 字节数和 IP 地址等属性。

在图 1-25（左）所示对话框中单击"IPv4 设置"选项卡，显示 IPv4 属性设置页，如图 1-25（右）所示。系统默认采用 DHCP 方式自动获取 IP 地址。如需手动填写 IP，单击"方法（M）"右侧的的组合框，在其下拉列表中选择"手动"，地址列表及其右方的"添加"、"删除"按钮和服务器编辑框都将自动变亮（变为可用状态）。单击"添加"按钮，然后在地址列表中填写 IP、子网掩码和网关，并在下方的"DNS 服务器"编辑框中输入相关的域名服务器的 IP 地址，最后单

击"保存"按钮即可完成一个手动 IP 的连接的设置。要启动新设置的网络连接的话，打开图 1-24
（左）所示的网络菜单，单击连接名即可。

图 1-24　网络菜单（左）和网络连接窗口（右）

启动器和 Dash

在用户登录 Ubuntu 桌面后，桌面最左侧的竖栏即"启动器"，启动器用于放置用户最常使用
的应用程序的启动图标。当打开其他应用程序时，该程序的图标也会显示在启动器上，关闭该应
用程序后，其图标自动从启动器上消失。如果希望应用程序的图标永久显示在启动器上，则可以
在图标出现时，右击它并在出现的快捷菜单中选择"锁定到启动器"。相反，如果想将图标从启动
器上删除，右击相应图标并在出现的快捷菜单中选择"从启动器解锁"。

图 1-25　网络连接编辑对话框

在启动栏的最上方有一个"Dash 主页"图标按钮。Dash 是 GNOME 3 中用于记录用户最近
使用的应用程序、最近打开的文件的应用程序。另外，使用 Dash 也用于搜索应用程序或文件，
这是非常有用的一个特性。在 Ubuntu12.04.1 版本的启动栏上单击"Dash 主页"后，在笔者电脑
上显示的 Dash 主页如图 1-26 所示（实际内容依用户在 Ubuntu 上的历史操作的不同而不同）。

系统监视器

在 Ubuntu12.04.1 下可通过系统监视器来查看系统的一些有用信息，如操作系统版本、GNOME
版本、CPU 类型、内存大小、当前运行的进程占用 CPU 情况、当前内存的使用情况和当前挂载
的文件系统等。

图 1-26　Dash 主页

从启动栏启动"Dash 主页",然后在图 1-26 所示的搜索框中输入"monitor",在搜索框的下方会出现一个"系统监视器"图标,单击该图标即可打开系统监视器窗口,如图 1-27(左)所示。单击"进程"选项卡可以查看当前系统运行中的进程情况,如图 1-27(右)所示,选中任一进程,单击右下角的"结束进程"按钮可以停止一个进程的运行。

图 1-27　系统监视器窗口

终端

Linux 的终端类似于 Windows 操作系统的"命令提示符窗口",用于使用命令与操作系统进行交互。Linux 终端运行的实际是一个被称为"Shell"的程序,Linux Shell 功能非常强大,本书后文将用专门的章节来介绍它。在此,先介绍如何启动终端并输入命令。

从启动栏启动"Dash 主页",然后在图 1-26 所示的搜索框中输入"terminal",在搜索框的下方会出现一个"终端"图标,单击该图标即可打开终端窗口,如图 1-28 所示。

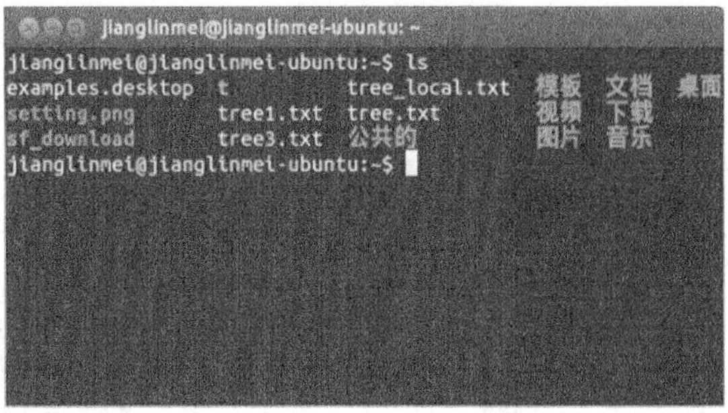

图 1-28　终端

打开终端窗口后，在窗口中会默认显示一条类似"jianglinmei@ubuntu: ~ $"信息，该信息是命令行提示信息，其中开头的"jianglinmei"是当前登录的用户名，"jianglinmei-ubuntu"是计算机名，":"后的"~"表示当前目录是用户的家目录，"$"符号则是缺省的"命令提示符"。在"$"符号后，用户可以输入"命令"（即有特殊含义的字符序列）。比如，在此输入"ls"并回车，系统会显示出当前用户家目录下的文件和目录，并且文件和目录会以不同的颜色相区分。一条命令运行完毕其结果也显示完毕后，会在其显示结果的下方再次自动显示以"$"结尾的命令提示信息，用户可以在"$"符号后输入其他命令并运行。

Linux 命令的一般格式是：

命令名　　[选项]　[参数 1]　[参数 2]　…

例如：

```
ls -l -a --full-time /tmp
```

在此命令行中，ls 是命令名，–l、-a 和--full-time 是命令选项，/tmp 是命令参数。其中由一个 ASCII 减号字符后接一个英文字母或数字构成的选项称为短选项（如-l 和-a），由两个 ASCII 减号字符后接一个英文单词（可含数字）构成的选项称为长选项（如--full-time）。多个短选项可以合写成由一个 ASCII 减号字符后接多个英文字母的形式，其作用和分开写是等效的，如上述示例命令可写成：

```
ls -la --full-time /tmp
```

1.3.2　Linux 文件系统

1.3.2.1　文件组织

文件系统指文件存在的物理空间，Linux 系统中每个分区都是一个文件系统，都有自己的目录层次结构。Linux 将分属不同分区的、单独的文件系统按一定的方式组织成一个系统的总的目录层次结构。

Linux 文件系统的存储结构可用图 1-29 来表示。Linux 使用索引节点（inode）来记录文件信息，其作用类似 windows 的文件分配表。索引节点是一个结构体（C 语言），它包含了一个文件的长度、创建及修改时间、权限、所属关系、磁盘中的位置（数据块指针）等信息。一个文件系统维护了一个索引节点的数组，每个文件或目录都与索引节点数组中的唯一一个元素对应。系统给每个索引节点进行了编号，也就是该节点在数组中的索引号，称为索引节点号。

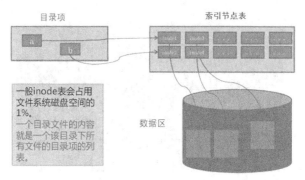

图 1-29 文件系统存储结构

Linux 文件系统将文件索引节点号和文件名同时保存在目录中。所以，目录只是将文件的名称和它的索引节点号结合在一起的一张表，目录中每一对文件名称和索引节点号被称为一个"连接"。对于一个文件来说有唯一的索引节点号与之对应，对于一个索引节点号，却可以有多个文件名与之对应。因此，在磁盘上的同一个文件可以通过不同的路径去访问它。

可以用 ln 命令对一个已经存在的文件再建立一个新的连接，而不复制文件的内容。连接有软连接和硬连接之分，软连接又叫符号连接。

硬连接的原文件名和连接文件名都指向相同的物理地址，硬连接不能跨越文件系统（类似 windows 下的分区），并且不能为目录创建硬连接。删除文件时，只有当一个索引节点只属于唯一的连接时才会真正删除。因此，可以通过建立硬连接来保护重要的文件，避免被误删除。

软连接或符号连接，是 Linux 特殊文件的一种。作为一个文件，它的内容是它所连接的文件的路径名，类似 windows 下的快捷方式，可以删除原有的文件而保存连接文件（这被称为断链）。

1.3.2.2 目录结构

Linux 使用标准的目录结构，在安装的时候，安装程序就已经为用户创建了文件系统和完整而固定的目录组成形式，并指定了每个目录的作用和其中的文件类型。图 1-30 列出了 Linux 文件系统的一些主要的目录，这些目录是各个发行版都有的，当然各个发行版也有一些别的版本不具有的特殊目录。

Linux 采用的是多级目录树型层次结构。树型结构最上层是根目录，用"/"表示，其他的所有目录都是从根目录出发而生成的。Linux 将所有的软件、硬件都作为文件来管理，每个文件都被保存在目录中。微软的 DOS 和 windows 也是采用树型结构，但是在 DOS 和 windows 中，这样的树型结构的根是磁盘分区的盘符，有几个分区就有几个树型结构，它们之间的关系是并列的。但是在 Linux 中，无论操作系统管理几个磁盘分区，这样的目录树只有一个。从结构上讲，各个磁盘分区上的树型目录不一定是并列的。

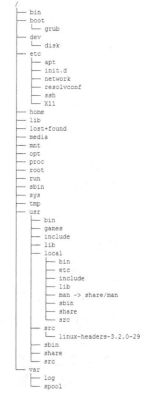

图 1-30 Linux 目录结构

Linux 系统中每个分区都是一个文件系统，都有自己的目录层次结构。Linux 将这些分属不同分区的、单独的文件系统按一定的方式组成一个系统的、总的目录层次结构。这里所说的"按一定方式"就是指的"挂载"。

所谓"挂载"，就是将一个文件系统的顶层目录挂到另一个文件系统的子目录上，使它们成为一个整体。上一层文件系统的子目录就称为挂载点。应当注意的是：

（1）挂载点必须是一个目录，而不能是一个文件。

（2）一个分区挂载在一个已存在的目录上，这个目录可以不为空，但挂载后这个目录下以前的内容将不可用。

（3）挂载前要了解 Linux 是否支持所要挂载的文件系统格式。光盘、软盘以及其他操作系统使用的文件系统的格式与 Linux 使用的文件系统格式是不一样的。光盘是 ISO9660；软盘是 fat16 或 ext2；windows NT 是 fat16、NTFS；Windows 98 是 fat16、fat32；Windows 2000 和 Windows XP 是 fat16、fat32 和 NTFS。

下面介绍 Linux 文件系统中一些重要的目录的作用。

/

Linux 文件系统最高一级的目录，称为根目录。一般不把文件放在根目录下。

/bin

进行系统操作所需要的基础命令，即最小系统所需要的命令，位于此目录。比如 ls、cp、mkdir 等命令。这个目录中的文件都是普通用户可以使用的可执行文件。

/boot

Linux 的内核及引导系统程序所需要的文件，比如 vmlinuz、initrd.img 等文件都位于此目录。在一般情况下，系统引导管理器 GRUB 也位于这个目录。

/dev

设备文件存储目录，比如磁盘、光驱、USB 接口、声卡、终端设备等。

/etc

系统配置文件所在地，是系统管理员需要特别关注的一个目录，许多服务器的配置文件也都放在这里。/etc/apt 目录存放的是 apt 软件包管理工具的配置文件；/etc/init.d 目录用来存放系统或服务器的启动脚本，有的发行版有另一个存放通过 xinetd 模式运行的服务器的启动脚本的目录 /etc/xinit.d；/etc/network 目录中存放了一些网络管理的配置文件；/etc/resolv.conf 及 /etc/resolvconf 目录用于配置域名信息；/etc/ssh 目录存放 ssh 客户端及服务器的配置文件；/etc/X11 是 X-Windows 相关的配置文件存放目录。

/home

普通用户家目录的默认父目录。

/lib

库文件的存放目录。

/lost+found

在 ext2、ext3 或 ext4 文件系统中，当系统意外崩溃或机器意外关机而产生的一些文件碎片放在这里。当系统启动的过程中 fsck 工具会检查这里，并修复已经损坏的文件系统。有时系统发生问题，有很多的文件被移到这个目录中，可能会用手工的方式来修复，或移到文件到原来的位置上。

/media

即插即用型存储设备的挂载点自动在这个目录下创建，比如 USB 盘系统自动挂载后，会在这个目录下产生一个目录。CDROM/DVD 自动挂载后，也会在这个目录中创建一个类似 cdrom 的目录。这个目录只在较新的发行套件上才有，比如 Ubuntu10.04 以后的版本。

/mnt

这个目录一般用作挂载点的父目录，习惯上总是将其他储存设备挂载到该目录的子目录中。

/opt

表示的是可选择的意思，有些软件包会被安装在这里。建议将自编译的软件（即通过源码包安装的软件）安装在这个目录中。

/proc

操作系统运行时，进程（正在运行中的程序）信息及内核信息（比如 CPU、硬盘分区、内存信息等）存放在这里。其中：/proc/cpuinfo 文件保存了关于处理器的信息，如类型、厂家、型号和性能等；/proc/devices 文件保存了当前运行内核所配置的所有设备清单；/proc/dma 文件保存了当前正在使用的 DMA 通道；/proc/filesystems 文件保存了当前运行内核所配置的文件系统；/proc/interrupts 保存了当前正在使用的中断和曾经有多少个中断等信息；/proc/ioports 保存了当前正在使用的 I/O 端口信息。/proc 目录下的文件大部分都是只读文件。

/root

Linux 超级权限用户 root 的家目录。

/sbin

这个目录和/usr/sbin 或/usr/local/sbin 目录一样，存放的都是涉及系统管理的必须有 root 权限才能执行的命令。

/tmp

临时文件目录。/var/tmp 目录和这个目录相似。

/usr

存放系统软件包程序的目录，比如命令、帮助文件等。当安装一个 Linux 发行版官方提供的软件包时，大多安装在这里。如果该软件包有配置文件，则配置文件安装在/etc 目录中。/usr 目录下包括众多的子目录，如：/usr/share 为系统中共用的文件的存放目录，其中有帮助文件的存放目录 /usr/share/man 和/usr/share/doc；/usr/bin 或/usr/local/bin 为普通用户可执行文件的存放目录，有时/usr/bin 中的文件是/usr/local/bin 的链接文件；/usr/sbin 或/usr/local/sbin 为超级权限用户 root 的可执行命令存放目录；/usr/include 为程序的头文件存放目录；另外，/usr/local 目录一般是用户自编译安装软件的默认存放目录，类似 Windows 下的 Program Files 目录。

/var

这个目录的内容是经常变动的。/var/log 是存放系统日志的目录。/var/www 是 Apache 服务器站点的存放目录。var/spool 是打印机、邮件、代理服务器等假脱机文件（输出井和输入井）存放目录。

1.3.2.3 Linux 的文件类型

Linux 文件类型常见的有普通文件、目录文件、链接文件、设备文件和管道文件等。但是，无论哪种类型的文件，Linux 都以无结构的流式文件（即把文件的内容看做是一系列有序的字节流）的方式对其进行处理。以下对上述各种文件类型作简要介绍。

1. 普通文件

普通文件指的是计算机用户和操作系统用于存放数据、程序等信息的文件，一般可分为文本文件和二进制文件。文本文件是基于字符编码的文件，常见的编码有 ASCII 编码、GBK 编码和 UNICODE 编码等。二进制文件是基于值编码的文件，由具体的应用程序指定或区分某个值是什么意思。

2. 目录文件

在 Linux 环境下，目录文件是文件系统中一个目录所包含的目录项组成的文件，包括文件名、子目录名及其指针。用户进程可以读取这些目录文件，但不能对其修改。

3. 链接文件

又称符号链接文件。可以通过在相同或不同的文件系统之间建立链接关系来实现对文件的访问，它提供了共享文件的一种方法。

4. 设备文件

Linux 系统把每一种 I/O 设备映射为一个设备文件，这使得一般的应用程序可以像处理普通文件一样处理硬件设备，也就使得文件和设备的操作接口具有一致性。

5.（命名）管道文件

管道文件又称先进先出（FIFO）文件，主要用于在进程间传递数据。Linux 系统把 FIFO 作为一种特殊的文件处理。

通过在 Linux 终端命令行上输入命令"ls　–l"可以查看文件类型，如命令清单 1-1 所示。注意观察命令清单中两条命令的运行结果，其每行的第一个字符是一个具有指明文件类型作用的特殊字符。其中"–"表示普通文件，"d"表示目录文件，"l"表示符号链接文件，"b"或"c"表示设备文件（"b"为块设备，"c"为字符设备）。由此可见，任何目录下都有两个特殊的目录文件"."（表示当前目录）和".."（表示目录的父目录），/bin/bash 是一个普通文件，/bin/bzcmp 是一个指向/bin/bzdiff 的符号连接文件，/dev/sda 是一个块设备文件，/dev/tty 是一个字符设备文件。

命令清单 1-1

```
jianglinmei@ubuntu:~$ ls -l /bin
drwxr-xr-x  2 root root     4096  9月  5 11:39 ./
drwxr-xr-x 23 root root     4096  9月  5 11:38 ../
-rwxr-xr-x  1 root root   920788  4月  3 23:58 bash*
lrwxrwxrwx  1 root root        6  9月  5 10:42 bzcmp -> bzdiff*
…
jianglinmei@ubuntu:~$ ls -l /dev
drwxr-xr-x 15 root    root     4060  9月 10 23:22 ./
drwxr-xr-x 23 root    root     4096  9月  5 11:38 ../
brw-rw----  1 root    disk    8,  0  9月 10 23:22 sda
crw-rw-rw-  1 root    tty     5,  0  9月 10 23:22 tty
…
```

1.3.2.4　Linux 的文件访问权限

Linux 将文件访问者分为三类：文件所有者、文件所有者所在的组的用户（组用户）和其他用户。对一个文件而言，可为三类用户分别设置三种基本权限：读、写和执行，含义如表 1-2 所示。

回顾一下命令清单 1-1 的显示结果，其第一列由 10 个字符组成，除去首字符表示的是文件类型外，其余的 9 个字符以三位为一组，可分为三组。从左往右，第一组表示文件所有者的权限，第二组表示组用户的权限，第三组表示其他用户的权限。同样，从左往右，每组的第一位表示读权限（代表字符为"r"），第二位表示写权限（代表字符为"w"），第三位表示执行权限（代表字

符为 "x")。

以 "/bin/bash" 文件为例，所有者的权限为 "rwx"，表示所有者具有读、写和执行的完全权限，组用户的权限为 "r-x"，字符 "-" 表示不具有相应的权限，因此，组用户仅具有读和执行的权限。同理，其他用户也仅具有读和执行的权限。

表 1-2　　　　　　　　　　　　　　Linux 文件的三种基本权限

代表字符	权　限	对文件的含义	对目录的含义
r	可读	允许查看文件内容	允许列出目录中的内容
w	可写	允许修改文件内容	允许在目录中创建、删除文件
x	可执行	允许执行文件	允许进入目录

Linux 下的文件除了三种基本权限设置外，还有三种特殊的权限设置，它们分别是 SUID、SGID 和黏滞位，使用 "ls -l" 显示具有这些特殊权限的文件时，相应的权限代表字符显示在原 "可执行" 权限位上替代 "x" 字符。三种特殊权限的含义如表 1-3 所示。

表 1-3　　　　　　　　　　　　　　Linux 文件的三种特殊权限

代表字符	权　限	含　义	使用对象
s（所有者）	SUID	允许所有用户以文件所有者的身份执行文件	仅用于二进制可执行文件
s（组用户）	SGID	允许所有用户以组用户的身份执行文件	仅用于二进制可执行文件
t	黏滞位	禁止用户删除目录中不属于自己的文件	仅用于目录文件

命令清单 1-2 显示了 Linux 下的几个特殊文件的权限信息。

从清单中可见，用于保存 Linux 用户密码的/etc/shadow 文件只有其所有者 root 才能够读（并可 "强制" 写）。但实际上，任何用户都可以更改自己的密码，这在权限设置上似乎产生了矛盾，其实不然。Linux 用户更改密码使用的是 "/usr/bin/passwd" 命令，清单中显示该文件设置了 SUID 权限位，即允许任何用户以 root 用户的身份执行/usr/bin/passwd 命令，也就是说，在该命令的内部可使用 root 身份强制写/etc/shadow 文件。

同样可见，所有用户对/tmp 目录都有写的权限，如果一个用户的程序运行过程中创建的临时文件被其他用户删除了，势必引发错误。为此，该目录设置了黏滞位（其他用户组的权限为 "rwt"），黏滞位字符 "t" 指明了任何用户仅能删除自己拥有的文件。

命令清单 1-2

```
jianglinmei@ubuntu:~$ ls -l /etc/shadow
-r-------- 1 root root 4980 07-02 10:01 /etc/shadow

jianglinmei@ubuntu:~$ ls -l /usr/bin/passwd
-rwsr-xr-x 1 root root 22960 2006-07-17 /usr/bin/passwd

jianglinmei@ubuntu:~$ ls -l -d /tmp
drwxrwxrwt 7 root root 4096 09-11 04:02 /tmp
```

1.3.3　Shell

1.3.3.1　简介

Shell 是 Linux 系统的一种命令行用户界面，提供了用户与操作系统进行交互的接口。本质上，

Shell 是一个命令解释器，它接收用户输入的命令并把它交给操作系统去执行，并输出命令的执行结果。

Shell 也是一种解释性的高级程序设计语言，它允许用户编写由 Shell 命令组成的程序，这些由 Shell 命令组成的程序也常被称为命令脚本或脚本程序（简称"脚本"，英文为 script）。Shell 编程语言具有普通编程语言的很多特点，比如它也有变量、运算符、分支控制结构和循环控制结构等，用这种编程语言编写的 Shell 程序与其他应用程序具有同样的效果。本书在第 3 章将详细介绍 Shell 程序设计。

同 Linux 本身一样，Shell 也有多种不同的版本，列举如下。

（1）Bourne Shell（sh）：贝尔实验室开发的，最早被广泛使用和标准化的 Shell。这个命名是为了纪念此 Shell 的发明者 Steven Bourne。

（2）Korn Shell（ksh）：是对 Bourne Shell 的发展，在大部分内容上与 Bourne Shell 兼容。

（3）C Shell（csh）：主要在 BSD 版的 UNIX 系统中使用，因其语法和 C 语言相类似而得名。

（4）BASH（bash）：GNU 的 Bourne Again Shell，是 Linux 操作系统上默认的 Shell，也是本书使用的并着重介绍的 Shell。BASH 与 Bourne Shell 兼容，许多早期开发出来的 Bourne Shell 程序都可以继续在 BASH 中运行。

（5）Z Shell（zsh）：集成了 BASH 和 Korn Shell 的重要特性，同时又增加了自己独有的特性。

如前所述，不论是哪一种 Shell，它最主要的功能都是解释使用者在命令行提示符号下输入的命令。Shell 对命令行进行语法分析，把整行命令拆分成以空白区（包括制表符、空格和换行）分隔的符号（Token），并分析命令行格式或语法上的正确性。在正确拆分命令行之后，Shell 开始寻找命令并执行它们，最后输出执行结果。

Shell 有交互和非交互、登录非登录之分。一个交互的登录 Shell 在 /bin/login 成功登录之后运行。一个交互的非登录 Shell 是通过在一个已运行的 Shell 的命令行调用运行的，如：$/bin/bash。一般一个非交互的 Shell 出现在运行 Shell 脚本的时候，因其他不在命令行上等待用户输入而称之为非交互的 Shell。

1.3.3.2　Linux 的环境变量和自动运行脚本

Shell 除了作为命令解释器外，它的另一个重要作用是可以为用户提供个性化的使用环境。这一般通过在 Shell 的启动脚本（如 profile、.bash_login、.bashrc 等）中设置环境变量来完成。

使用环境变量，可以设定终端机类型，定义窗口的特征，定义命令搜寻路径、命令提示符，设定特殊应用程序所需要的变量，例如窗口、文字处理程序和程序语言的链接库等。

环境变量根据作用范围，可以分为系统级的环境变量和用户级的环境变量。系统级的环境变量对登录系统的所有用户均有效，用户级的环境变量仅对当前登录用户有效。

列举几个常见的环境变量如下。

```
PATH        命令搜寻路径，指明 Shell 将到哪些目录中寻找命令或程序。
HOME        当前用户的家目录。
HISTSIZE    历史记录数。
LOGNAME     当前用户的登录名。
HOSTNAME    主机的名称。
SHELL       当前用户使用的 Shell 类型。
LANGUAGE    语言相关的环境变量，多语言可以修改此环境变量。
MAIL        当前用户的邮件存放目录
```

PS1	基本提示符。对于 root 用户默认是 "#"，对于普通用户默认是 "$"。
PS2	附属提示符，默认是 ">"

如前所述，Linux 的环境变量一般在启动脚本中设置。Linux 在启动、登录和注销过程中，会按以下顺序先后自动执行几个重要的脚本文件：/etc/rc.local => /etc/profile => [/etc/environment] => (~/.bash_profile | ~/.bash_login | ~/.profile) => ~/.bashrc => (/etc/bash.bashrc | /etc/bashrc) => ~/.bash_logout。

以下简要介绍这些脚本文件的运行时机和作用。

`/etc/rc.local`

Linux 启动时执行的脚本。注意，这里指内核启动，发生在登录之前。

`/etc/profile`

当用户第一次登录时，该文件被执行。在该脚本中，又会调用执行/etc/profile.d 目录下的所有脚本。

`/etc/environment`

建议用于设置全局环境变量，仅 debain 系列发行版（如 Ubuntu）才有。

`/etc/bash.bashrc | /etc/bashrc`

当 bash Shell 被打开时，该文件被执行。Redhat 系列发行版是 bashrc，Debian 系列发行版是 bash.bashrc。

`~/.bash_profile | ~/.bash_login | ~/.profile`

用于设置专属于某用户的 Shell 信息，当用户第一次登录时，该文件被执行一次。默认情况下，设置一些环境变量，然后调用执行用户的~/.bashrc 文件。注意，bash 启动时按以上列出的顺序查找这三个文件，但只执行最先找到的脚本文件。

`~/.bashrc`

用于设置专属于某用户的 Shell 信息，当登录时以及每次打开新的 Shell 时，该文件被执行。~/.bash_profile 是交互式、login 方式进入 bash 运行的，~/.bashrc 是交互式 non-login 方式（终端窗口）进入 bash 运行的。

`~/.bash_logout`

当注销或退出系统时，执行该文件。

1.4 小   结

本章第一小节介绍了 Linux 的一些基本概念，带领读者了解及区分不同的 Linux 发行版的特点。此后，介绍了 Linux 的五个发展要素，了解这些发展要素有利于理解整个 Linux 平台的内在和外延。在第二小节，详细地介绍了在 VirtualBox 虚拟机中安装 Linux 发行版 Ubuntu12.04.1 桌面版的安装过程，这是学习 Linux 的基础实践环节。最后一小节是本章的重点。首先简要介绍了 GNOME 桌面环境，然后较为详细地介绍了 Linux 的文件系统，最后介绍了 Shell 的概念、Shell 的环境变量和自动运行脚本。1.3.2 小节和 1.3.3 小节是本章的重中之重，是学好 Linux 操作和管理的基础。

1.5　习　　题

（1）请概述 Linux 内核和 Linux 发行版的联系与区别，并简要列举目前有哪些常见的发行版，说明这些发行版的特点是什么？

（2）Linux 有哪五大发展要素？

（3）VirtualBox 是什么？有什么作用？在 VirtualBox 中分区并格式化硬盘会使物理硬盘中的数据丢失吗？

（4）在 GNOME3 中如何配置网络连接？

（5）Linux 中普通用户可执行的命令文件存放在哪个目录下？只有 root 用户能执行的命令呢？

（6）在图形界面和终端下分别如何查看 CPU 型号？

（7）什么是硬连接？什么是符号连接？

（8）Linux 有哪些常见的文件类型？如何辨别文件是什么类型？

（9）Linux 是如向管理文件访问权限的？SUID、SGID 和黏滞位的作用是什么？

（10）Shell 是什么？有何作用？

（11）Linux 环境变量有何作用？在哪设置？Linux（使用 bash）有哪些常见的自动运行脚本？它们的执行顺序是怎样的？

第2章
Linux Shell 命令操作

或许有很多读者有这样的疑问，目前 GNOME、KDE 等基于 X Window 的桌面环境已经相当完善了，轻点鼠标就可以完成所有的工作，还有必要学习晦涩难记的命令吗？答案是"有必要"。首先，读者是以计算机专业的角度来学习 Linux，因此并非以 Linux 为桌面办公或娱乐工具，目的不同则要求掌握的深度不同。再者，X Window 充其量只是建构于 Linux 内核之上的"一套软件"，并不能利用它完成所有的工作。最后，X Window 相当消耗资源，在以 Linux 为服务器或者以其为嵌入式平台的情况下，很可能并不开启其图形界面功能，因此只有命令行界面可用。所以，掌握好 Linux 的常用命令不仅是必要的，而且是学习 Linux 环境编程所必备的基本技能。本章主要介绍以下几方面的命令行知识。

- 获取帮助
- 通配符、引号、管道和输入输出重定向
- 基础操作
- 浏览及搜索文件系统
- 文件的复制、移动、链接和归档
- 阅读文本文件
- 编辑文本文件
- 文件内容操作命令
- 文件系统操作
- 用户管理
- 文件权限操作
- 进程相关命令
- 网络相关命令

2.1 获 取 帮 助

Linux 命令众多，对于 2.6 版以后的 Linux 内核，系统内置的命令已经超过 3000 多条。不仅命令数多，大部分命令的选项也多，以最常使用的 ls 命令为例，其选项数多达 60 余个。要记住如此众多的命令及其选项的用法是非常困难的。所幸的是，Linux 的联机文档非常丰富，几乎所有的命令都有相关的帮助文档。所以，学习命令的第一步就是：学习如何获取命令的帮助。

2.1.1　--help 选项

几乎所有的 Linux 命令都提供--help 选项以列出命令的用法、作用、选项的含义等信息。--help 选项是人们最常使用的获取命令帮助的方法。命令清单 2-1 是 Ubuntu12.04.1 中文环境下的 ls 命令的帮助信息。

命令清单 2-1

```
jianglinmei@ubuntu:~$ ls --help
用法: ls [选项]... [文件]...
List information about the FILEs (the current directory by default).
Sort entries alphabetically if none of -cftuvSUX nor --sort is specified.

长选项必须使用的参数对于短选项时也是必须使用的。
  -a, --all                不隐藏任何以 . 开始的项目
  -A, --almost-all           列出除 . 及 .. 以外的任何项目
     --author              与-l 同时使用时列出每个文件的作者
  -b, --escape              以八进制溢出序列表示不可打印的字符
     --block-size=SIZE     scale sizes by SIZE before printing them. E.g.,
                           `--block-size=M' prints sizes in units of
                           1,048,576 bytes.  See SIZE format below.
  -B, --ignore-backups      do not list implied entries ending with ~
......
...... 此处省略了大部分帮助选项信息
......
  -x                 逐行列出项目而不是逐栏列出
  -X                 根据扩展名排序
  -1                 每行只列出一个文件
     --help          显示此帮助信息并退出
     --version       显示版本信息并退出

SIZE 可以是一个可选的整数，后面跟着以下单位中的一个：
KB 1000, K 1024, MB 1000*1000, M 1024*1024, 还有 G、T、P、E、Z、Y。

使用色彩来区分文件类型的功能已被禁用，默认设置和 --color=never 同时禁用了它。
使用 --color=auto 选项，ls 只在标准输出被连至终端时才生成颜色代码。
LS_COLORS 环境变量可改变此设置，可使用 dircolors 命令来设置。

退出状态：
 0  正常
 1  一般问题 (例如，无法访问子文件夹)
 2  严重问题 (例如，无法使用命令行参数)

请向 bug-coreutils@gnu.org 报告 ls 的错误
GNU coreutils 的主页：<http://www.gnu.org/software/coreutils/>
GNU 软件一般性帮助：<http://www.gnu.org/gethelp/>
请向<http://translationproject.org/team/zh_CN.html> 报告 ls 的翻译错误
要获取完整文档，请运行：info coreutils 'ls invocation'
```

从清单可见，--help 首先列出了命令的用法（省略号表示前面的项可以重复出现多次）；然后说明了命令的作用（这里是英文，目前各 Linux 发行版的中文环境并不完善，所多地方中英文都会夹杂出现）；接下来是按字母顺序排列的各短、长选项的含义的说明；随后是对选项中的一些参数的补充说明；再后，指明了命令的退出状态值的含义，在 Shell 中，约定总是以状态 0 表示命令执行成功；最后是提示用户如何报告自己在使用该命令的过程中发现的问题的方法。

2.1.2　man

man 是 manual 的缩写，指的是 Linux 的系统手册。使用 man 命令可以显示系统手册页中的内容，每个手册页中的内容大多数都是对程序、命令、系统调用、C 标准库函数等的解释信息。

man 命令的基本用法是：

```
man [选项] [章节] 手册页......
```

例如：

```
man -i 1 Ls
```

其中选项–i 指明查找手册页时忽略大小写，1 表示到手册页的第 1 章节查找（不指定章节则会查找所有章节），Ls 是要查找的手册页。Linux 将每个手册页划分为 9 个章节，但并非每个章节都有内容，各章节有具体的含义，如表 2-1 所示。

表 2-1　　　　　　　　man 的章节号及其含义

章节号	含　义	章节号	含　义
1	可执行程序或 Shell 命令	2	内核提供的系统调用
3	库函数	4	特殊文件（常见于/dev）
5	文件格式或约定（如：/etc/passwd）	6	游戏
7	杂项	8	仅 root 能执行的系统管理命令
9	内核程序		

man 能查看的，都是系统内保存的这些命令的文档。这些文档一般都保存在/usr/share/man 目录或其子目录下，可以用 man 的–w 选项显示一个手册页的保存位置。如：

```
jianglinmei@ubuntu:~$ man -w ls
/usr/share/man/man1/ls.1.gz
```

使用 man 的–f 选项可以显示一个 man 手册页有哪些章节。如：

```
jianglinmei@ubuntu:~$ man -f man
man (7)              - macros to format man pages
man (1)              - an interface to the on-line reference manuals
```

使用 man 的–k 选项可以在所有手册页中查找指定的关键字，并把含有该关键字的手册页列举出来。如：

```
jianglinmei@ubuntu:~$ man -k sprintf
asprintf (3)         - print to allocated string
sprintf (3)          - formatted output conversion
vasprintf (3)        - print to allocated string
vsprintf (3)         - formatted output conversion
```

使用 man 命令查看手册页时，显示的是一篇文档，通过一些快捷键可以帮助用户在文档中浏览翻阅。表 2-2 列出了这些快捷键的作用。

表 2-2　　　　　　　　　　　　查看手册页可使用的快捷键

快 捷 键	作　　　用	快 捷 键	作　　　用
空格/PgDn	向下翻页	b/PgUp	向上翻页
/<查找内容>	向下搜索并高亮查找内容	?<查找内容>	向上搜索并高亮查找内容
n	继续/和?的搜索	q	退出

2.1.3　info

在所有类 UNIX 操作系统中，都可以利用 man 来查看指令或相关档案的用法。但是，在 Linux 中，又额外提供了一种在线求助的方法，那就是 info 指令。

man 和 info 就像两个集合，它们有一个交集部分。基本上，info 指令的结果与 man 指令差不多。但与 man 相比，info 工具可显示更完整的最新的 GNU 工具信息。如果 man 页包含的某个工具的概要信息在 info 中也有介绍，那么 man 页中会有"请参考 info 页更详细内容"的字样。通常情况下，man 工具显示的非 GNU 工具的信息是唯一的，而 info 工具显示的非 GNU 工具的信息是 man 页内容的副本补充。

info 帮助，是以类似 html 文件格式组织，即支持回退，超链接等操作。表 2-3 列出了阅读 info 帮助可使用的快捷键及其作用。

表 2-3　　　　　　　　　　　　查看 info 页可使用的快捷键

快 捷 键	作　　　用	快 捷 键	作　　　用
空格/PgDn	向下翻页	PgUp	向上翻页
tab	跳转到下一个超文本连接	回车	进入到光标下的超文本连接
b	跳到文档头	e	跳到文档尾
/<查找内容>	搜索并高亮查找内容	q	退出

2.2　通配符、引号、管道和输入输出重定向

2.2.1　通配符

通配符是用于匹配某种模式的特殊字符。Linux 下常用的通配符如表 2-4 所示。

表 2-4　　　　　　　　　　　　Linux 下常用的通配符

通 配 符	匹　　　配
*	匹配 0 或多个任意字符
?	匹配且仅匹配一个任意字符
[abcde]	匹配方括号中列出的任意一个字符
[a-e]	匹配方括号中 "-" 两端字符之间的任意一个字符
[!abcde]	匹配方括号中未列出的任意一个字符

通 配 符	匹 配
[!a-e]	匹配不在方括号中"-"两端字符之间的任意一个字符
{debian,linux}	完整匹配花括号之间以逗号分隔的任意一个字符串

应当注意的是，文件名前的"."和路径中的"/"必须显式匹配。如：

```
*file      不能匹配.profile
/etc*.c 不能匹配/etc 目录下还后缀".c"的文件
```

仅举几个通配符使用的示例如下：

```
jianglinmei@ubuntu:~$ ls *.txt
10.txt  11.txt  1.txt  20.txt  21.txt  2.txt  abc10.txt  abc20.txt
jianglinmei@ubuntu:~$ ls {20,abc}*.txt
20.txt  abc10.txt  abc20.txt
jianglinmei@ubuntu:~$ ls [1-2]?.txt
10.txt  11.txt  20.txt  21.txt
```

以上，第一条命令显示所有扩展名为 txt 的文件，第二条命令显示以 20 或 abc 开头的扩展名为 txt 的文件,最后一条命令显示以字符 1 或 2 开头后面有且仅有一个字符的扩展名为 txt 的文件。

2.2.2 转义字符

在 Linux Shell 中，当反斜线（\）后面的字符是$、`、"、\、换行符(、)、{、}、?、+、|、*、! 等特殊字符时，该反斜线作为**转义字符**使用，它的作用是指示 Shell 不要对其后的特殊字符进行特殊处理，仅当做普通字符。

```
jianglinmei@ubuntu:~$ ls *.txt
10.txt  11.txt  1.txt  20.txt  21.txt  2.txt  abc10.txt  abc20.txt
jianglinmei@ubuntu:~$ ls \*.txt
ls: 无法访问*.txt: 没有那个文件或目录
```

2.2.3 引号

在 Linux Shell 中有三种引号，它们是：单引号、双引号和反（倒）引号。

单引号，单引号是一种强引用，由单引号括起来的任何字符都作为普通字符对待。如：

```
jianglinmei@ubuntu:~$ echo 'echo "directory is $HOME"'
echo "directory is $HOME"
jianglinmei@ubuntu:~$ ls *.txt
10.txt  11.txt  1.txt  20.txt  21.txt  2.txt  abc10.txt  abc20.txt
jianglinmei@ubuntu:~$ ls '*.txt'
ls: 无法访问*.txt: 没有那个文件或目录
```

反(倒)引号，反引号(" " "在键盘上与"~"处于同一个键)括起来的字符串被 Shell 解释为一条命令，Shell 会先执行反引号中的命令，并以它的标准输出结果取代整个反引号部分。如：

```
jianglinmei@ubuntu:~$ echo current directory is `pwd`
current directory is /home/jianglinmei
```

反引号还可以嵌套使用。但应注意，嵌套使用时内层的反引号必须用反斜线（\）转义。如：

```
jianglinmei@ubuntu:~$ echo `echo current directory is \`pwd\``
current directory is /home/jianglinmei
```

双引号，双引号是一种弱引用，由双引号括起来的字符（除"$"、反引号"`"和反斜线"\"外）均作为普通字符对待。并且只有当"\"后面是"$"、"`"、"""、"\"或换行符之一时，"\"才作为转义字符。如：

```
jianglinmei@ubuntu:~$ echo "current directory is `pwd`"
current directory is /home/jianglinmei
jianglinmei@ubuntu:~$ echo "home directory is $HOME"
home directory is /home/jianglinmei
jianglinmei@ubuntu:~$ echo "file*.?"
file*.?
jianglinmei@ubuntu:~$ echo "directory '$HOME'"
directory '/home/jianglinmei'
```

2.2.4　管道

管道是 Linux 中很重要的一种通信方式，其作用是把一个程序的输出直接连接到另一个程序的输入。在 Linux Shell 中使用"|"符号表示管道，用以连接两个命令，格式如：命令 1 | 命令 2。"|"符号的作用是把左边命令 1 的输出作为右边命令 2 的输入。

管道在 Linux 命令操作中的使用非常方便，功能强大。仅举一例如下。

```
jianglinmei@ubuntu:~$ ls -l | wc -l
17
```

示例中的这一条命令由两个命令组成，"|"左边的 ls –l 和右边的 wc –l。左边命令的输出是一行一个文件的文件信息列表，右边命令 wc –l 的作用是输入统计文本的行数并输出，在此其输入即 ls –l 的输出结果。所以整条命令的作用就是统计目录中文件的个数（包括.和..），本例中显示了当前用户家目录下的文件数为 17。

2.2.5　输入、输出重定向

Linux Shell 在启动时会自动打开三个标准文件，标准输入文件、标准输出文件和标准错误输出文件，分别对应文件描述符 0、1 和 2。标准输入文件通常对应终端的键盘，标准输出文件和标准错误输出文件通常都对应终端的屏幕。

通常，一个命令进程从标准输入文件中获取输入数据，将正常输出数据输出到标准输出文件，而将错误信息送到标准错误文件中。

直接使用标准输入、输出存在一些不方便的情况，如输入数据不可重用，用户第二次想使用相同的数据时必须重新输入，又如输出到终端屏幕上的信息只能看不能改也不能保存等。使用输入、输出重定向可以解决这些问题。

输入重定向是指把命令（或可执行程序）的标准输入重定向到指定的文件中。也就是说，输入可以不来自键盘，而来自一个指定的文件。输入重定向主要用于改变一个命令的输入源，特别是改变那些需要大量输入的输入源。

输入重定向的一般形式为：命令 < 文件名。例如：

```
jianglinmei@ubuntu:~$ wc -l < /etc/passwd
38
```

/etc/passwd 文件是 Linux 系统保存用户账户的文件，该文件中一行文本表示一个用户的信息。示例中以/etc/passwd 文件作为 wc −1 的输入，即统计/etc/passwd 文件中文本的行数，亦即统计系统中的用户数。

另一种输入重定向称为 here 文档，它告诉 Shell 当前命令的标准输入来自命令行。here 文档的重定向操作符使用 "<<"。它将一对分隔符（处于 "<<" 和换行符之间的任何字符串）之间的正文作为命令的输入。例如：

```
jianglinmei@ubuntu:~$ wc -l << delim
this is first line
second line
third line
delim
3
```

示例中，here 文档的分隔符是 "delim"，两个 "delim" 之间的所有文本即为 wc −1 命令的输入内容，输出结果 3 即为两个 "delim" 之间的所有文本的行数。

输出重定向是指把命令（或可执行程序）的标准输出或标准错误输出重新定向到指定文件中。这样，该命令的输出就不显示在屏幕上，而是写入到指定文件中。

输出重定向的一般形式为：命令 > 文件名。例如：

```
jianglinmei@ubuntu:~$ ls -1 abc*.txt > dir.out
jianglinmei@ubuntu:~$ cat dir.out
abc10.txt
abc20.txt
```

示例中，cat 命令的作用是显示文件的内容。应当注意，如果 ">" 符号右边的文件已经存在，那么这个文件将会被覆盖。在这种情况下，可以使用输出附加定向符 ">>"。">>" 符号的用法和 ">>" 一样。只是当文件存在时，不会覆盖文件而是将新的内容追加到文件末尾。例如：

```
jianglinmei@ubuntu:~$ ls -1 2*.txt >> dir.out
jianglinmei@ubuntu:~$ cat dir.out
abc10.txt
abc20.txt
20.txt
21.txt
2.txt
```

和程序的标准输出重定向一样，程序的错误输出也可以重新定向。使用符号 "2>"（或追加符号 "2>>"）表示对错误输出设备重定向。例如：

```
jianglinmei@ubuntu:~$ Ls *.txt 2> err.txt
jianglinmei@ubuntu:~$ cat err.txt
Ls: command not found
```

示例中 Ls 命令并不存在，但是因为错误输出被重定向到了 err.txt 文件，所以屏幕上没有任何结果，而在 err.txt 文件中记录了错误信息：Ls: command not found。

另外，还可以使用另一个输出重定向操作符 "&>" 将标准输出和错误输出同时重定向到同一文件中。例如：

```
jianglinmei@ubuntu:~$ ls ./notexistedfile &> err.txt
jianglinmei@ubuntu:~$ cat err.txt
```

ls: 无法访问./notexistedfile: 没有那个文件或目录

使用操作符 "2>&1"（注意 2>&之间不能有空格）可以将标准错误输出关联到标准输出，例如：

```
jianglinmei@ubuntu:~$ ls ./notexistedfile > err.txt 2>&1
jianglinmei@ubuntu:~$ cat err.txt
ls: 无法访问./notexistedfile: 没有那个文件或目录
```

示例中，首先将标准错误输出重定向到文件 err.txt，然后将标准错误输出关联到标准输出，最终的作用即将标准输出和错误输出同时重定向到文件 err.txt。

2.3　基　础　操　作

2.3.1　sudo

Linux 的系统权限管理非常严格。从系统安全的角度考虑，即使是系统管理员，一般也不建议以 root 身份登录系统，有的 Linux 发行版更是在安装时就默认设置 root 用户不能登录。但是，普通用户通常不具有特权命令（如/usr/sbin 目录下的命令）的使用权限，作为系统管理员如果要执行特权命令就需要使用 sudo 命令。

sudo 命令的作用是：以其他用户（默认是超级用户 root）的身份去执行另一个命令。其一般用法很简单，把 sudo 写在任何要执行的其他命令之前即可，第一次使用 sudo 命令时，系统会要求用户输入自己的密码。例如：

```
jianglinmei@ubuntu:~$ sudo cat /etc/passwd
[sudo] password for jianglinmei:
```

当然，并非任意用户都能使用 sudo。要给予用户使用 sudo 的权限，必须在 sudo 的配置文件（默认是/etc/sudoers）中进行权限设置。

2.3.2　路径和当前工作目录

Linux 使用"路径"来标识一个文件或目录在整个文件系统中的位置。路径有绝对路径（也叫全路径）和相对路径之分。书写时，路径由目录名和文件名组成，目录名和目录名之间以及目录和文件名之间由"/"分隔，如：/home/jianglinmei/file.txt 。

在本书第 1 章介绍过，Linux 采用的是多级目录树型层次结构，树型结构最上层是根目录，用"/"表示，其他的所有目录都是从根目录出发而生成的。**绝对路径**是文件或目录相对于根目录的路径，由文件系统的整棵目录树上从根目录到该文件或目录之间的所有节点组成。绝对路径总是以"/"开头。

用户在使用 Shell 时，总是工作在某一个目录下，比如初登录时一般处在自己的家目录下，家目录可用一个特殊的符号"～"表示。用户当前操作所处的目录即称为**当前工作目录**。使用 pwd 命令可以显示当前工作目录，如：

```
jianglinmei@ubuntu:~$ pwd
/home/jianglinmei
```

使用 cd 命令可以更改当前工作目录到其他目录，如：

```
jianglinmei@ubuntu:~$ cd /etc
jianglinmei@ubuntu:/etc$
```

cd 命令执行后，不会有任何输出信息。但是，可以注意到命令提示信息中当前路径部分改变了。上例中的 "~" 变成了 "/etc"。

相对路径即相对于当前工作目录的路径。相对路径是以 ./ 或 ../ 开始的，其中./一般可省略。"." 表示当前目录，".." 表示上级目录。如以下更改当前目录的操作（注意命令行提示信息中当前目录的变化）：

```
jianglinmei@ubuntu:/usr/local/sbin$ cd ../bin/
jianglinmei@ubuntu:/usr/local/bin$ cd ../..
jianglinmei@ubuntu:/usr$ cd bin
jianglinmei@ubuntu:/usr/bin$
jianglinmei@ubuntu:/usr/bin$ cd ./X11/
jianglinmei@ubuntu:/usr/bin/X11$
```

2.3.3　创建和删除文件

使用 touch 命令可以将文件的访问时间和修改时间更改为当前时间。默认情况下，如果文件不存在的话，则将会创建一个空文件。例如：

```
jianglinmei@ubuntu:~$ ls blank.txt
ls: 无法访问 blank.txt: 没有那个文件或目录
jianglinmei@ubuntu:~$ touch blank.txt
jianglinmei@ubuntu:~$ ls blank.txt
blank.txt
```

在 Linux 中，删除文件的命令是 rm。例如：

```
jianglinmei@ubuntu:~$ rm blank.txt
jianglinmei@ubuntu:~$ ls blank.txt
ls: 无法访问 blank.txt: 没有那个文件或目录
```

rm 命令有两个常用的选项，一个是 "–f"，另一个是 "–r"。"–f" 选项的作用是强制删除文件，忽略不存在的文件，也不会给出提示信息。"–r" 选项的作用是递归删除目录及其内容，使用该选项必须特别小心，因为它会把指定目录下的所有文件以及子目录全都删除掉。例如：

```
jianglinmei@ubuntu:~$ ls
10.txt  1.txt   21.txt  abc20.txt  模板  图片  下载  桌面
11.txt  20.txt  2.txt   公共的     视频  文档  音乐
jianglinmei@ubuntu:~$ rm -rf 音乐
jianglinmei@ubuntu:~$ ls
10.txt  1.txt   21.txt  abc20.txt  模板  图片  下载
11.txt  20.txt  2.txt   公共的     视频  文档  桌面
```

rm 命令的另一个选项 "–i" 常用于使用通配符删除多个文件时。使用该选项，Shell 会要求用户逐一确认每个文件是否确定要删除，输入 "y" 并回车表示确定删除，其他字符表示不删除。例如：

```
jianglinmei@ubuntu:~$ rm -i abc*.txt
```

```
rm: 是否删除普通空文件 "abc10.txt"?  y
rm: 是否删除普通文件 "abc20.txt"?  n
jianglinmei@ubuntu:~$ ls abc*.txt
abc20.txt
```

2.3.4　创建和删除目录

在 Linux Shell 下，使用 mkdir 命令创建目录。该命令的用法较为简单，直接在命令后接目录名（可以是绝路路径也可以是相对路径）即可创建指定的目录，例如：

```
jianglinmei@ubuntu:~$ mkdir firstdir
jianglinmei@ubuntu:~$ ls
10.txt  1.txt   21.txt  abc10.txt  firstdir  模板  图片  下载  桌面
11.txt  20.txt  2.txt   abc20.txt  公共的    视频  文档  音乐
jianglinmei@ubuntu:~$ ls /tmp
orbit-gdm  pulse-2L9K88eMlGn7  pulse-PKdhtXMmr18n
jianglinmei@ubuntu:~$ mkdir /tmp/tmpdir
jianglinmei@ubuntu:~$ ls /tmp
orbit-gdm  pulse-2L9K88eMlGn7  pulse-PKdhtXMmr18n  tmpdir
```

默认情况下，如果要创建的目录的父目录不存在，则 mkdir 命令会报错，目录创建失败。但可以使用选项 "–p" 指示如果要创建的目录的父目录不存在，一并创建其父目录。例如：

```
jianglinmei@ubuntu:~$ mkdir /tmp/theother/somedir
mkdir: 无法创建目录"/tmp/theother/somedir": 没有那个文件或目录
jianglinmei@ubuntu:~$ mkdir -p /tmp/theother/somedir
jianglinmei@ubuntu:~$ ls /tmp/theother/
somedir
```

使用 rmdir 命令可以删除目录。但是要注意，该命令只能删除空目录，即不含任何文件的目录。例如：

```
jianglinmei@ubuntu:~$ ls
10.txt  1.txt   21.txt  abc10.txt  firstdir  模板  图片  下载  桌面
11.txt  20.txt  2.txt   abc20.txt  公共的    视频  文档  音乐
jianglinmei@ubuntu:~$ ls firstdir/
notempty.txt
jianglinmei@ubuntu:~$ rmdir firstdir/
rmdir: 删除 "firstdir/" 失败: 目录非空
jianglinmei@ubuntu:~$ rm firstdir/notempty.txt
jianglinmei@ubuntu:~$ ls firstdir/
jianglinmei@ubuntu:~$ rmdir firstdir/
jianglinmei@ubuntu:~$ ls
10.txt  1.txt   21.txt  abc10.txt  公共的  视频  文档  音乐
11.txt  20.txt  2.txt   abc20.txt  模板    图片  下载  桌面
```

2.3.5　查看用户、日期和输出简单信息

在 Linux 中使用 who 命令可以查看所有正在使用系统的用户的用户名、所用终端、登录时间等信息，使用 whoami 命令可以查看当前用户的信息。例如：

```
jianglinmei@ubuntu:~$ who
```

```
jianglinmei pts/1        2012-09-17 09:35 (10.8.18.212)
jianglinmei tty7         2012-09-17 09:40
jianglinmei pts/2        2012-09-17 09:41 (:0)
cliff    pts/4       2012-09-17 09:45 (10.8.18.212)
jianglinmei@ubuntu:~$ whoami
jianglinmei
```

在 Linux 中与日期相关的命令主要有两个。date 命令用于在屏幕上显示或设置系统的日期和时间，不带参数时将直接显示系统当前时间。例如：

```
jianglinmei@ubuntu:~$ date
2012 年 09 月 17 日 星期一 09:50:00 CST
```

使用 cal 命令可以显示公元 1 ~ 9999 年中任意一年或一个月的日历。不带参数时，显示当前月份的日历；只带一个参数时，该参数被解释为年份；带两个参数时第一个参数表示月份，第二个参数表示年份。例如：

```
jianglinmei@ubuntu:~$ cal 11 2012
      十一月 2012
日 一 二 三 四 五 六
            1  2  3
 4  5  6  7  8  9 10
11 12 13 14 15 16 17
18 19 20 21 22 23 24
25 26 27 28 29 30
```

在 Linux Shell 中输出简单信息的命令是 echo，前面已经有相关的示例。echo 命令将命令行中的参数显示到标准输出上。echo 命令常用于 Shell 脚本（详见第 3 章），用为一种输出提示信息的手段。如果要原样输出参数，则应将它的参数用引号括起来，否则 echo 将参数拆分为单词，然后各单词以一个空格分隔输出。echo 有两个常用的选项 "–e" 和 "–n"。

"–e" 作用为：保留 "\" 的转义作用，常用于换行符 "\n"。例如：

```
jianglinmei@ubuntu:~$ echo "first line\nsecond line"
first line\nsecond line
jianglinmei@ubuntu:~$ echo -e "first line\nsecond line"
first line
second line
```

"–n" 作用为：输出后不换行。例如：

```
jianglinmei@ubuntu:~$ echo -n "Please input password: "
Please input password: jianglinmei@ubuntu:~$
```

此处，因 "–n" 的作用，echo 的输出没有换行，下一条命令提示信息紧接显示。

最后，使用 clear 命令可以将屏幕上的内容清空，只留一行命令提示符。

2.3.6 命令历史和名称补全

bash 为每个用户维护一个**命令历史**文件，即用户家目录下的 "~/.bash_history"。用户每执行一条命令，该命令就会自动加入到该历史文件中。使用命令历史机制，用户可以方便地调用或修改并执行以前使用过的命令。

最简单的调用历史命令的方法是使用键盘的上键头 "↑" 和下键头 "↓" 键。"↑" 键向后翻阅历史命令，"↓" 向前翻阅历史命令，当所需的历史命令显示在命令行上时，用户可以直接按回车执行，也可以对其编辑后按回车执行。

使用 history 命令可以显示历史命令列表。例如：

```
jianglinmei@ubuntu:~$ history
……
 2006  ls
 2007  vi /home/jianglinmei/.bash_history
 2008  history
```

历史命令列表每行前面的数字表示相应命令行在命令历史表中的序号，称为历史事件号，越后执行的命令的事件号越大。

history 命令的历史列表往往很长，可以在命令后给出一个数值参数 n，则仅显示最后 n 条命令。例如：

```
jianglinmei@ubuntu:~$ history 2
 2008  history
 2009  history 2
```

使用特殊字符 "!" 可以执行历史命令，常用的格式有两种：!n 和 !-n（n 为一个整数）。前者，表示执行第 n 条（历史事件号为 n）命令；后者表示执行倒数第 n 条历史命令。例如：

```
jianglinmei@ubuntu:~$ !2006
ls
10.txt  1.txt   21.txt  abc20.txt  模板  图片  下载
11.txt  20.txt  2.txt   公共的     视频  文档  桌面
```

显示结果的第一行 "ls" 为所执行的命令。

bash 为用户输入命令的方便，提供了**名称补全**的功能。这一功能是通过 Tab（制表符）键完成的。当用户在命令行上输入文件名的前部任意个字符并按下 Tab 键后，如果系统能唯一确定是哪个文件，则会自动补全相应的名称。如果系统找到多个文件，会把文件名补全到这些文件名相同部分的最后一个字符。如果系统无法确定相应的名称，会响铃提示，用户可连续按两次 Tab 键，系统会列出备选的文件列表。

2.3.7　ls 命令

ls 命令是 Linux 中使用最为频繁的命令之一。ls 命令的作用是显示文件指定目录（未指定时默认为当前工作目录）下的文件信息。

- 一般格式

```
ls [选项]... [文件]...
```

- 说明

如果参数是目录文件，则列出该目录下的文件信息；如果参数是文件，则列出有关该文件属性的一些信息。默认情况下，按字母顺序排列各输出条目。如果没有给出参数，则显示当前工作目录下的文件信息。

- 常用选项

```
-a, --all          显示所有文件（包括以 "." 开头的隐藏文件）
```

`-t`	按文件的修改时间排序
`-d, --directory`	当遇到目录时列出目录本身而非目录内的文件
`-F, --classify`	加上文件类型的指示符号（"*/=@|"中的一个），各指示符号的含义："*"表示可执行文件，"/"表示目录，"="表示 socket 文件，"@"表示链接文件，"|"表示管道文件
`-i, --inode`	在每个文件的最前面显示 inode 号
`-l`	使用较长格式列出文件信息。该选项显示结果的第一列是与文件类型和文件访问权限相关的信息（分别参考本书第 1.3.2.3 小节和 1.3.2.4 小节），第二栏显示的数字是目录下的文件数或是文件的硬连接数
`-h, --human-readable`	以易于阅读的格式输出文件大小（单位为 K、M、G），应配合-l 选项一起使用

- 示例

（1）按文件最后修改时间的顺序以长列表格式列出当前目录下扩展名为 txt 的文件，并标出文件的属性。

```
jianglinmei@ubuntu:~$ ls -ltF *.txt
-rw-r--r-- 1 jianglinmei jianglinmei 18 2012-09-17 21:21 abc20.txt
-rw-r--r-- 1 jianglinmei jianglinmei 16 2012-09-17 21:21 2.txt
-rw-r--r-- 1 jianglinmei jianglinmei 14 2012-09-17 21:21 1.txt
-rw-r--r-- 1 jianglinmei jianglinmei 0 2012-09-17 21:14 10.txt
-rw-r--r-- 1 jianglinmei jianglinmei 0 2012-09-17 21:14 11.txt
-rw-r--r-- 1 jianglinmei jianglinmei 0 2012-09-17 21:14 20.txt
-rw-r--r-- 1 jianglinmei jianglinmei 0 2012-09-17 21:14 21.txt
-rw-r--r-- 1 jianglinmei jianglinmei 0 2012-09-17 21:14 abc10.txt
```

（2）以长列表格式列出当前目录下的扩展名为 txt 的文件，并标出文件的 inode 号。

```
jianglinmei@ubuntu:~$ ls -li *.txt
262303 -rw-r--r-- 1 jianglinmei jianglinmei  0 2012-09-17 21:14 10.txt
277720 -rw-r--r-- 1 jianglinmei jianglinmei  0 2012-09-17 21:14 11.txt
277745 -rw-r--r-- 1 jianglinmei jianglinmei 14 2012-09-17 21:21 1.txt
277725 -rw-r--r-- 1 jianglinmei jianglinmei  0 2012-09-17 21:14 20.txt
277729 -rw-r--r-- 1 jianglinmei jianglinmei  0 2012-09-17 21:14 21.txt
277743 -rw-r--r-- 1 jianglinmei jianglinmei 16 2012-09-17 21:21 2.txt
277737 -rw-r--r-- 1 jianglinmei jianglinmei  0 2012-09-17 21:14 abc10.txt
277730 -rw-r--r-- 1 jianglinmei jianglinmei 18 2012-09-17 21:21 abc20.txt
```

2.3.8 别名

bash 提供了一个内部命令（没有对应的可执行文件的命令）alias，使用该命令可以为复杂的命令取一个简短或有意义的别名，使用别名的效果和使用命令本身的效果完全一样。其一般用法如下。

```
alias 名称=值
```

大多数 Linux 发行版都会在某个启动脚本文件中设置别名 "ll"，用以简化 ls –l 命令的使用。例如，在 Ubuntu12.04.1 版本的 "~/.bashrc" 文件中有如下设置。

```
alias ll='ls -alF'
```

因此，在 Ubuntu12.04.1 中，用 ll 命令可以以长格式显示所有文件（包括 "." 开头的文件）并加上文件类型的指示符号。

2.4　浏览及搜索文件系统

2.4.1　find

find 命令用于在文件系统的目录树中搜索文件，其功能强大，用法也较为复杂。

● 一般格式

```
find [路径] ... [表达式选项]... [动作表达式]
```

● 说明

默认路径为当前目录。表达式之间可由操作符连接起来，可用操作符包括 (优先级递减)：(EXPR)、! EXPR、–not EXPR、EXPR1 –a EXPR2 、EXPR1 –and EXPR2、EXPR1 –o EXPR2、EXPR1 –or EXPR2 和 EXPR1，EXPR2。未指定操作符时默认使用 –and。注意：使用圆括号时，因其为一个 Shell 特殊符号，应在圆括号前加一个 "\" 进行转义。

常用的动作表达式有：-print、-exec 和-ok。

-print	将查找到的文件输出到标准输出，此为默认的动作表达式
-exec	使用方法一般为 "-exec command {} \;"，作用是对查找到的文件依次执行 command 操作。注意在 "{} \;"是一个固定格式，{} 和 \;之间要有一个空格
-ok	用法与-exec 基本相同，区别是在对文件执行操作时，会要求用户先确认

● 常用表达式选项

-name filename	查找名为 filename 的文件。如果 filename 含通配符，应将整个 filename 放在一对双引号内
-user username	查找文件属主是 username 的文件
-group groupname	查找文件属组是 groupname 的文件
-mtime -n +n	按文件更改时间查找文件，-n 指 n 天以内，+n 指 n 天以前
-atime -n +n	按文件访问时间查找文件
-ctime -n +n	按文件创建时间查找文件
-nogroup	查无有效属组的文件，即文件的属组在/etc/groups 中不存在
-nouser	查无有效属主的文件，即文件的属主在/etc/passwd 中不存在
-newer filename	查找修改时间比 filename 文件更新的文件
-type [bdcplfs]	查找指定类型的文件(块设备、目录、字符设备、管道、符号链接、普通文件或 socket 文件)
-size [+-]n[ckMG]	查长度为 n 块(每块 512 字节)、n 字节、nK 字节、nM 字节或 nG 字节的文件。"+" 表示比指定的大小更大，"-"比指定的大小更小
-depth	使查找在进入子目录前先行查找完本目录
-maxdepth levels	指定最大查找层数
-mount	查文件时不跨越文件系统 mount 点
-follow	如果遇到符号链接文件，就跟踪链接所指的文件

● 示例

（1）在当前目录及其子目录下查找扩展名为 txt 的文件并以长列表格式显示。

```
jianglinmei@ubuntu:~$ find . -name "*.txt" -exec ls -l {} \;
-rw-r--r-- 1 jianglinmei jianglinmei 0 2012-09-17 21:14 ./20.txt
-rw-r--r-- 1 jianglinmei jianglinmei 0 2012-09-18 16:11 ./subdir/one.txt
-rw-r--r-- 1 jianglinmei jianglinmei 0 2012-09-17 21:14 ./10.txt
-rw-r--r-- 1 jianglinmei jianglinmei 18 2012-09-17 21:21 ./abc20.txt
-rw-r--r-- 1 jianglinmei jianglinmei 14 2012-09-17 21:21 ./1.txt
-rw-r--r-- 1 jianglinmei jianglinmei 0 2012-09-17 21:14 ./11.txt
-rw-r--r-- 1 jianglinmei jianglinmei 16 2012-09-17 21:21 ./2.txt
-rw-r--r-- 1 jianglinmei jianglinmei 0 2012-09-17 21:14 ./21.txt
```

（2）仅查找当前目录（不含子目录）下扩展名为 txt 的，字节数小于 10 的文件并以长列表格式显示。

```
jianglinmei@ubuntu:~$ find . -maxdepth 1 -name "*.txt" -size -16c -exec ls -l {} \;
-rw-r--r-- 1 jianglinmei jianglinmei 0 2012-09-17 21:14 ./20.txt
-rw-r--r-- 1 jianglinmei jianglinmei 0 2012-09-17 21:14 ./10.txt
-rw-r--r-- 1 jianglinmei jianglinmei 14 2012-09-17 21:21 ./1.txt
-rw-r--r-- 1 jianglinmei jianglinmei 0 2012-09-17 21:14 ./11.txt
-rw-r--r-- 1 jianglinmei jianglinmei 0 2012-09-17 21:14 ./21.txt
```

（3）在当前目录及其子目录下查找扩展名为 txt 的，字节数为 0 或大于 16 的文件并以长列表格式显示。

```
jianglinmei@ubuntu:~$ find . \( -size 0 -o -size +16c \) -name "*.txt" | xargs ls -l
-rw-r--r-- 1 jianglinmei jianglinmei  0 2012-09-17 21:14 ./10.txt
-rw-r--r-- 1 jianglinmei jianglinmei  0 2012-09-17 21:14 ./11.txt
-rw-r--r-- 1 jianglinmei jianglinmei  0 2012-09-17 21:14 ./20.txt
-rw-r--r-- 1 jianglinmei jianglinmei  0 2012-09-17 21:14 ./21.txt
-rw-r--r-- 1 jianglinmei jianglinmei 18 2012-09-17 21:21 ./abc20.txt
-rw-r--r-- 1 jianglinmei jianglinmei  0 2012-09-18 16:11 ./subdir/one.txt
```

此例将 find 的查找结果通过管道送给 xargs 命令去执行。xargs 命令用于"获取标准输入的文本，并将该文本作为一个命令来执行"。xargs 命令常用于管道的右边以对前一个命令的输出作进一步处理。

（4）删除当前目录及其子目录下所有扩展名为 txt 的文件。

```
jianglinmei@ubuntu:~$ find . -name "*.txt" | xargs rm -f
jianglinmei@ubuntu:~$ ls *.txt
ls: 无法访问*.txt: 没有那个文件或目录
```

2.4.2　which

which 命令的作用是在环境变量$PATH 设置的目录里查找符合条件的文件，一般是可执行文件。当有多个同名的命令文件存在时，通常使用 which 命令来查看当前生效的命令是哪个目录下的命令。例如：

```
jianglinmei@ubuntu:~$ which ls
/bin/ls
```

2.4.3　whereis

whereis 根据文件名搜索二进制文件、手册页文件或源代码文件。当未指定选项时，会将搜索到的这三类文件都显示出来。例如：

```
jianglinmei@ubuntu:~$ whereis printf
printf:   /usr/bin/printf   /usr/include/printf.h   /usr/share/man/man3/printf.3.gz
/usr/share/man/man1/printf.1.gz
```

也可以使用下列选项指定只搜索某类文件。

-b   只找二进制文件
-m   只找手册页文件
-s   只找源文件

例如：

```
jianglinmei@ubuntu:~$ whereis -m printf
printf: /usr/share/man/man3/printf.3.gz /usr/share/man/man1/printf.1.gz
```

2.4.4   locate

locate 命令在保存文档和目录名称的系统数据库内查找文件名符合指定模式的文件。

● 一般格式

```
locate [选项]... 模式
```

● 说明

Linux 系统自动创建并维护一个保存文档和目录名称的系统数据库（默认的数据库为 /var/lib/mlocate/mlocate.db）。数据库中的条目一般每天自动更新一次，也可以由管理员调用 updatedb 命令手动更新。与遍历文件系统进行搜索的 find 命令相比，locate 命令的优点是速度快，缺点是搜索不到最新变动过的文件。模式中可以使用通配符。

● 常用选项

```
-e, --existing      只显示当前存在的文件条目。
-i, --ignore-case 匹配模式时忽略大小写区别。
-l LIMIT            限制仅显示 LIMIT 条结果。
```

● 示例

（1）查找/usr/share 目录及其子目录下含有字符串"sprintf"的文件。

```
jianglinmei@ubuntu:~$ locate /usr/share/*sprintf*
/usr/share/info/autosprintf.info.gz
/usr/share/man/man3/asprintf.3.gz
/usr/share/man/man3/sprintf.3.gz
/usr/share/man/man3/vasprintf.3.gz
/usr/share/man/man3/vsprintf.3.gz
```

（2）忽略大小写查找含有字符串"mysql"的文件，仅显示前 4 条结果。

```
jianglinmei@ubuntu:~$ locate -i -l 4 mysql
/etc/apparmor.d/abstractions/mysql
/etc/bash_completion.d/mysqladmin
/usr/lib/pymodules/python2.7/rdflib/store/MySQL.py
/usr/lib/pymodules/python2.7/rdflib/store/MySQL.pyc
```

2.5 阅读文本文件

阅读文本文件的方法有多种，可以用带编辑功能的、图形界面的文字处理软件，也可以用专用于文本阅读的 linux 命令，本节介绍后者。

2.5.1 cat

cat 命令是最简单的文本阅读命令。cat 命令将文件或标准输入连接合并输出到标准输出。cat 命令有两项功能，一是显示文件内容，二是连接合并文件内容。例如：

```
jianglinmei@ubuntu:~$ ls
1.txt  2.txt  subdir  公共的  模板  视频  图片  文档  下载  桌面
jianglinmei@ubuntu:~$ cat 1.txt
this is 1.txt
jianglinmei@ubuntu:~$ cat 2.txt
this is 2.txt
jianglinmei@ubuntu:~$ cat 1.txt 2.txt
this is 1.txt
this is 2.txt
```

示例中最后一条命令即将两个文件的内容串连起来一起输出。cat 命令有一个较常用的选项"–n"，其作用是在每行前面显示行号。cat 命令经常和输出重定向一起使用，以将多个文件内容连接起来创建一个新文件。例如：

```
jianglinmei@ubuntu:~$ cat -n 1.txt 2.txt > 3.txt
jianglinmei@ubuntu:~$ cat 3.txt
     1  this is 1.txt
     2  this is 2.txt
```

cat 命令一个缺点是，当文件较大时，文本在屏幕上一闪而过，用户往往无法看清显示的内容。因此一般使用 more、less 等支持分页显示的命令来查看文本文件。

因 cat 命令不带文件名参数时，接受标准输入作为其输出内容，故可结合 cat 和输出重定向符来创建简单的文本文件。例如：

```
jianglinmei@ubuntu:~$ cat > create_by_cat.txt
this is a file created by "cat"
which is a very useful linux command.
```

注意，cat 可接受多行输入，要结束输入应按"Ctrl + D"组合键。

2.5.2 more 和 less

more 命令分页显示文件内容，每次一屏。more 支持翻页操作，翻到最后一页后会自动退出到 Shell 命令行。基本操作按键如下。

空格	向前翻页
b	向后翻页
q	退出

more 命令的一个常用选项是 "+num"，其作用是从第 num 行开始显示。例如：

```
jianglinmei@ubuntu:~$ more +103 /usr/share/vim/vim73/doc/usr_01.txt
```

less 命令和 more 命令基本一样，也用来分页显示文件内容。less 除支持翻页操作外，还支持一部分基于 vi 编辑器的操作命令，如按行滚屏和搜索等。常用操作按键如下。

空格	向前翻页
b	向后翻页
k 或 "↑"	向上滚动一行
j 或 "↓"	向下滚动一行
/<关键字>	搜索
n	继续前一次搜索
q	退出

2.5.3　head 和 tail

head 命令在屏幕上显示指定文件的开头若干行，默认 10 行，可以用选项 "-num" 指定显示几行。例如：

```
jianglinmei@ubuntu:~$ head -3 /usr/share/vim/vim73/doc/usr_01.txt
*usr_01.txt*    For Vim version 7.3.  Last change: 2008 May 07

                 VIM USER MANUAL - by Bram Moolenaar
```

tail 命令和 head 命令刚好相反，用于在屏幕上显示指定文件的末尾若干行，默认 10 行，可以用选项 "-num" 指定显示几行。例如：

```
jianglinmei@ubuntu:~$ tail -3 /usr/share/vim/vim73/doc/usr_01.txt
Next chapter: |usr_02.txt|  The first steps in Vim

Copyright: see |manual-copyright|  vim:tw=78:ts=8:ft=help:norl:
```

2.6　编辑文本文件

2.6.1　vi

vi 是 "Visual Interface" 的简称，它汇集了行编辑和全屏幕编辑的特点，成为类 UNIX 系统中最常用的编辑器。在 Linux 中，常用的是 vi 的改良版 vim（VI Improved）。Linux 下的 vi 命令实际是一个 vim 命令别名或到 vim 命令文件的符号连接。

vi 和一般文本编辑器不同的是，它是一种多模式编辑器，在不同模式下相同的按键所起的作用是不同的。vi 共有三种模式：命令模式、输入模式和末行模式。通过特定的按键可以在三种模式中转换，转换方式如图 2-1 所示。

在 Shell 中输入 vi 或 vim 命令均可打开 vim 编辑器，进入命令模式。在命令模式下输入 "a"、"i"、"o" 和 "s" 等字符进入到输入模式。在输入模式输入的任何字符（除 Esc 外）均作为文件的文本内容。在输入模式按 Esc 键可回到命令模式。从命令模式进入末行模式的方法是：输入 ":"。

末行模式因光标停在屏幕最下方也即屏幕的最后一行而得名,在末行模式输入的任何字符均出现在末行上。在末行模式输入的一般是 vi 所能解释执行的"末行命令",在用户按下 Esc 键或回车键后可回到命令模式,但若在末行输入"q"、"x"、"wq"或"q!"等命令再回车,则会退出 vim 编辑器回到 Shell 命令行。

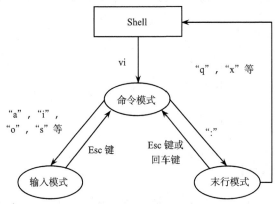

图 2-1 vi 模式转换图

在末行的几个退出命令中,"q"表示正常退出;"x"和"wq"表示保存后退出;"q!"表示强制退出,常用于对文件进行了更改,要退出而不想保存的情况。

应当注意:掌握模式转换方法是进行 vi 操作的基础,使用 vi 需要频繁地在三种模式之间切换,这也是 vi 初学者最为头痛的地方,读者应反复对此进行练习方能熟练。

vim 中常用的命令如表 2-5 所示。

表 2-5   vim 常用命令列表

移动光标(命令模式)	
[NUM]h 或 左箭头键(←)	光标向左移动一个字符(注:[NUM]为一个整数,是可选部分,表示命令重复次数。如,10h 表示向左移动 10 个字符,下同)
[NUM]j 或 下箭头键(↓)	光标向下移动一个字符
[NUM]k 或 上箭头键(↑)	光标向上移动一个字符
[NUM]l 或 右箭头键(→)	光标向右移动一个字符
[Ctrl] + [f] 或 [PgDn]键	屏幕向下滚动一页
[Ctrl] + [b] 或 [PgUp]键	屏幕向上滚动一页
[Ctrl] + [d]	屏幕『向下』移动半页
[Ctrl] + [u]	屏幕『向上』移动半页
数字 0 或 [Home]键	移动到行头
$ 或 [End]键	移动到行尾
^	移动到本行第一个非空白字符
H	光标移动到本屏首行的行首
M	光标移动到本屏中间行的行首
L	光标移动到本屏末行的行首
G	移动到文件末行

移动光标（命令模式）	
[NUM]G	移动到第 NUM 行
gg	移动到文件首行，相当于 1G
[NUM]<Enter>键	光标向下移动 NUM 行
w	向前移动到下一个单词的第一个字符
b	向后移动到上一个单词的第一个字符
查找与替换（命令模式）	
/word	从光标处往下查找 word
?word	从光标处往上查找 word
n	重复上一次查找
N	以相反的方向重复上一次查找
查找与替换（末行模式）	
:n1,n2s/word1/word2/g	n1 与 n2 为数字。将第 n1 行与 n2 行之间的 word1 替换为 word2。可用"$"代替 n2 表示文件末行。 例如：":20,30s/If/if/g"
: n1,n2s/word1/word2/gc	同上。区别在于末尾的"c"，它表示在替换前要求用户确认，用户输入"y"则替换，否则不替换
删除、复制与粘贴	
[NUM]x 或 [Delete]键	删除光标处或光标前的下一个字符
[NUM]X 或 [Backspace]键	删除光标后的上一个字符
[NUM]dd	删除光标所在行或从光标开始往下的 NUM 行
dgg	删除文件第一行到光标所在行的所有行
dG	删除光标所在到文件最后一行的所有行
d$	删除到行尾
d0	删除到行首
[NUM]yy	复制光标所在行或从光标开始往下的 NUM 行
ygg	复制文件第一行到光标所在行的所有行
yG	复制光标所在到文件最后一行的所有行
y$	复制到行尾
y0	复制到行首
p	视已复制的内容为字符串还是行，将其粘贴到光标前（下一位置）或下一行
P	视已复制的内容为字符串还是行，将其粘贴到光标后（上一位置）或上一行
J	连接光标所在行与下一行
u	撤销上一个编辑内容
[Ctrl]+r	恢复上一次撤销的内容
点号"."	重做上一个命令
末行其他常用命令	
:w	保存文件

续表

末行其他常用命令	
:w!	强制保存，能否保存成功与用户对文件的访问权限有关，一般用于只读文件
:w [filename]	另存为别的文件
:r [filename]	读入另一个文件，将其内容添加到光标所在行的下一行
:n1,n2 w [filename]	将第 n1 到 n2 行的内容保存到 filename 文件
:! command	执行 Shell 命令 "command"
:set nu	显示行号
:set nonu	取消显示行号
:set ic	设置搜索时忽略大小写
:set noic	取消搜索时忽略大小写

2.6.2　gedit

尽管 vi 编辑器的功能强大，但因其指令众多，要耐心地反复练习才能熟练。对于初学 Linux 的读者，可用支持鼠标操作的具有图形界面的文本编辑器 gedit 来替代。打开 gedit 的命令为 gedit [文件名]，文件名为可选，若未指定文件名则会打开一个空白文档。

gedit 的界面如图 2-2 所示。gedit 的操作非常简单，可以拖动鼠标选择文本，用快捷键[ctrl+c] 进行复制，用快捷键[ctrl+v]进行粘贴。各种操作和 Windows 系列操作系统下的 "记事本" 非常相似，在此不作过多介绍。

图 2-2　文本编辑器 gedit

2.7　文件内容操作命令

2.7.1　grep

grep 也是 Linux Shell 下最常用的命令之一。grep 用于在文件中或标准输入中查找某项内容，可使用正则表达式进行匹配查找，功能强大。

● 一般格式

```
grep [选项]... PATTERN [文件]...
```

● 说明

在 Linux 下可用的正则表达式有三类，分别如下。

1. 基本正则表达式（Basic Regular Expression 简称 BREs）

2. 扩展正则表达式（Extended Regular Expression 简称 EREs）

3. Perl 正则表达式（Perl Regular Expression 简称 PREs）

默认的"PATTERN"是一个基本正则表达式，要用扩展正则表达式应添加"–E"选项，要用 Perl 正则表达式则应添加"-P"选项，不用正则表达式（即查找普通字符串）则应添加"-F"选项。

当使用基本正则表达式时，必须在字符"?,+,|,{,},（,）"符号前加上转义字符（'\'）以屏蔽掉它们在 Shell 中的特殊含义。

应当注意，书写 grep 命令时，先写"匹配模式"，再写"文件名"。

利用 grep 可在标准输入中查找模式的功能，常将其放在管道符号的右边以对前一命令的输出时行过滤。例如，以下命令显示当前目录下的所有目录文件（模式"^d"表示以字母 d 开头）。

```
jianglinmei@ubuntu:~$ ls -l | grep ^d
drwxr-xr-x 2 jianglinmei jianglinmei 4096 2012-09-18 17:37 subdir
drwxr-xr-x 2 jianglinmei jianglinmei 4096 2012-09-17 19:30 公共的
drwxr-xr-x 2 jianglinmei jianglinmei 4096 2012-09-17 19:30 模板
drwxr-xr-x 2 jianglinmei jianglinmei 4096 2012-09-17 19:30 视频
drwxr-xr-x 2 jianglinmei jianglinmei 4096 2012-09-17 19:30 图片
drwxr-xr-x 2 jianglinmei jianglinmei 4096 2012-09-17 19:30 文档
drwxr-xr-x 2 jianglinmei jianglinmei 4096 2012-09-17 19:30 下载
drwxr-xr-x 2 jianglinmei jianglinmei 4096 2012-09-17 19:31 桌面
```

● 常用选项

选项	说明
-E, --extended-regexp	PATTERN 是一个可扩展的正则表达式
-F, --fixed-strings	PATTERN 是一组由断行符分隔的定长字符串
-G, --basic-regexp	PATTERN 是一个基本正则表达式
-P, --perl-regexp	PATTERN 是一个 Perl 正则表达式
-f, --file=FILE	从 FILE 中取得 PATTERN
-i, --ignore-case	忽略大小写
-w, --word-regexp	强制 PATTERN 仅完全匹配字词
-x, --line-regexp	强制 PATTERN 仅完全匹配一行
-v, --invert-match	匹配与 PATTERN 相反的模式
-m, --max-count=NUM	查找到 NUM 次匹配后即停止查找
-n, --line-number	输出行号
-R, -r, --recursive	递归到子目录中查找
--include=FILE_PATTERN	仅在文件名与 FILE_PATTERN 匹配的文件中查找
--exclude=FILE_PATTERN	不查找文件名与 FILE_PATTERN 匹配的文件

● 示例

（1）在文件/usr/share/vim/vim73/doc/usr_01.txt 中查找含有字符串"manual"（忽略大小写）的行，并在输出结果中显示查找到的行的行号。

```
jianglinmei@ubuntu:~$ grep -i -n manual /usr/share/vim/vim73/doc/usr_01.txt
3:              VIM USER MANUAL - by Bram Moolenaar
5:                  About the manuals
……此处省略了若干行结果
185:Copyright: see |manual-copyright|  vim:tw=78:ts=8:ft=help:norl:
```

（2）使用扩展正则表达式在文件/usr/share/vim/vim73/doc/usr_01.txt 中查找以数字开头的行。

```
jianglinmei@ubuntu:~$ grep -E ^[0-9]+ /usr/share/vim/vim73/doc/usr_01.txt
1. The User manual
2. The Reference manual
1. Copy the tutor file. You can do this with Vim (it knows where to find it):
2. Edit the copied file with Vim:
3. Delete the copied file when you are finished with it:
```

（3）在文件/usr/share/vim/vim73/doc/usr_01.txt 中查找含由两个"|"的行。

```
jianglinmei@ubuntu:~$ grep \|.*\| /usr/share/vim/vim73/doc/usr_01.txt
|01.1|  Two manuals
|01.2|  Vim installed
……此处省略了若干行结果
Copyright: see |manual-copyright|  vim:tw=78:ts=8:ft=help:norl:
```

2.7.2　sort

sort 命令用以对文本文件的各行进行排序。文本的顺序由系统所使用的字符集决定，对英文字符一般使用 ASCII 码值进行比较。

● 一般格式

```
sort [选项]... [文件]...
```

● 说明

如果不指定文件，则排序内容来自标准输入。排序的比较操作是依据从每一行中提取的一个或多个字段来进行的。默认情况下，以空白字符分隔每个字段。

● 常用选项

-b	忽略前导的空白区域
-f, --ignore-case	忽略字母大小写
-n, --numeric-sort	比较数值而非字符串值
-r, --reverse	逆序输出排序结果
-c, --check	检查输入是否已排序
-k 字段 1[,字段 2]	比较从字段 1 开始到字段 2 之间的内容，字段 2 省略时默认比较到行尾
-o, --output=文件	将结果写入到文件而非标准输出（与输出重定向相比，该选项允许写入被排序的文件）
-t 分隔符	使用指定的字符代替空白字符作为字段分隔符
-u, --unique	在输出结果中去除重复行

● 示例

以 tosort.txt 文件为比较文件，其内容如下。

```
jianglinmei@ubuntu:~$ cat tosort.txt
banana  3, 10kg
apple   4, 7kg
pear    9, 1kg
orange  7, 3kg
pear    9, 2kg
grape   2, 8kg
```

（1）以默认方式排序，去除重复行。

```
jianglinmei@ubuntu:~$ sort -u tosort.txt
apple   4, 7kg
banana  3, 10kg
grape   2, 8kg
orange  7, 3kg
pear    9, 1kg
```

（2）以默认的空白字符为分隔符，对第二个字段进行从大到小排序。

```
jianglinmei@ubuntu:~$ sort -k 2 -r tosort.txt
pear    9, 1kg
pear    9, 1kg
orange  7, 3kg
apple   4, 7kg
banana  3, 10kg
grape   2, 8kg
```

（3）以 "," 为分隔符，对第二个字段进行数值排序。

```
jianglinmei@ubuntu:~$ sort -t , -k 2 -n tosort.txt
pear    9, 1kg
pear    9, 1kg
orange  7, 3kg
apple   4, 7kg
grape   2, 8kg
banana  3, 10kg
```

2.7.3　diff

diff 命令比较两个文本文件，找出它们的不同之处。

● 一般格式

```
diff [选项]... 文件 1 文件 2.
```

● 说明

diff 命令逐行比较两个文件，列出两者的不同之处。如果两个文件完全一样，则命令不显示任何输出。

● 常用选项

```
-i --ignore-case              忽略大小写的区别
-b --ignore-space-change      忽略由空格数不同造成的差异
-y --side-by-side             以两列并排的方式显示
-W NUM --width=NUM            每行显示最多 NUM（默认 130）个字符
```

● 示例

以 tosort.txt 文件和 tosort2.txt 为比较文件，其内容如下。

```
jianglinmei@ubuntu:~$ cat -n tosort.txt
    1  banana  3, 10kg
    2  apple   4, 7kg
    3  pear    9, 1kg
    4  orange  7, 3kg
    5  pear    9, 1kg
    6  grape   2, 8kg
jianglinmei@ubuntu:~$ cat -n tosort2.txt
    1  banana  3, 10kg
    2  apple   4, 7g
    3  pear    9, 1kg
    4  orange  7, 3kg
    5  pear    9, 1g
    6  grape   2, 8kg
    7  peach   6, 6kg
    8  melon   8, 8g
```

（1）以普通格式输出。

```
jianglinmei@ubuntu:~$ diff tosort.txt tosort2.txt
2c2
< apple 4, 7kg
---
> apple 4, 7g
5c5
< pear  9, 1kg
---
> pear  9, 1g
6a7,8
> peach 6, 6kg
> melon 8, 8g
```

输出结果中，"2c2"、"5c5"表示两者第 2 行和第 5 行有差异，"<"引导的为文件 1 中相应行的内容，">"引导的为文件 2 相应行的内容。每个差异之间以"---"行分隔。"6a7,8"表示文件 1 的第 6 行之后，文件 2 多了 7、8 两行。

（2）以并排格式输出，并指定每行最多 40 字符。

```
jianglinmei@ubuntu:~$ diff -y -W 40 tosort.txt tosort2.txt
banana  3, 10kg         banana  3, 10kg
apple   4, 7kg    |     apple   4, 7g
pear    9, 1kg          pear    9, 1kg
orange  7, 3kg          orange  7, 3kg
pear    9, 1kg    |     pear    9, 1g
grape   2, 8kg          grape   2, 8kg
                  >     peach   6, 6kg
                  >     melon   8, 8g
```

输出结果中，中间有"|"的行表示两者有差异，中间有">"的行表示是文件 2 中多出的行。

2.7.4　wc

wc 命令用于统计文件的行数、字数和字节数。这里的"字"是指由空白字符（如空格、制表符、换行符等）分隔的字符串。可以同时对多个文件进行统计。不指定任何选项的情况下，会同时统计行数、字数和字节数，输出结果的格式如下。

　行数　　　字数　　　字节数　　　　文件名

如果用选项指定了统计哪些项，则其他项的结果不会显示，但显示项的顺序不变。另外，如果未指定文件，则对标准输入进行统计，输出结果中将无"文件名"列。以上一小节所用的两个文件为例。

```
jianglinmei@ubuntu:~$ wc tosort.txt tosort2.txt
  6  18  79 tosort.txt
  8  24 102 tosort2.txt
 14  42 181 总用量
```

可以用以下选项指明统计哪一项。

```
-c, --bytes         统计字节数
-l, --lines         统计行数
-w, --words         统计字数
```

例如：

```
jianglinmei@ubuntu:~$ wc -l -w tosort.txt tosort2.txt
  6  18 tosort.txt
  8  24 tosort2.txt
 14  42 总用量
```

2.8　文件的复制、移动、链接和归档

2.8.1　cp

cp 命令将源文件复制至目标文件，或将多个源文件复制至目标目录。

● 一般格式

```
cp [选项]... 源文件 目标文件
或：cp [选项]... 源文件... 目录
或：cp [选项]... -t 目录 源文件...
或：cp [选项]... -r 源目录... 目录
或：cp [选项]... -a 源目录... 目录
```

● 说明

cp 可以将源文件（非目录文件）复制为目标文件，或将源文件（非目录文件）复制到其他目录下，或者使用"–r"选项将源目录递归地复制到其他目录下，或者使用"–a"选项将一个目录下的所有子目录或文件复制为其他目录（复制前该目录不存在）。

● 常用选项

```
-a, --archive        复制目录下的文件到另一目录并保留文件的属性
```

-d	保留符号链接
-f, --force	覆盖目标文件并且不提示
-i, --interactive	覆盖前询问
-n, --no-clobber	不覆盖已存在的文件
-p	保留文件的属性
--parents	复制前在目标目录创建源文件路径中的所有目录
-R, -r, --recursive	递归复制目录
-t,	指定目标目录(--target-directory)
-u, --update	只在源文件比目标文件新，或目标文件不存在时才进行复制
-v, --verbose	显示详细的进行步骤
-x,--one-file-system	不跨越文件系统进行操作

● 示例

（1）本当前目录下的所有扩展名为 txt 的文件复制到 subdir 目录。

```
jianglinmei@ubuntu:~$ cp *.txt subdir/
```

（2）在当前目录下创建 recurse 目录，然后将 subdir 目录递归地复制到 recurse 目录。

```
jianglinmei@ubuntu:~$ mkdir recurse
jianglinmei@ubuntu:~$ cp -r subdir/ recurse/
jianglinmei@ubuntu:~$ ls recurse/
subdir
jianglinmei@ubuntu:~$ ls recurse/subdir/
1.txt 2.txt 3.txt create_by_cat.txt tosort2.txt tosort.txt
```

（3）将 subdir 目录下的所有文件(含目录)复制到 archive 目录，并要求保留源文件属性（即归档）。

```
jianglinmei@ubuntu:~$ cp -a subdir/ archive
jianglinmei@ubuntu:~$ ls archive/
1.txt 2.txt 3.txt create_by_cat.txt tosort2.txt tosort.txt
```

（4）在当前目录下创建 other 目录，使用"–t"选项将 1.txt 和 3.txt 复制到该目录。

```
jianglinmei@ubuntu:~$ mkdir other
jianglinmei@ubuntu:~$ cp -t other/ 1.txt 3.txt
jianglinmei@ubuntu:~$ ls other
1 txt 3.txt
```

2.8.2 mv

mv 命令用于将源文件重命名为目标文件，或将源文件移动至指定目录。

● 一般格式

```
mv [选项]... 源文件 目标文件
mv [选项]... 源文件... 目录
mv [选项]... -t 目录 源文件...
```

● 说明

从 mv 命令的一般格式可见，mv 命令的用法与 cp 命令基本相同，只是可用选项更少，因此使用上也更简单。

● 常用选项

```
-i, --interactive        覆盖前询问
-f, --force              覆盖前不询问
```

● 示例

（1）将当前目录下的 1.txt 文件改名为 one.txt。

```
jianglinmei@ubuntu:~$ mv 1.txt one.txt
jianglinmei@ubuntu:~$ ls -l 1.txt one.txt
ls: 无法访问 1.txt: 没有那个文件或目录
-rw-r--r-- 1 jianglinmei jianglinmei 3218 2012-09-20 21:34 one.txt
```

（2）将当前目录下的所有扩展名为 txt 的文件移动到 other 目录，覆盖已存在的文件。

```
jianglinmei@ubuntu:~$ mv -f *.txt other/
jianglinmei@ubuntu:~$ ls other/
1.  txt  2.txt  3.txt  create_by_cat.txt  one.txt  tosort2.txt  tosort.txt
```

2.8.3　ln

ln 命令可创建硬连接或符号连接。

● 一般格式

```
ln [选项]... 源文件 目标文件
```

● 说明

连接的对象可以是文件也可以是目录。创建硬连接会使用文件的连接数增加。

● 常用选项

```
-s, --symbolic      创建符号连接而非硬连接
```

● 示例

（1）在当前目录下为 other 目录下的 1.txt 创建一个硬连接文件 one.txt。

```
jianglinmei@ubuntu:~$ ln subdir/1.txt one.txt
jianglinmei@ubuntu:~$ ls -l one.txt
-rw-r--r-- 2 jianglinmei jianglinmei 3218 2012-09-21 09:30 one.txt
jianglinmei@ubuntu:~$ ls -l subdir/1.txt
-rw-r--r-- 2 jianglinmei jianglinmei 3218 2012-09-21 09:30 subdir/1.txt
```

从显示结果中可见，连接前后的两个文件的连接数都变成了 2。

（2）在当前目录下为 other 目录下的 1.txt 创建一个符号连接文件 1.txt。

```
jianglinmei@ubuntu:~$ ln -s subdir/1.txt 1.txt
jianglinmei@ubuntu:~$ ls -l *.txt
lrwxrwxrwx 1 jianglinmei jianglinmei  12 2012-09-21 11:57 1.txt -> subdir/1.txt
-rw-r--r-- 2 jianglinmei jianglinmei 3218 2012-09-21 09:30 one.txt
```

2.8.4　tar

tar 命令是 Linux 下常用的一个文件打包与解包的工具，可将许多个文件一起保存至归档文件

中，以及从归档文件中还原所需的文件。

- 一般格式

```
tar [选项...] [FILE]...
```

- 说明

tar 除了保存文件至归档文件外，还可用于保存文件至磁带。关于磁带操作本书不予介绍，有兴趣的读者可参阅 tar 的手册页。tar 还可同时对其归档内容进行压缩或解压缩操作。

- 常用选项

```
-c, --create                        创建一个新归档
-t, --list                          列出归档内容
-x, --extract, --get                从归档中解出文件
-k, --keep-old-files                解压时不要替换存在的文件
-f, --file=ARCHIVE                  使用归档文件或 ARCHIVE 设备
-j, --bzip2                         通过 bzip2 压缩或解压归档
-J, --xz                           通过 xz 压缩或解压归档
-z, --gzip, --gunzip, --ungzip      通过 gzip 压缩或解压归档
-Z, --compress, --uncompress        通过 compress 压缩或解压归档
-v, --verbose                       详细列出处理的文件
--exclude=PATTERN                   排除以 PATTERN 指定的文件
```

- 示例

（1）为当前目录下的 other 目录创建一个归档文件 o.tar，然后查看归档内容。

```
jianglinmei@ubuntu:~$ tar -cf o.tar other/
jianglinmei@ubuntu:~$ tar -tf o.tar
other/
other/create_by_cat.txt
other/1.txt
other/one.txt
other/2.txt
other/tosort.txt
other/3.txt
other/tosort2.txt
```

（2）为当前目录下的 other 目录创建一个归档并压缩的文件 o.tar.gz，然后将其解压并解包。

```
jianglinmei@ubuntu:~$ tar cvzf o.tar.gz other/
jianglinmei@ubuntu:~$ mkdir tar
jianglinmei@ubuntu:~$ tar -xvzf o.tar.gz -C tar
other/
other/create_by_cat.txt
other/1.txt
other/one.txt
other/2.txt
```

```
other/tosort.txt
other/3.txt
other/tosort2.txt
jianglinmei@ubuntu:~$ ls tar/
other
```

2.9　文件系统操作

2.9.1　挂载——mount

在 Linux 下，挂载文件系统的命令是 mount。挂载的作用是把一个文件系统连接到主目录树的一个目录节点（称为"挂载点"），从而使用户能够通过主目录树访问到该文件系统的数据。必须具有超级用户权限才能使用 mount 命令。

- 一般格式

```
mount [-t 文件系统类型] [-o 选项] [设备    挂载点目录]
```

- 说明

（1）文件系统的类型通常不必指定，mount 会自动选择正确的类型。常用类型有以下几种。

```
iso9660      光盘或光盘镜像
msdos        DOS fat16 文件系统
vfat         Windows 9x fat32 文件系统
ntfs         Windows NT ntfs 文件系统
smbfs        Mount Windows 文件网络共享
nfs          UNIX(LINUX) 文件网络共享
vboxsf       VirtualBox 主机共享文件夹
ext3 或 ext4  Linux 文件系统
```

（2）"–o 选项"主要用来描述设备的挂载方式，各选项之间以"，"分隔，常用的选项有以下几种。

```
loop                   用来把一个文件当成硬盘分区挂载上系统
ro                     采用只读方式挂载
rw                     采用读写方式挂载
iocharset              指定访问文件系统所用字符集
```

（3）使用"–a"选项可以根据系统配置文件"/etc/fstab"的内容挂载其中定义的所有文件系统。例如：

```
jianglinmei@ubuntu:~$ sudo mount -a
```

- 示例

先使用 mkisofs 命令将当前目录下的文件和子目录制成一个光盘映像文件，如下：

```
jianglinmei@ubuntu:~$ mkisofs -r -J -V mydisk -o test.iso .
```

（1）创建/mnt/vcd 目录作为虚拟光盘的挂载点，并将 test.iso 挂载上去。

```
jianglinmei@ubuntu:~$ sudo mkdir /mnt/vcd
jianglinmei@ubuntu:~$ sudo mount -t iso9660 -o loop ./test.iso /mnt/vcd
jianglinmei@ubuntu:~$ ls /mnt/vcd
1.txt      h.txt     o.tar      other     subdir  test.iso  模板  图片  下载
archive    one.txt   o.tar.gz   recurse   tar     公共的    视频  文档  桌面
```

（2）创建/mnt/win_d 目录，并挂载 ntfs 分区到该目录。

```
jianglinmei@ubuntu:~$ sudo mkdir /mnt/win_d
jianglinmei@ubuntu:~$ sudo mount -t ntfs -o iocharset=cp936 /dev/hda5 /mnt/win_d
```

注：本示例应在/dev/hda5 存在并且是一个 ntfs 分区时方能执行成功。

（3）创建/mnt/vbox_share 目录，并将 VirtualBox 的共享文件夹 temp 挂载到该目录。

```
jianglinmei@ubuntu:~$ sudo mkdir /vbox_share
jianglinmei@ubuntu:~$ sudo mount -t vboxsf temp /mnt/vbox_share
```

在 VirtualBox 中，设置共享主机文件夹的方法如下：在 VirtualBox 主界面中单击工具栏的"设置"按钮，出现"设置"对话框，在该对话框的左侧选择"共享文件夹"，如图 2-3 所示。在该对话框的"共享文件夹列表"栏右侧有一个带"+"的文件夹图标，单击该图标，将弹出"添加共享文件夹"对话框，如图 2-4 所示。在该对话框中选择要共享的文件夹并指定共享名即可，这里的"共享名"将作为 mount 命令中的设备名使用。注意，使用共享主机文件夹，需要"VirtualBox 增强工具"的支持。

图 2-3　VirtualBox 设置共享文件夹

图 2-4　VirtualBox 添加共享文件夹

2.9.2　卸载——umount

卸载是挂载的反操作，即将文件系统从主目录树上脱离出来，卸载后相应的文件系统即无法访问到。卸载文件系统的命令是 umount。其用法较简单，一般格式为：

```
umount 挂载点
```

例如：

```
jianglinmei@ubuntu:~$ sudo umount /mnt/vcd
```

2.9.3　查看系统信息

- uname 命令

使用 uname 命令可以查看系统的一般信息。uname 常用选项如下所示。

```
-s, --kernel-name          输出内核名称
-n, --nodename             输出网络节点上的主机名
-r, --kernel-release       输出内核发行号
-v, --kernel-version       输出内核版本
-m, --machine              输出主机的硬件架构名称
-p, --processor            输出处理器类型或 "unknown"
-i,--hardware-platform     输出硬件平台或 "unknown"
-o, --operating-system     输出操作系统名称
-a, --all                  以上面列出的次序输出所有信息。
```

例如：

```
jianglinmei@ubuntu:~$ uname -a
Linux jianglinmei-ubuntu 2.6.38-8-generic #42-Ubuntu SMP Mon Apr 11 03:31:50 UTC 2011
i686 athlon i386 GNU/Linux
```

- df 命令

使用 df 命令可以查看文件系统的信息，其常用选项如下所示。

```
-a, --all              包含虚拟文件系统
--total                显示总计信息
-h,--human-readable    以可读性较好的格式显示尺寸(例如：1K 234M 2G)
-t, --type=类型        只显示指定文件系统为指定类型的信息
-T, --print-type       显示文件系统类型
```

例如：

```
jianglinmei@ubuntu:~$ df -h
文件系统            容量  已用  可用 已用%% 挂载点
/dev/sda1           16G  3.1G  12G   21% /
none               495M  640K 494M   1% /dev
none               501M  212K 501M   1% /dev/shm
none               501M   92K 501M   1% /var/run
none               501M     0 501M   0% /var/lock
```

2.10 用户管理

用户管理操作一般要超级用户才能执行，本节将较简略地介绍最常见的用户管理操作。

● 添加用户——useradd

useradd 的一般格式如下。

```
useradd [选项] 登录名（即用户名）
```

常用选项有：

```
-b, --base-dir      指定家目录的父目录
-d, --home-dir      指定家目录
-g, --gid           指定用户的首组 ID
-G                  批定用户的辅组 ID 列表
-m, --create-home   创建家目录
-N, --no-user-group 不创建与用户名同名的组
-p, --password      批定密码
-s, --shell         指定默认 Shell
-u, --uid           指定 UID
```

例如，以下命令将创建 alice 用户，同时为其在/opt 目录下创建家目录，指定其默认 Shell 为 bash。

```
sudo useradd -m -b /opt -s /bin/bash alice
```

● 删除用户——userdel

userdel 的一般格式为：

```
userdel [选项] 登录名（即用户名）
```

常用选项有：

```
-f, --force       强制删除
-r, --remove      同时删除家目录和邮件池目录
```

例如：

```
jianglinmei@ubuntu:/opt/alice$ sudo userdel -f -r alice
```

● 添加组——groupadd

groupadd 的一般格式如下。

```
groupadd [选项] 组名
```

常用选项有：

```
-g, --gid    指定组 ID
```

例如:

```
jianglinmei@ubuntu:~$ sudo groupadd commonuser
```

- 删除组——groupdel

groupdel 的一般格式如下。

```
groupdel 组名
```

例如:

```
jianglinmei@ubuntu:~$ sudo groupdel commonuser
```

- 将用户添加到组或从组中移除——gpasswd

gpasswd 命令的一般格式如下。

```
gpasswd [选项] 组名
```

常用选项有:

```
-a, --add USER        将 USER 加入组
-d, --delete USER     将 USER 从组中删除
-M, --members USER,...  设置组用户
```

例如:

(1)将用户 alice 加入 root 组。

```
jianglinmei@ubuntu:~$ sudo gpasswd -a alice root
正在将用户 "alice" 加入到 "root" 组中
```

(2)将用户 alice 从 root 组移除。

```
jianglinmei@ubuntu:~$ sudo gpasswd -d alice root
正在将用户 "alice" 从 "root" 组中删除
```

2.11　文件权限操作

- 更改文件属主——chown

chown 命令的一般格式如下。

```
chown [选项]... [所有者][:[组]] 文件...
```

当指定 "组" 时,chown 会同时更改文件的所属组。常用选项有:

```
-h, --no-dereference      仅影响符号链接本身,而非符号链接所指的目的文件
-R, --recursive           递归处理所有的文件及子目录
-v, --verbose             为处理的所有文件显示诊断信息
```

例如,将 subdir 目录及其子目录和文件的所有者改为 alice,所属组也改为 alice,命令如下。

```
jianglinmei@ubuntu:~$ ls -ld subdir/
```

```
drwxr-xr-x 2 jianglinmei jianglinmei 4096 2012-09-21 09:30 subdir/
jianglinmei@ubuntu:~$ sudo chown -R alice:alice subdir/
jianglinmei@ubuntu:~$ ls -ld subdir/
drwxr-xr-x 2 alice alice 4096 2012-09-21 09:30 subdir/
```

- 更改文件属组——chgrp

chgrp 命令的一般格式如下。

```
chgrp [选项]... 用户组 文件....
```

常用选项有：

```
-h, --no-dereference  仅影响符号链接本身，而非符号链接所指的目的文件
-R, --recursive       递归处理所有的文件及子目录
-v, --verbose         为处理的所有文件显示诊断信息
```

例如，将 subdir 目录及其子目录和文件的所属组改为 jianglinmei，命令如下。

```
jianglinmei@ubuntu:~$ ls -ld subdir/
drwxr-xr-x 2 alice alice 4096 2012-09-21 09:30 subdir/
jianglinmei@ubuntu:~$ sudo chgrp jianglinmei subdir/
jianglinmei@ubuntu:~$ ls -ld subdir/
drwxr-xr-x 2 alice jianglinmei 4096 2012-09-21 09:30 subdir/
```

- 更改文件权限——chmod

chmod 命令的一般格式如下。

```
chmod [选项]... 模式[,模式]... 文件...
或：chmod [选项]... 八进制模式 文件...
```

chmod 命令总是会更改符号连接的目标文件的权限，而不是符号连接本身的权限。chmod 命令的权限模式可用字符串形式表示也可用八进制数形式来表示。使用字符串形式，其格式应符合正则表达式："[ugoa]*([-+=]([rwxXst]*|[ugo]))+"。使用八进制形式时，模式应由三或四位八进制构成。使用三位八进制时，从最高到最低位依次表示文件所有者（属主）、文件所属组和其他用户的权限，每个八进制数的三个二进制位从高到低又分别表示有无读、写、执行权限（1 为有该权限，0 为没有该权限）；使用四位八进制时最高位表示特殊权限（参见本书 1.3.2.4 节）。

常用选项有：

```
-R, --recursive  递归处理所有的文件及子目录
-v, --verbose    为处理的所有文件显示诊断信息
```

例如：

（1）为 subdir 目录及其子目录和文件的所属组添加"写"权限，命令如下。

```
jianglinmei@ubuntu:~$ sudo chmod -R g+w ./subdir/
```

（2）将 one.txt 的权限设置为只有所有者可读，命令如下。

```
jianglinmei@ubuntu:~$ ls -l one.txt
-rw-rw-r-- 2 alice alice 3218 2012-09-21 09:30 one.txt
jianglinmei@ubuntu:~$ sudo chmod 600 one.txt
jianglinmei@ubuntu:~$ ls -l one.txt
```

```
-rw------- 2 alice alice 3218 2012-09-21 09:30 one.txt
```

2.12　进程相关命令

2.12.1　进程和作业

Linux 是一个多用户多任务的分时操作系统，也就说，同一时间有分属于多个用户的多个进程在运行。作为 Linux 系统的使用者，特别是管理员，需要时常关注进程的运行情况以更加有效地使用或管理系统。

用户在 Shell 中执行一条外部命令的时候，系统会为其启动一个或多个进程。进程可以在前台运行也可以在后台运行。前台运行的进程与用户可交互，后台运行的进程则无法接受用户的输入，其结果一般也不显示在标准输出设备。

Shell 分前后台来控制的不是进程而是作业（Job）或者进程组（Process Group）。一般来说，一次提交给 Shell 的一整条命令对应一个作业。一个前台作业可以由多个进程组成，一个后台作业也可以由多个进程组成，Shell 可以运行一个前台作业和任意多个后台作业，这称为作业控制。作业与进程组的区别在于：如果作业中的某个进程又创建了子进程，该子进程不属于作业，如果作业运行结束而这个子进程还没终止，该子进程自动变为后台进程组。

要在后台执行一条命令（一个作业），可以在命令后加上"&"符号。将命令放到后台执行时，屏幕上会显示一个作业号和一个进程号，例如：

```
jianglinmei@ubuntu:~$ vi &
[1] 2910
```

示例中，方括号中的 1 是作业号，2910 是进程号。使用 jobs 命令可以查看终端启动了哪些作业，例如：

```
jianglinmei@ubuntu:~$ jobs -l
[1]+  2910 停止 (tty 输出)     vi
```

示例中显示有一条作业号为 1 的作业处于停止状态，jobs 的"-l"选项表示以长格式显示结果。使用命令"fg <JOBID>"可将后台运行的作业切换到前台运行。例如：

```
jianglinmei@ubuntu:~$ fg 1
```

执行该命令后，vi 编辑器恢复到正常运行的界面状态。使用"Ctrl + Z"组合键可暂停前台运行的作业。例如，在 vi 运行时，按下"Ctrl + Z"组合键，屏幕下方会显示：

```
[1]+  已停止           vi
```

同时会退出 vi 回到 Shell 命令行。使用命令"bg <JOBID>"可将暂停的前台运行的作业切换到后台运行。例如：

```
jianglinmei@ubuntu:~$ bg 1
[1]+ vi &

[1]+  已停止           vi
```

2.12.2 查看进程——ps

Linux 用户，特别是系统管理员，需要经常关注当前系统中运行的进程的状况。本书第 1 章介绍了使用图形界面"系统监视器"查看进程信息的方法，本节来关注如何使用 Shell 命令 ps 来查看系统中当前正在运行的进程的信息。

● 一般格式

ps [选项]

● 说明

使用 ps 命令可以查看进程的许多信息，比如：哪些进程正在运行，哪些进程被挂起，进程的 ID，进程运行了多久，进程使用的资源的情况等。ps 命令格式简单，但选项众多，而且选项前有无"-"是有区别的，无"-"的选项称 BSD 格式项，在此仅介绍该命令的常用方法。

● 常用选项

-e	显示所有进程
-f	全格式
-h	不显示标题
-l	长格式
a	显示终端上的所有进程，包括其他用户的进程
r	只显示正在运行的进程
x	显示没有控制终端的进程
u	面向用户格式

● 常用输出格式及其各列的含义

（1）选项-lf 格式。

使用-lf 选项输出的各列为：

```
F S UID      PID PPID C PRI NI ADDR SZ WCHAN STIME TTY      TIME CMD
```

各列的具体含义如下。

F	进程旗标。0 表示一般进程，1 表示已创建但未执行，4 表示有超级用户权限，显示结果是这些值之和
S	进程状态（参见表 2-6）
PID	进程 ID
PPID	父进程 ID
C	占用的 CPU 百分比，仅整数部分
PRI	优先级
NI	Nice 值
ADDR	内核进程的内存地址。一般进程只显示"-"
SZ	占用内存大小
WCHAN	进程是否正在运行，"-"表示正在运行
STIME	启动进程的时间
TTY	终端
TIME	进程消耗 CPU 的时间，格式为：[DD-]hh:mm:ss
CMD	命令的名称和参数

（2）选项 u 格式。

使用 u 选项输出的各列为：

```
USER    PID %CPU %MEM  VSZ  RSS TTY    STAT START  TIME COMMAND
```

各列的具体含义如下。

USER	进程所有者
PID	进程 ID
%CPU	占用的 CPU 百分比，"##.#" 格式
%MEM	占用的内存百分比
VSZ (virtual memory size)	占用的虚拟内存大小，单位为 KB
RSS (resident set size)	占用的非交换的物理内存大小，单位为 KB
TTY	终端的次要装置号码
STAT	进程状态（参见表 2-6）
START	启动进程的时间
TIME	进程消耗 CPU 的时间，格式为：[DD-]hh:mm:ss
COMMAND	命令的名称和参数

表 2-6　　　　　　　　　　　　　进程状态标识及含义

标　　识	含　　义	标　　识	含　　义
D	不可中断的睡眠 (通常为 IO 引起)	<	高优先级
R	运行或就绪	N	低优先级
S	可中断的睡眠 (等待事件完成)	L	有分页被锁进内存
T	停止 (因作业控制或调试跟踪)	s	会话的领导者进程（控制进程）
W	页面交换 (2.6.xx 内核起无效)	l	多线程进程
Z	僵尸进程(因结束时父进程未对其清理引起)	+	在前台进程组

● 示例

（1）显示本用户本次登录启动的进程信息。

```
jianglinmei@ubuntu:~$ ps -lf
F S UID      PID PPID  C PRI  NI ADDR SZ WCHAN  STIME TTY       TIME CMD
0 S molin   5516 5515  0  75   0 - 13835 wait   23:15 pts/9  00:00:00 -bash
0 R molin   5802 5516  0  76   0 -  1367 -      23:44 pts/9  00:00:00 ps -lf
```

（2）以长格式显示所有进程信息。

```
jianglinmei@ubuntu:~$ ps -elf
F S UID      PID PPID  C PRI  NI ADDR SZ WCHAN  STIME TTY       TIME CMD
4 S root       1    0  0  80   0 -   880 poll_s 23:51 ?      00:00:00 /sbin
……此处省略若干进程信息
5 R 1000    1582 1451  0  80   0 -  2526 ?      23:56 ?      00:00:00 sshd:
0 S 1000    1583 1582  7  80   0 -  2833 wait   23:56 pts/1  00:00:00 -bash
0 R 1000    1681 1583  0  80   0 -  1588 -      23:56 pts/1  00:00:00 ps -e
```

（3）以 BSD 面向用户的格式有终端的进程的信息。

```
jianglinmei@ubuntu:~$ ps au
USER    PID %CPU %MEM  VSZ  RSS TTY    STAT START  TIME COMMAND
```

```
root      797  0.0  0.0  4612   864 tty4      Ss+  23:51   0:00 /sbin/getty -8 38400 tty4
root      806  0.0  0.0  4612   852 tty5      Ss+  23:51   0:00 /sbin/getty -8 38400 tty5
root      812  0.0  0.0  4612   856 tty2      Ss+  23:51   0:00 /sbin/getty -8 38400 tty2
root      813  0.0  0.0  4612   868 tty3      Ss+  23:51   0:00 /sbin/getty -8 38400 tty3
root      818  0.0  0.0  4612   868 tty6      Ss+  23:51   0:00 /sbin/getty -8 38400 tty6
root     1018  0.0  0.0  4612   864 tty1      Ss+  23:51   0:00 /sbin/getty -8 38400 tty1
root     1040  0.5  1.6 48492 15088 tty7      Ss+  23:51   0:02 /usr/bin/X :0 -auth
/var/run/lightdm/root/:0 -nolisten tcp vt7 -novtswitch
1000     1583  0.3  0.6 11332  6236 pts/1     Ss   23:56   0:00 -bash
1000     1682  0.0  0.1  6352  1168 pts/1     R+   23:58   0:00 ps au
```

2.12.3　结束进程——kill

kill 命令用于向进程发送信号，默认发送的信号是"TERM"，其作用是令进程终止。用"kill –l"选项可查看 kill 命令可以发送的信号有哪些。

kill 命令用于结束进程的格式是：kill <进程 ID>，因此 kill 命令通常要配合 ps 命令使用，以获知进程的 ID，然后向其发送信号。例如：

```
jianglinmei@ubuntu:~$ vi &
[1] 1953
jianglinmei@ubuntu:~$ ps -lf
F S UID       PID  PPID  C PRI  NI ADDR SZ WCHAN  STIME TTY          TIME CMD
0 S 1000     1583  1582  0  80   0 - 2833 wait   Sep20 pts/1    00:00:00 -bash
0 T 1000     1953  1583  0  80   0 - 1686 signal 00:15 pts/1    00:00:00 vi
0 R 1000     1957  1583  0  80   0 - 1588 -      00:15 pts/1    00:00:00 ps -lf
jianglinmei@ubuntu:~$ kill 1953
jianglinmei@ubuntu:~$ fg vi
vi
Vim: Caught deadly signal TERM
Vim: preserving files...
Vim: Finished.
已终止
jianglinmei@ubuntu:~$ ps -lf
F S UID       PID  PPID  C PRI  NI ADDR SZ WCHAN  STIME TTY          TIME CMD
0 S 1000     1583  1582  0  80   0 - 2854 wait   Sep20 pts/1    00:00:00 -bash
0 R 1000     1963  1583  0  80   0 - 1588 -      00:18 pts/1    00:00:00 ps -lf
```

示例中演示了 vi 进程从启动到被终止的过程，使用 ps 命令列出了这一过程中进程的变化。首先在后台启动 vi，然后向其发送 TERM 信号，当 vi 被切换到前台时捕获了 TERM 信号，导致进程终止。

2.13　网络相关命令

● ping

ping 是最常用的网络命令之一，用于诊断 tcp/ip 协议是否安装好，目标主机是否可达等。其一般格式为：

```
ping [选项]... 目标主机或 IP...
```

常用选项有：

-c   指定发送数据包的数量，默认为一直发送直到用户按下 Ctrl+C 组合键

例如：

```
jianglinmei@ubuntu:~$ ping -c4 www.hqu.edu.cn
PING www.hqu.edu.cn (210.34.240.107) 56(84) bytes of data.
64 bytes from www.hqu.edu.cn (210.34.240.107): icmp_req=1 ttl=60 time=2.61 ms
64 bytes from www.hqu.edu.cn (210.34.240.107): icmp_req=2 ttl=60 time=1.81 ms
64 bytes from www.hqu.edu.cn (210.34.240.107): icmp_req=3 ttl=60 time=1.94 ms
64 bytes from www.hqu.edu.cn (210.34.240.107): icmp_req=4 ttl=60 time=1.81 ms

--- www.hqu.edu.cn ping statistics ---
4 packets transmitted, 4 received, 0% packet loss, time 3005ms
rtt min/avg/max/mdev = 1.814/2.048/2.612/0.330 ms
```

- ifconfig

ifconfig 命令可以用来查看 IP 地址，也可用于设置 IP 地址，其选项众多，功能强大。应注意，ifconfig 设置的 IP 只本次生效，在重启电脑后会丢失。

ifconfig 命令的常见用法如下。

（1）查看当前活动网口的 IP。

```
jianglinmei@ubuntu:~$ ifconfig
eth1      Link encap:以太网  硬件地址 08:00:27:1a:1b:c4
          inet 地址:10.8.30.252  广播:10.8.30.255  掩码:255.255.255.0
          inet6 地址: fe80::a00:27ff:fe1a:1bc4/64 Scope:Link
          UP BROADCAST RUNNING MULTICAST  MTU:1500  跃点数:1
          接收数据包:58186 错误:0 丢弃:0 过载:0 帧数:0
          发送数据包:34389 错误:0 丢弃:0 过载:0 载波:0
          碰撞:0 发送队列长度:1000
          接收字节:10643221 (10.6 MB)  发送字节:4573083 (4.5 MB)

lo        Link encap:本地环回
          inet 地址:127.0.0.1  掩码:255.0.0.0
          inet6 地址: ::1/128 Scope:Host
          UP LOOPBACK RUNNING  MTU:16436  跃点数:1
          接收数据包:16 错误:0 丢弃:0 过载:0 帧数:0
          发送数据包:16 错误:0 丢弃:0 过载:0 载波:0
          碰撞:0 发送队列长度:0
          接收字节:1152 (1.1 KB)  发送字节:1152 (1.1 KB)
```

（2）查看所有网口的 IP。

```
jianglinmei@ubuntu:~$ ifconfig -a
……此处省略输出
```

（3）设置 eth1 网口的 IP 地址和掩码。

```
jianglinmei@ubuntu:~$ sudo ifconfig eth1 192.168.0.100 netmask 255.255.255.0
```

（4）禁用 eth1 网口。

```
jianglinmei@ubuntu:~$ sudo ifconfig eth1 down
```

（5）激活 eth1 网口。

```
jianglinmei@ubuntu:~$ sudo ifconfig eth1 up
```

- netstat

netstat 可用于查看网络的状态，其选项众多，本节仅列举其若干常见用法如下。

（1）查看本机路由信息。

```
jianglinmei@ubuntu:~$ netstat -r
内核 IP 路由表
Destination     Gateway         Genmask         Flags   MSS Window  irtt Iface
10.8.30.0       *               255.255.255.0   U       0 0         0 eth1
default         10.8.30.1       0.0.0.0         UG      0 0         0 eth1
```

（2）查看本机 22 号 TCP 端口状态。

```
jianglinmei@ubuntu:~$ netstat -t -an | grep :22
tcp     0     0 0.0.0.0:22              0.0.0.0:*              LISTEN
tcp     0   116 10.8.30.252:22          10.8.18.212:14513      ESTABLISHED
tcp     0     0 10.8.30.252:22          10.8.18.212:15459      ESTABLISHED
tcp6    0     0 :::22                   :::*                   LISTEN
```

示例中，"–t"选项表示仅查看 TCP 端口，亦可使用"–u"选项指定查看 UDP 端口。

2.14 小　　结

本章较为详细地介绍了 Linux Shell 的一些特殊字符和 50 余个最常用的命令的最常用方法。掌握这些基本命令的使用是熟悉 Linux 操作环境和编程环境的基础。在此基础上，结合 Linux 系统的手册页，读者应当能够逐渐掌握更多 Linux 命令的使用，继而熟练掌握 Linux 操作环境。

2.15 习　　题

（1）请简述有哪些常见的获取 Shell 命令帮助的方法，具体如何操作。

（2）什么是路径、绝对路径、相对路径和当前工作目录？

（3）Linux Shell 默认会打开哪些标准设备文件？如何使用输入、输出重定向？如何使用管道？

（4）如何使用 ls 命令查看文件的硬链接数？

（5）如何在文件系统中查找名称中含有"alice"的文件，并将它的信息详细显示出来？

（6）locate 和 find 命令有何区别？

（7）vi 中，将光标定位中屏幕中间一行的命令是什么？将光标移动到本行第一个非空白字符的命令是什么？

（8）列出当前目录下所有符号连接文件的命令。

（9）如何对文本文件的每行按第二个字段的数值大小排序？

（10）diff 命令的显示结果中 ">" 符号表示什么意思？

（11）如何统计一个文件的字数？

（12）如何创建符号连接文件？

（13）如何将一个目录及其子目录全部打包并压缩成一个 ".gz" 文件，然后对其解压和解包？

（14）如何挂载一个 ".iso" 光盘映像文件？

（15）如何查看本系统的 CPU 类型？

（16）创建 tom 用户并为其创建家目录同时指定其 Shell 为 bash 的命令怎么写？

（17）如何将用户加入到一个组？

（18）如何为文件的所属组添加可执行权限？

（19）Linux 的进程有哪些状态，如何查看进程的状态？

（20）如何查看本机的默认网关是什么？

第3章
Linux Shell 编程

Shell 不仅仅只是一个命令解释程序，它还是一种高级程序设计语言。Shell 是一种解释型语言。Shell 程序常被称为命令脚本或脚本程序，由 Shell 命令加上程序控制结构组成，具有简洁、开发容易和便于移植的特点。众所周知，相比于编译型编程语言，解释型语言的执行效率较低，但编程效率却要高出十倍甚至百倍。使用 Linux Shell，通过简单执行一些文件系统级的高级操作即可迅速构建出系统维护所需的功能，因此 Shell 脚本程序是进行系统管理维护不可缺少的利器。本章主要介绍以下几方面的 Shell 编程知识。

- Shell 程序基础知识
- Shell 变量
- 控制结构
- Shell 函数
- Shell 内部命令
- Shell 程序调试

3.1 基础知识

读示例程序学习程序设计是最简洁有效的方法。为简明演示本章的示例，读者可先在自己家目录下建立一个"sh"目录专门放置 Shell 程序文件，为此输入以下命令。

```
jianglinmei@ubuntu:~/sh$ mkdir sh
jianglinmei@ubuntu:~/sh$ cd sh
```

下面直接开始第一个 Shell 程序。

3.1.1 第一个 Shell 程序

第一个 Shell 程序——first.sh，如程序清单 3-1 所示。

程序清单 3-1 first.sh

```
#! /bin/bash
cd /tmp
echo "Hello, world!"
```

这是一个经典的程序入门示例，仅由三行代码构成，勿论代码是什么意思，先来看如何运行，运行结果是什么。

3.1.2　如何运行 Shell 程序

运行 Linux Shell 程序的方法有三种。

（1）赋予程序文件可执行权限，直接运行。

（2）调用命令解释器（即 Shell）解释执行。

（3）使用 source 命令执行。

下面分别使用这三种方式运行第一个 Shell 程序，看结果是否会有所不同。

采用第一种运行方式，操作如下。

```
jianglinmei@ubuntu:~/sh$ chmod a+x first.sh
jianglinmei@ubuntu:~/sh$ ./first.sh
Hello, world!
```

第一条命令为 first.sh 文件设置执行权限，第二条命令即执行它，屏幕显示出了预料之中的 "Hello world!"。仔细观察命令行的提示信息，应发现命令执行前后，当前工作目录没有变化。

采用第二种运行方式，操作如下。

```
jianglinmei@ubuntu:~/sh$ bash first.sh
Hello, world!
jianglinmei@ubuntu:~/sh$
```

这里调用 Shell 解释器 bash 程序对 first.sh 解释执行，可以发现结果和第一种方式完全一样。

采用第三种运行方式，操作如下。

```
jianglinmei@ubuntu:~/sh$ source first.sh
Hello, world!
jianglinmei@ubuntu:/tmp$
```

这种方式的输出结果和前两种方式的结果相同，但仔细观察命令行的提示信息，可以发现当前工作目录变成了 "/tmp"。

回头来看程序代码。

在本书第 1.3.3.1 小节介绍了目前 Shell 有多种不同的版本。常见的有 sh、ksh、csh、bash 和 zsh 等。不同的 Shell 的命令和语法不尽相同，那么如何得知用什么 Shell 来解释脚本程序呢？答案在程序的第一行。

命令行 Shell 在读取脚本第一行发现行首是 "#!" 时，会将剩余的字符串理解成一个 Shell 解释程序的绝对路径。随后，命令行 Shell 会启动一个新的 Shell 进程来执行脚本程序中的其余的每一行代码。因为本例中指定的 Shell 解释程序为 "/bin/bash"，所以命令行 Shell 将启动新的 bash 进程来解释该脚本程序。鉴于 bash 是 Linux 中最常用的 Shell，本书仅介绍 bash 编程，所有脚本的解释程序都将指定为 "/bin/bash"。

本书第 2 章介绍过 echo 命令，它的作用是向标准输出设备输出简单信息。程序清单 3-1 的第三行意即输出"Hello, world!"，从上述的输出结果可见，三种运行方式都得到了预期的输出。

程序清单 3-1 的第二行为：cd /tmp。其作用是将当前目录切换到 "/tmp"，但是只有第三种方式达到了此目的，这是为什么呢？答案在下一小节。

3.1.3　Shell 的命令种类

Linux Shell 可执行的命令主要有三种：内部命令、Shell 函数和外部命令。

1. 内部命令

内部命令是 Shell 解释器本身包含的命令，在文件系统中没有相应的可执行文件。例如，cd 命令和 echo 命令就是两个常见的 Shell 内部命令。还有，上面介绍的第三种运行 Shell 程序方式所用的 source 命令也是内部命令。命令行 Shell 在执行内部命令时，不需要创建新进程，当然也就不需要销毁进程。

source 命令也称为"点命令"，可以用点符号（"."）代替 source 来执行命令，效果一样，例如：

```
jianglinmei@ubuntu:~/sh$ . first.sh
Hello, world!
jianglinmei@ubuntu:/tmp$
```

2. Shell 函数

Shell 函数是以 Shell 语言书写的一系列程序代码，可以像其他命令一样被引用，本章后将详细介绍 Shell 函数。

3. 外部命令

外部命令是独立于 Shell 的可执行程序，在文件系统中有相应的可执行文件。本书第 2 章介绍的大多数命令，如，ls、find、locate、grep、ifconfig 等，都是外部命令。命令行 Shell 在执行外部命令时，会创建一个当前 Shell 的复制进程来执行它，执行过程存在进程的创建和销毁。

Shell 执行外部命令的过程如图 3-1 所示，可描述如下。

（1）调用系统函数 fork()创建一个命令行 Shell 的复制进程（子进程）。

（2）在子进程的运行环境中，查找并载入外部命令，以外部命令的程序代码取代该 Shell 子进程。此时，父 Shell 进程休眠并等待子进程执行完毕。

（3）子进程执行完毕后，父 Shell 进程被唤醒并继续从终端读取下一条命令。

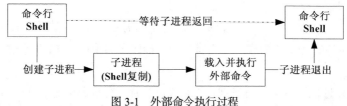

图 3-1　外部命令执行过程

在这一过程中，与回答上一小节最后一个问题关系密切的一个要点是：子进程改变的环境变量只影响本进程，而不会影响父进程。

为此，可以理解这三种运行方式执行第一个 Shell 程序的结果。因为 source 是 Shell 的内部命令，它执行的 cd 命令改变了命令行 Shell 本身的环境变量（$PWD），所以脚本程序执行完后当前目录改变了。而前两种运行 Shell 程序的方式均创建了一个子进程来执行脚本程序，其中的 cd 命令改变的只是子进程的环境变量（$PWD），并不影响作为父进程的命令行 Shell。而在子进程执行完毕后，活跃的仍是父进程，故当前目录并没有改变。

3.1.4　Shell 执行命令的顺序

交互式的 Shell 在获取用户输入的命令后，将按以下固定顺序寻找命令位置。

别名	使用 "alias command=…" 创建的命令
关键字	如：if，for，while 等
函数	Shell 语言书写的代码
内部命令	Shell 本身包含的命令，如：cd、echo、source 等
外部命令	二进制可执行程序或脚本程序

由此可见，在同名时，别名的优先级最高而外部命令的优先级最低。使用 Shell 的内部命令 "type" 可以查看所要执行的命令是哪种类型。例如：

```
jianglinmei@ubuntu:/tmp$ type ls
ls 是 `ls --color=auto' 的别名
jianglinmei@ubuntu:/tmp$ type find
find 是 /usr/bin/find
jianglinmei@ubuntu:/tmp$ type pwd
pwd 是 shell 内嵌
```

从本例的输出可见：ls 是 "ls --color=auto" 的别名；find 是一个外部命令，其可执行文件是 "/usr/bin/find"；pwd 则是一个内部命令。

3.1.5　注释、退出状态和逻辑操作

Shell 程序中或 Shell 命令中，以 "#" 开头的文本表示**注释**，Shell 解释器将忽略 "#" 之后的所有内容。如果要将 "#" 作为普通字符对待，需在其之前加 "\" 进行转义，或使用引号对其进行引用。例如：

```
jianglinmei@ubuntu:~/sh$ # echo this will not show
jianglinmei@ubuntu:~/sh$ echo # this will not show

jianglinmei@ubuntu:~/sh$ echo \# this is common text
# this is common text
```

这里，第一条命令完全由 "#" 开头，实际上 Shell 并不解释任何命令，因此没有输出。第二条命令 echo 后的内容以 "#" 开头，所以输出是一个空行。最后一条命令的 "#" 被转义为普通字符，所以输出了完整的 "# this is common text"。

每一条 Shell 命令在退出时都会返回一个整数值给命令行 Shell，该返回值即代表 Shell 命令的**退出状态**。"退出状态" 用于指示命令的运行情况：成功还是失败，如果失败了是什么原因导致的失败。一般约定以 0 表示成功，非零值表示失败。使用特殊变量 "$?" 可以查看上一条命令的退出状态值。例如：

```
jianglinmei@ubuntu:~/sh$ echo this should succeed.
this should succeed.
jianglinmei@ubuntu:~/sh$ echo $?
0
jianglinmei@ubuntu:~/sh$ rm /tmp
rm: 无法删除 '/tmp'：权限不够
jianglinmei@ubuntu:~/sh$ echo $?
```

1

从以上示例可以看到：第一条 echo 命令成功执行，其退出状态为 0；"rm /tmp"因权限不够执行失败，其退出状态为 1。

一般情况下，脚本程序中的各条命令是从上到下顺序执行的，不论上一条命令执行是否成功（退出状态为 0），下一条命令都能得到执行。各条命令可以分行书写，如程序清单 3-1 所示。也可以在一行中书写，但各命令之间要以"；"分隔开来，执行时按从左到右的顺序依次执行，如程序清单 3-2 所示。这两种书写方式的效果是一样的。

程序清单 3-2　second.sh

```
#! /bin/bash
cd /tmp; echo "Hello, world!"
```

除了使用"；"连接命令之外，还可以使用逻辑与（"&&"）运算符和逻辑或运算符（"||"）连接两条命令。这两个逻辑运算符均具有短路特性：对于逻辑与（"&&"）操作，只有当左边的命令执行成功（退出状态为 0）才会继续执行右边的命令，对于逻辑或（"||"）操作，则只有当左边的命令执行失败（退出状态为非 0 值）才会继续执行右边的命令。例如：

```
jianglinmei@ubuntu:~/sh$ ls one.sh && rm one.sh
ls: one.sh: 没有那个文件或目录
jianglinmei@ubuntu:~/sh$ ls first.sh || touch first.sh
first.sh
```

本示例第一条命令表达的含义是：如果 one.sh 可列出（文件存在）则删除之，但此处 one.sh 不存在，ls 执行失败，所以并不会执行 rm 命令去删除该文件。第二条命令表达的含义是：如果 first.sh 不可列出（文件不存在）则创建之，但此处 first.sh 已存在，故 touch 命令不执行。

除了逻辑与（"&&"）运算符和逻辑或运算符（"||"）以外，Shell 还支持逻辑非（"!"）运算符。逻辑非（"!"）运算符的作用是对退出状态值取反：成功则失败，失败则成功。例如：

```
[molin@XMUEDA sh]$ ! ls one.sh && echo no script
ls: one.sh: 没有那个文件或目录
no script
```

使用逻辑运算符组合起来的操作被称为"**逻辑操作**"。

3.1.6　复合命令

Linux Shell 中，可以用"{}"或"()"将多条命令括起来，使其在语法上成为一条命令，即形成一条复合命令（类似于 C 语言的复合语句）。复合命令的执行顺序是根据命令出现的先后次序，由左至右或由上到下执行。

复合命令中的各个命令之间必须用分号或换行符分隔开来。如果使用"{}"的话，还应注意："{"后应有至少一个空格，"}"前应有一个分号或换行符。

使用"{}"或"()"，它们的作用基本相同，唯一一点区别在于：用"{}"括起的命令在本 Shell 内执行，不产生新进程；用"()"括起的命令在一个子 Shell 内执行，命令行 Shell 会创建一个新的子 Shell 进程。这类似于使用 source 命令执行脚本和赋予脚本文件可执行权限并直接运行之间的区别。

下面举几个例子说明复合命令的使用。

1. 基本格式与用法

```
jianglinmei@ubuntu:~/sh$ { echo I am ; who ;} | head
I am
jianglinmei pts/0        2012-09-23 21:58 (10.8.18.212)
jianglinmei@ubuntu:~/sh$ (echo How man files in $PWD; ls | wc -w) | tail
How man files in /home/jianglinmei/sh
2
```

2. "{}" 和 "()" 的区别

```
jianglinmei@ubuntu:~/sh$ VAR1=1
jianglinmei@ubuntu:~/sh$ (VAR1=2; echo $VAR1)
2
jianglinmei@ubuntu:~/sh$ echo $VAR1
1
jianglinmei@ubuntu:~/sh$ { VAR1=2; echo $VAR1; }
2
jianglinmei@ubuntu:~/sh$ echo $VAR1
2
```

本例中，在 "()" 内将变量（变量将在本书下一节介绍）VAR1 设置为 2，但命令行 Shell 中显示 VAR1 的值仍为原始值 1。而在 "{}" 内将变量 VAR1 设置为 2，命令行 Shell 中显示 VAR1 的值即为 2。示例结果说明了两者的区别。

3.2　Shell 变量

3.2.1　变量的赋值与引用

和其他编程语言一样，Linux Shell 也使用变量来存储数据。

Shell 变量的名称应由字母、数字或下划线组成，并且只能以字母或下划线开头，大小写的意义是不同的，但是名称的长度没有限制。Shell 是一种弱类型的语言，变量存储的一切值都是字符串。但是必要的时候，只要是由数值构成的字符串，也可对其执行数值操作。

变量赋值的方式为：

变量名=变量值

注意："=" 两边不能有任何空格。当变量值中包含空格时，应为其加上单引号或双引号。在需要**引用变量**时，要在变量名前加上 "$" 符号。例如：

```
jianglinmei@ubuntu:~/sh$ str="Hello, world"
jianglinmei@ubuntu:~/sh$ echo $str
Hello, world
```

Shell 变量本质上是一个键值对，即使用一个关键字来记录或引用一个值。例如上面示例中的 "str=Hello, world!"，就是将字符串值 "Hello, world!" 赋予键 str。在 str 的作用范围内，均可使用 str 来引用 "Hello, world!"，这个操作叫做**变量替换**。

和其他强类型的编程语言不同，Shell 变量不需要预先定义，或者说赋值即定义，而且可以引用未赋过值的变量。在引用一个未事先赋过值的变量时，该变量值为一个空字符串。例如：

```
jianglinmei@ubuntu:~/sh$ echo $not_defined
```

本例输出一个空串。

在字符串中可以引用变量，使其值成为本字符串的一部分。例如：

```
jianglinmei@ubuntu:~/sh$ str='world!'
jianglinmei@ubuntu:~/sh$ echo Hello, $str
Hello, world!
```

在变量名后面紧跟一个由非空白字符开始的字符串时，为了使变量名和其后的字符串区分开来，应该用花括号"{}"将变量名括起来。例如：

```
jianglinmei@ubuntu:~/sh$ position=/usr/include/
jianglinmei@ubuntu:~/sh$ cat ${position}termio.h
/* Compatible <termio.h> for old `struct termio' ioctl interface.
   This is obsolete; use the POSIX.1 `struct termios' interface
   defined in <termios.h> instead.  */

#include <termios.h>
#include <sys/ioctl.h>
```

此例中，如果引用时不使用花括号，即：

```
jianglinmei@ubuntu:~/sh$ cat $positiontermio.h
cat: .h: 没有那个文件或目录
```

此时，Shell 输出错误信息。因为 Shell 把$positiontermio 看成了一个变量，而该变量的值为一个空串，因此整个字符串的值就是".h"，所以提示".h 文件不存在"。

使用 unset 命令可以将一个变量的值清除（即成为空串）。例如：

```
jianglinmei@ubuntu:~/sh$ str=has_a_value
jianglinmei@ubuntu:~/sh$ echo $str
has_a_value
jianglinmei@ubuntu:~/sh$ unset str
jianglinmei@ubuntu:~/sh$ echo $str
```

本例中，"unset str"后再输出$str，结果为一个空串。

使用特殊变量引用 "${#变量名}"可以得到变量的长度，即字符数。例如：

```
jianglinmei@ubuntu:~/sh$ str="A 22 characters string"
jianglinmei@ubuntu:~/sh$ echo length of $str is ${#str}
length of A 22 characters string is 22
```

3.2.2 命令替换

Shell 允许将一个或多个命令的执行结果赋值给变量，这称为**命令替换**。有两种方式可以实现命令替换：使用反引号 "`…`"或"$(…)"。反引号或圆括号之间为一个或多个用";"或逻辑运算符连接起来的命令。例如：

```
jianglinmei@ubuntu:~/sh$ str=`pwd; who`
jianglinmei@ubuntu:~/sh$ echo $str
/home/jianglinmei/sh jianglinmei pts/1 2012-09-24 08:27 (192.168.1.100)
```

```
jianglinmei@ubuntu:~/sh$ position=$(pwd||who)
jianglinmei@ubuntu:~/sh$ echo $position
/home/jianglinmei/sh
```

3.2.3　变量属性声明

在 Shell 中可以使用内部命令 declare 或 typeset（它们是完全相同的）来限定变量的属性（注：命令 declare 在 bash 版本 2 之后才有）。declare 使用一些选项来指定变量的属性，常用选项如下。

-r　　只读
-i　　整数
-a　　数组（在下一小节介绍）
-f　　函数（在本章 3.6 节介绍）
-x　　导出变量（在本章 3.2.8 小节介绍）

例如：

```
jianglinmei@ubuntu:~/sh$ declare -r SIZE=100
jianglinmei@ubuntu:~/sh$ SIZE=20
-bash: SIZE: 只读变量
```

本例中，因 SIZE 被设为只读，再对它赋值，Shell 就会报错。

再如：

```
jianglinmei@ubuntu:~/sh$ n=20
jianglinmei@ubuntu:~/sh$ n=n+30
jianglinmei@ubuntu:~/sh$ echo $n
n+30
jianglinmei@ubuntu:~/sh$ declare -i n
jianglinmei@ubuntu:~/sh$ n=20
jianglinmei@ubuntu:~/sh$ n=n+30
jianglinmei@ubuntu:~/sh$ echo $n
50
```

本例中，同样是对变量 n 作 "n=n+30" 的操作，但是在设置变量的属性为整数之前和之后，其结果是不一样的。

3.2.4　数组变量

Linux Shell（bash）支持一维数组变量。和普通变量一样，使用数组变量也不需先定义或先赋值再使用，在没有赋值的情况下，数组元素的值就是空串，并且 Shell 数组的元素个数没有限制。

与 C 语言类似，存取数组的元素的方法是在数组名后加上下标。数组元素的下标由 0 开始编号，放在一对方括号内，如：a[0]。下标可以是整数或算术表达式，其值应大于或等于 0。

可以使用赋值语句对数组元素**直接赋值**，其一般格式如下。

数组名[下标]=值

例如：

```
jianglinmei@ubuntu:~/sh$ student[0]=Alice
jianglinmei@ubuntu:~/sh$ student[1]=Bob
```

```
jianglinmei@ubuntu:~/sh$ student[2]=Tom
```

引用数组元素值的一般格式为：

```
${数组名[下标]}
```

例如：

```
jianglinmei@ubuntu:~/sh$ echo ${student[0]}
Alice
```

数组的各个元素可以利用上述方式逐个赋值，也可以**组合赋值**。定义数组并为其赋值的一般格式是：

```
数组名=(值 1 值 2  ... 值 n)
```

其中，各个值之间应以空格分开。例如：

```
jianglinmei@ubuntu:~/sh$ ARR=(How nice a day it is.)
jianglinmei@ubuntu:~/sh$ echo ${ARR[1]} ${ARR[3]}
nice day
```

引用没有带下标的数组名相当于引用下标为 0 的数组元素。以下示例说明：ARR 就等价于 ARR[0]。

```
jianglinmei@ubuntu:~/sh$ echo ${ARR} = ${ARR[0]}
How = How
jianglinmei@ubuntu:~/sh$ echo ${#ARR} = ${#ARR[0]}
3 = 3
```

例子中，${#ARR[0]}意为下标 0 处数组元素的长度。

有两个特殊的变量引用"${数组名[*]}"和"${数组名[@]}"，它们表示引用数组中的所有非空元素。例如：

```
jianglinmei@ubuntu:~/sh$ week=(Mon Tue Wed)
jianglinmei@ubuntu:~/sh$ week[3]=Thur
jianglinmei@ubuntu:~/sh$ week[5]=Sat
jianglinmei@ubuntu:~/sh$ echo ${week[*]}
Mon Tue Wed Thur Sat
jianglinmei@ubuntu:~/sh$ echo ${week[@]}
Mon Tue Wed Thur Sat
```

利用命令 unset 可以取消一个数组的定义。例如：

```
jianglinmei@ubuntu:~/sh$ unset week
jianglinmei@ubuntu:~/sh$ echo ${week[*]}
```

unset 后${week[*]}的结果为空。

相应地，特殊变量引用"${#数组名[*]}"和"${#数组名[@]}"，它们表示所引用数组中的所有非空元素的个数。例如：

```
jianglinmei@ubuntu:~/sh$ week=(Mon Tue Wed)
jianglinmei@ubuntu:~/sh$ week[6]=Sun
jianglinmei@ubuntu:~/sh$ echo ${#week[*]}
4
```

```
jianglinmei@ubuntu:~/sh$ echo ${#week[@]}
4
```

3.2.5 变量引用操作符

使用$加花括号"${…}"除简单地引用变量的值外，还可以进行更多的高级操作，如：字符串替换和模式匹配替换。

- 字符串替换

1. ${varname:-word}

含义：如果 varname 存在且非空串，则返回 varname 的值，否则返回 word。

作用：如果变量未定义，则取默认值。

例如：

```
jianglinmei@ubuntu:~/sh$ unset str
jianglinmei@ubuntu:~/sh$ echo ${str:-"blank"}
blank
jianglinmei@ubuntu:~/sh$ str="some content"
jianglinmei@ubuntu:~/sh$ echo ${str:-"blank"}
some content
```

2. ${varname:=word}

含义：如果 varname 存在且非空串，则返回 varname 的值，否则将 varname 的值设为 word，并返回 word。

作用：如果变量未定义，则取默认值。

例如：

```
jianglinmei@ubuntu:~/sh$ unset str
jianglinmei@ubuntu:~/sh$ echo ${str:="blank"}
blank
jianglinmei@ubuntu:~/sh$ echo $str
blank
jianglinmei@ubuntu:~/sh$ str="some content"
jianglinmei@ubuntu:~/sh$ echo ${str:-"blank"}
some content
```

3. ${varname:+word}

含义：如果 varname 存在且非空串，则返回 wor 的值，否则返回空串。

作用：测试变量是否存在。

例如：

```
jianglinmei@ubuntu:~/sh$ unset str
jianglinmei@ubuntu:~/sh$ echo ${str:+"not blank"}

jianglinmei@ubuntu:~/sh$ str="some content"
jianglinmei@ubuntu:~/sh$ echo ${str:+"not blank"}
not blank
```

4. ${varname:?message}

含义：如果 varname 存在且非空串，则返回 varname 的值，否则输出 message，并退出当前脚本程序。

作用：用于捕捉变量未定义导致的错误。

例如：

```
jianglinmei@ubuntu:~/sh$ cat novar.sh
#! /bin/bash
echo ${str:?"no parameter"}
echo "last sentence"
jianglinmei@ubuntu:~/sh$ bash novar.sh
novar.sh: 行 2: str: no parameter
```

本例，首先输出脚本程序 novar.sh 的内容，其中含两条 echo 语句，但因 str 未定义，使用 bash 执行该脚本时，仅输出了 "no parameter" 就退出了。

注：以上四种字符串替换格式中，每个冒号都是可选的。如果省略冒号，则判断 "varname 是否存在"，而不论是否非空。例：

```
jianglinmei@ubuntu:~/sh$ str=
jianglinmei@ubuntu:~/sh$ echo ${str-"not exist"}

jianglinmei@ubuntu:~/sh$ unset str
jianglinmei@ubuntu:~/sh$ echo ${str-"not exist"}
not exist
```

- 模式匹配替换

1. ${varname#pattern}

含义：如果 pattern 匹配 varname 的头部，则删除**最短**匹配部分，并返回剩余部分，varname 本身不变。

例如：

```
jianglinmei@ubuntu:~/sh$ filepath=/home/alice/major.minor.ext
jianglinmei@ubuntu:~/sh$ echo ${filepath#/*/}
alice/major.minor.ext
jianglinmei@ubuntu:~/sh$ echo $filepath
/home/alice/major.minor.ext
```

2. ${varname##pattern}

含义：如果 pattern 匹配 varname 的头部，则删除**最长**匹配部分，并返回剩余部分，varname 本身不变。

例如：

```
jianglinmei@ubuntu:~/sh$ filepath=/home/alice/major.minor.ext
jianglinmei@ubuntu:~/sh$ echo ${filepath##/*/}
major.minor.ext
```

3. ${varname%pattern}

含义：如果 pattern 匹配 varname 的尾部，则删除**最短**匹配部分，并返回剩余部分，varname 本身不变。

例如：

```
jianglinmei@ubuntu:~/sh$ filepath=/home/alice/major.minor.ext
jianglinmei@ubuntu:~/sh$ echo ${filepath%.*}
/home/alice/major.minor
```

4. ${varname%%pattern}

含义：如果 pattern 匹配 varname 的尾部，则删除**最长**匹配部分，并返回剩余部分，varname 本身不变。

例如：

```
jianglinmei@ubuntu:~/sh$ filepath=/home/alice/major.minor.ext
jianglinmei@ubuntu:~/sh$ echo ${filepath%%.*}
/home/alice/major
```

5. ${varname/pattern/string}或${varname//pattern/string}

含义：如果 pattern 匹配 varname 的某个子串，则将 varname 的最长匹配部分替换为 string，并返回替换后的串，varname 本身不变。如果模式以"#"开头，则意为必须匹配 varname 的首部，如果模式以"%"开头，则意为必须匹配 varname 的尾部。如果 string 为空串，匹配部分将被删除。如果 varname 为"@"或"*"，操作将被依次用于每个位置参数（参见下一小节），并且扩展为结果列表。注：第一种格式仅替换第一次匹配的子串，第二种格式会替换所有匹配的子串。

例如：

```
jianglinmei@ubuntu:~/sh$ filepath=/home/alice/major.minor.ext
jianglinmei@ubuntu:~/sh$ echo ${filepath/alice/tom}
/home/tom/major.minor.ext
```

再如：

```
jianglinmei@ubuntu:~/sh$ echo $PATH
/usr/local/sbin:/usr/local/bin:/usr/sbin:/usr/bin:/sbin:/bin:/usr/games:$JAVA_HOME
/bin
jianglinmei@ubuntu:~/sh$ echo -e ${PATH//:/\n}
/usr/local/sbinn/usr/local/binn/usr/sbinn/usr/binn/sbinn/binn/usr/gamesn$JAVA_HOME
/bin
jianglinmei@ubuntu:~/sh$ echo -e ${PATH//:/"\n"}
/usr/local/sbin
/usr/local/bin
/usr/sbin
/usr/bin
/sbin
/bin
/usr/games
$JAVA_HOME/bin
```

本例将环境变量 PATH 中的所有（因为使用的是第二种格式）冒号":"替换成了换行符。

3.2.6　位置参数和特殊变量

位置参数也称位置变量，是运行 Shell 脚本程序时，命令行 Shell 传递给脚本的参数，以及在 Shell 脚本程序中调用函数时传递给函数的参数。这位置变量的名称很特别，是以 0，1，2……这些整数命名的。

位置变量的数字与参数出现的具体位置相对应：0 对应命令名（脚本名），1 对应第一个实参，2 对应第二个实参……依此类推。相应地，使用$0，$1，$2……引用这些位置变量。如果，位置变量的数字是由两个或更多个数字构成，则一般应用一对花括号把数字括起来，如：${10}，${11}。命令行实参与脚本中位置变量的对应关系如下所示。

cmd	p1	p2	p3	p4 …	p10	p11
$0	$1	$2	$3	$4 …	${10}	${11}

除了这些数字形式的变量之外，Shell 中几个有特殊含义的 Shell 变量（如表 3-1 所示），它们的值只能由 Shell 根据实际情况进行赋值，而不允许用户重新设置。其中一些特殊变量常与位置变量一起使用。

表 3-1　　　　　　　　　　　　　　　　特殊变量

特殊变量	含　　义
$#	命令行上参数的个数，但不包含 Shell 脚本名本身
$*	以一个单字符串显示向脚本程序传递的所有参数，不含$0
$@	从参数 1 开始，显示向脚本程序传递的所有参数，不含$0。如果放在双引号中进行扩展，则"$@"与"$1" "$2" "$3"…等效
$?	上一条命令执行后的返回值（即"退出状态"），一个 10 进制整数，见 3.1.5 小节的介绍
$$	运行脚本的当前进程的进程号
$!	上一个后台命令对应的进程号
$-	由当前 Shell 设置的执行标志名组成的字符串

下面以 Shell 程序——posvar.sh（如程序清单 3-3 所示）为例，说明各个与位置参数相关的变量的用法。

程序清单 3-3

```
#! /bin/bash
echo 'Parameter number:' $#
echo 'All digit variables:' $0 $1 $2 $3 $4 $5 $6 $7 $8 $9 ${10} ${11}
echo '$*:' $*
echo '$@:' $@
```

程序清单 3-3 中，第一行使用特殊变量"$#"输出命令行传递的参数个数，第二行依次输出各位置参数的值，后面两行分别用特殊变量"$*"和"$@"输出命令行传递的所有参数。运行该脚本，命令如下。

```
jianglinmei@ubuntu:~/sh$ chmod u+x posvar.sh
jianglinmei@ubuntu:~/sh$ ./posvar.sh 1 2 3 4 5 6 7 8 9 10 11
Parameter number: 11
All digit variables: ./posvar.sh 1 2 3 4 5 6 7 8 9 10 11
$*: 1 2 3 4 5 6 7 8 9 10 11
$@: 1 2 3 4 5 6 7 8 9 10 11
```

本例首先为脚本赋予可执行权限，然后向其传递了 11 个参数（参数之间以空白字符分隔），从运行结果可以清晰地看出各变量的含义与作用。

不加双引号的$@与$*的作用是一样的，加上双引号的"$@"与"@*"在特殊场合作用会有所不同，"$@"表示的是引用所有参数，"@*"表示引用所有参数连接在一起（中间以空格分隔）的字符串。如果用于数组，"${数组名[@]}"表示引用数组整体的各个元素，"${数组名[*]}"表示引用所有数组元素连接在一起（中间以空格分隔）的字符串。

位置参数的值不能由用户直接设置，但可以使用 set 命令间接地设置除$0 以外的位置变量的值。以程序清单 3-4 为例。

程序清单 3-4　setposvar.sh

```
#! /bin/bash
set learning linux program
echo $0 $1 $2 $3
```

程序清单 3-4 的第二行 set 命令按顺序设置了$1、$2、$3 的值，随后第三行输出所有变量的值。运行该脚本的命令如下。

```
jianglinmei@ubuntu:~/sh$ bash setposvar.sh
setposvar.sh learning linux program
```

Shell 内置了一个 shift 命令，用于向左移动位置参数，亦即原来的$2 的值赋给$1（原$1 的值永远丢失），原来的$3 的值赋给$2，原来的$4 的值赋给$3，依此类推。结果是参数的个数少了一个，$#的值会减一。以程序清单 3-5 所列脚本为例。

程序清单 3-5　shiftposvar.sh

```
#! /bin/bash
set learning linux program
echo "parameter number: $#, there are:"
echo $1 $2 $3
shift
echo "after shifted, parameter number: $#, there are:"
echo $1 $2 $3
```

在命令行运行该脚本，如下所示。

```
jianglinmei@ubuntu:~/sh$ bash shiftposvar.sh one two three
parameter number: 3, there are:
one two three
after shifted, parameter number: 2, there are:
two three
```

shift 命令后也可跟一个大于 1 的整数参数，如：shift 2 表示向左移动两位，此时$1 和$2 的值均将丢失，参数个数减 2。

3.2.7　read 命令

Linux Shell 提供了 read 命令用于从键盘上读取数据并赋值给指定的变量。利用 read 命令可编写用户相交互式的脚本程序。read 命令的一般格式是：

```
read 变量 1 [变量 2...]
```

注意，输入数据时，数据项间应以空格或制表符作为分隔符，变量个数和数据个数之间可能出现下面三种情况。

（1）变量个数与给定数据个数相同，则依次对应赋值。例如：

```
jianglinmei@ubuntu:~/sh$ read a b c
Linux Shell programming
jianglinmei@ubuntu:~/sh$ echo $a : $b : $c
Linux : Shell : programming
```

（2）变量个数少于数据个数，则从左至右对应赋值，但最后一个变量被赋予剩余的所有数据。

例如：

```
jianglinmei@ubuntu:~/sh$ read a b c
Linux shell programming is very funny!
jianglinmei@ubuntu:~/sh$ echo $a : $b : $c
Linux : shell : programming is very funny!
```

（3）变量个数多于给定数据个数，则依次对应赋值，而没有数据与之对应的变量取空串。
例如：

```
jianglinmei@ubuntu:~/sh$ read a b c
Linux shell
jianglinmei@ubuntu:~/sh$ echo $a : $b : $c
Linux : shell :
```

3.2.8　export 语句

用户可以在脚本或命令行上定义一些变量并予以赋值，包括改变环境变量的值。在同一 Shell
中，变量值是可见的；但是在子 Shell 中，父 Shell 的变量不可见。例如：

```
jianglinmei@ubuntu:~/sh$ cat child.sh
#! /bin/bash
echo $str
jianglinmei@ubuntu:~/sh$ str="parent shell variable"
jianglinmei@ubuntu:~/sh$ bash child.sh

jianglinmei@ubuntu:~/sh$ source child.sh
parent shell variable
```

从上面示例可以看出，使用 bash 执行脚本 child.sh 时，变量 str 的值为空串。

通常，在命令行上输入的命令都是由相应的进程执行的，即父进程创建子进程，子进程完成
该命令的功能。然而，子进程执行时的环境与父进程的环境往往不同。一个进程在自己的环境中
定义的变量是局部变量，仅限于自身范围，不能自动传给其子进程。就是说，子进程只能继承父
进程的公用区和转出区中的数据，而每个进程的数据区和栈区是私有的，不能继承，如图 3-2
所示。

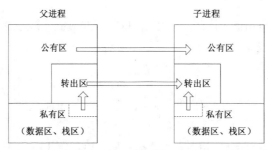

图 3-2　父子进程的继承关系

从图 3-2 中看出，父进程定义的变量对其子进程的运行环境不产生任何影响。为了使其各个
子进程能继承父进程中定义的变量，就必须用 export（转出）命令将这些变量送入进程转出区。
export 命令的一般格式是：

```
export [变量名]
```

例如：

```
jianglinmei@ubuntu:~/sh$ cat child.sh
#! /bin/bash
echo $str
jianglinmei@ubuntu:~/sh$ str="parent shell variable"
jianglinmei@ubuntu:~/sh$ export str
jianglinmei@ubuntu:~/sh$ bash child.sh
parent shell variable
```

另外，在同一 export 命令行上可以有多个变量名，例如：

```
jianglinmei@ubuntu:~/sh$ export TERM PATH SHELL HOME
```

利用不带参数的 export 命令可以显示本进程利用 export 命令所输出的全部变量。此外，也可以利用 env 命令列出所有的环境变量，包括本进程及以前的"祖先进程"所输出的变量。export 与 env 在输出格式上是不同的。例如：

```
jianglinmei@ubuntu:~/sh$ export
declare -x HISTTIMEFORMAT="%Y-%m-%d %H:%M:%S "
declare -x HOME="/home/jianglinmei"
declare -x JAVA_HOME="/usr/lib/jvm/java-6-openjdk/"
…… (省略若干环境变量)
jianglinmei@ubuntu:~/sh$ set
BASH=/bin/bash
BASHOPTS=checkwinsize:cmdhist:expand_aliases:extglob:extquote:force_fignore:hist
append:interactive_comments:login_shell:progcomp:promptvars:sourcepath
BASH_ALIASES=()
…… (省略若干环境变量)
```

最后，应说明的是：子 Shell 中可以读取但无法改变父 Shell 中 export 出来的变量的值。

3.3 控 制 结 构

Shell 具有一般高级程序设计语言所具有的条件控制结构、循环控制结构和函数定义与调用功能。条件控制就是条件测试与执行，即根据条件测试的结果执行不同的代码。条件控制结构有 if 语句、case 语句和条件测试命令。循环控制用于控制某些代码的重复行为，是众多高级语言不可缺少的元素。循环控制结构有 for 循环、while 循环、until 循环和跳出循环命令。

3.3.1 条件测试

3.3.1.1 test 命令

条件测试命令 test 用于评估表达式的值以便进行条件控制。test 命令有两种书写格式。

```
test 表达式
```
或
```
[ 表达式 ]
```

test 命令评估"表达式"参数，如果表达式的值为"真"，其退出状态为 0（即成功），否则退出状态为非零值（即失败）。注意，使用方括号格式时，"["右边和"]"左边各需至少一个空格。另外，如果在 test 语句中使用了 Shell 变量，为避免歧义，最好用双引号将变量括起来。test 的基本使用方法如下。

```
jianglinmei@ubuntu:~/sh$ test "3" \> "2";echo $?
0
jianglinmei@ubuntu:~/sh$ [ "2" \> "3" ];echo $?
1
```

本例执行条件测试命令，并以"$?"输出测试结果，0 为成功（真），1 为失败（假）。

test 命令可以和多种系统运算符一起使用。这些运算符可以分为 4 类：文件属性测试运算符、字符串测试运算符、数值测试运算符和逻辑运算符。

- 文件属性测试

有关文件测试运算符的形式和功能如表 3-2 所示。

表 3-2　　　　　　　　　　　　　　文件测试运算符

参　　数	功　　能
-b 文件名	若文件存在并且是块设备文件，则测试条件为真
-c 文件名	若文件存在并且是字符设备文件，则测试条件为真
-d 文件名	若文件存在并且是目录文件，则测试条件为真
-e 文件名	若文件存在，则测试条件为真
-f 文件名	若文件存在并且是普通文件，则测试条件为真
-g 文件名	若文件存在并且设置了 SETGID 位，则测试条件为真
-h 文件名	若文件存在并且是一个符号连接，则测试条件为真
-L 文件名	同-h
-p 文件名	若文件存在并且是一个命名的 FIFO 文件（即命名管道），则测试条件为真
-r 文件名	若文件存在并且是用户可读的，则测试条件为真
-S 文件名	若文件存在并且是一个 socket，则测试条件为真
-s 文件名	若文件存在并且文件的长度大于 0（即非空），则测试条件为真
-t 文件描述字	若文件被打开且其文件描述字是与终端设备相关的，则测试条件为真。默认的"文件描述字"是 1
-u 文件名	若文件存在并且设置了 SETUID 位，则测试条件为真
-w 文件名	若文件存在并且是用户可写的，则测试条件为真
-x 文件名	若文件存在并且是用户可执行的，则测试条件为真
-O 文件名	若当前用户是文件的所有者，则测试条件为真
-G 文件名	若当前用户的组 ID 匹配文件的组 ID，则测试条件为真
文件 1 –nt 文件 2	若文件 1 比文件 2 新，则测试条件为真
文件 1 –ot 文件 2	若文件 1 比文件 2 旧，则测试条件为真

- 字符串测试

有关字符串测试运算符的形式和功能如表 3-3 所示。注意，双目运算符两侧应有至少一个空格。

表 3-3　　　　　　　　　　　　　　　　　字符串测试运算符

参　　数	功　　能
-z str	如果字符串 str 的长度为 0，即空串，则测试条件为真
-n str	如果字符串 str 的长度大于 0，即非空串，则测试条件为真
str	如果字符串 str 不是空字符串，则测试条件为真
sl = s2	如果 sl 等于 s2，则测试条件为真，"="也可以用"=="代替
s1 != s2	如果 s1 不等于 s2，则测试条件为真
s1 \< s2	如果按字典顺序 s1 在 s2 之前，则测试条件为真
s1 \> s2	如果按字典顺序 s1 在 s2 之后，则测试条件为真

● 数值测试

有关数值测试运算符的形式和功能如表 3-4 所示。

表 3-4　　　　　　　　　　　　　　　　　数值测试运算符

参　　数	功　　能
n1 –eq n2	如果整数 n1 等于 n2，则测试条件为真
n1 –ne n2	如果整数 n1 不等于 n2，则测试条件为真
n1 –lt n2	如果 n1 小于 n2，则测试条件为真
n1 –le n2	如果 n1 小于或等于 n2，则测试条件为真
n1 –gt n2	如果 n1 大于 n2，则测试条件为真
n1 –ge n2	如果 n1 大于或等于 n2，则测试条件为真

● 逻辑测试

有关逻辑测试运算符的形式和功能如表 3-5 所示。

表 3-5　　　　　　　　　　　　　　　　　逻辑测试运算符

参　　数	功　　能
! 表达式	如果表达式的值为假，则测试条件为真
表达式 1 –a 表达式 2	如果表达式 1 和表达式 2 的值都为真，则测试条件为真
表达式 1 –o 表达式 2	如果表达式 1 和表达式 2 的值有任一个为真，则测试条件为真
\(表达式\)	圆括号前面加上转义符"\"，使圆括号失去"在一个子 Shell 内执行复合命令"的作用。圆括号将由逻辑运算的组合起来的复合表达式括起来，使之成为一个整体，用于改变运算优先级。例如： [\("\$a" –ge 0\) –a \("\$b" –le 100\)] 逻辑表达式中，圆括号的优先级最高，条件测试运算符优先级高于"!"运算符，"!"运算符的优先级高于"-a"运算符，"-a"运算符高于"-o"

注意，表 3-5 中的逻辑测试运算符用于连接测试表达式，逻辑操作符"&&"和"||"用于连接两个命令。例如：

```
jianglinmei@ubuntu:~/sh$ [ \( "a" = "$HOME" -o 3 -lt 4 \) ]; echo $?
0
jianglinmei@ubuntu:~/sh$ [ "a" = "$HOME" ] || [ 3 -lt 4 ]; echo $?
0
```

● 特殊条件测试

除以上条件测试外，在控制结构中还常用下列三个特殊条件测试语句。

(1) :　　　　　　表示不做任何事情，其退出值为 0。
(2) true　　　　　表示总为真，其退出值总是 0。
(3) false　　　　表示总为假，其退出值是 255。

3.3.1.2　let 命令

test 命令非常强大，但只能执行算术比较运算且书写烦琐。为此，bash 提供了专门执行整数算术运算的命令是 let，其语法格式为：

```
let  算术表达式..
或
((算术表达式))
```

这里的算术表达式使用 C 语言中表达式的语法、优先级和结合性，可以执行 C 语言中常见的算术、逻辑和位操作。除++，--和逗号 "，" 之外，所有整型运算符都得到支持。此外，还提供了方幂运算符 "**"。

命名的参数在算术表达式中可直接用名称访问，前面不用带 "$" 符号，也不需要对算术表达式中的操作符进行转义。算术运算的操作数只能是整数（按长整数进行求值）。除 0 会产生错误，但不会溢出。

如果算术表达式求值为 0，则设置退出状态为 1；如果求值为非 0 值，则退出状态为 0。例如：

```
jianglinmei@ubuntu:~/sh$ let x=2 y=2**3 z=y*3;echo $? $x $y $z
0 2 8 24
jianglinmei@ubuntu:~/sh$ (( w=(y/x) + ( (~ ++x) & 0x0f ) )); echo $? $x $y $w
0 3 8 16
jianglinmei@ubuntu:~/sh$ (( w=(y/x) + ( (~ ++x) & 0x0f ) )); echo $? $x $y $w
0 4 8 13
```

表 3-6 列出了在算术表达式中可用的运算符及其优先级和结合性。

表 3-6　　　　　　　　　　算术表达式中的运算符

优先级	运 算 符	结 合 性	功　　能
1	-	右结合	取表达式的负值
	+	右结合	取表达式的正值
2	!	右结合	逻辑非
	~	右结合	按位取反
3	**		方幂
4	*	左结合	乘
	/	左结合	除
	%	左结合	取模
5	+	左结合	加
	-	左结合	减
6	<<	左结合	左移若干二进制位
	>>	左结合	右移若干二进制位

优 先 级	运 算 符	结 合 性	功　　　能
7	>	左结合	大于
	>=	左结合	大于或等于
	<	左结合	小于
	<=	左结合	小于或等于
8	==	左结合	相等
	!=	左结合	不相等
9	&	左结合	按位与
10	^	左结合	按位异或
11	|	左结合	按位或
12	&&	左结合	逻辑与
13	||	左结合	逻辑或
14	?:	右结合	条件计算
15	=	右结合	赋值
	+= 和 -=	右结合	运算且赋值
	*= 和 /=	右结合	
	%= 和 &=	右结合	
	^= 和 |=	右结合	
	>>= 和 <<=	右结合	

表达运算符优先级是由高到低排列的，即 1 级最高，15 级最低。同级运算符在同一个表达式中出现时，其执行顺序由结合性决定。

表达式中可以使用括号来改变运算符的操作顺序，即在运算时要先计算括号内的表达式。

当表达式中有 Shell 的特殊字符时，必须用双引号将其括起来。例如，"let "val=a|b""。如果不括起来，Shell 会把其中的"|"看成管道符，将其左右两边看成不同的命令，因而无法正确执行。但是使用"(())"形式时，即使表达式中有 Shell 的特殊字符时，也不必用双引号将其括起来。例如：

```
jianglinmei@ubuntu:~/sh$ let "v = 6 | 5"; echo $v
7
jianglinmei@ubuntu:~/sh$ let v = 6 | 5
-bash: let: =: 语法错误：期待操作数 （错误符号是 "="）
5：找不到命令
jianglinmei@ubuntu:~/sh$ ((v = 6 | 5)); echo $v
7
```

使用"$((算术表达式))"形式，可以返回算术表达式的确切值（而不是 let 命令的退出码），并将返回值赋值给其他变量。例如：

```
jianglinmei@ubuntu:~/sh$ v=$((6+9)); echo $?; echo $v
0
15
```

3.3.1.3 "[[ ]]"测试

同"(())"一样,利用复合命令"[[ ]]"可以对文件名和字符串使用更自然的语法,其中的特殊字符不用转义。在"[[ ]]"中,允许用括号和逻辑操作符"&&"和"||"把 test 命令支持的测试组合起来。例如:

```
jianglinmei@ubuntu:~/sh$ [[ ( -d "$HOME" ) && ( -w "$HOME" ) ]] && echo "home is a writable directory"
home is a writable directory
```

在使用 = 或 != 操作符时,复合命令"[[ ]]"还能在字符串上进行模式匹配。例如:

```
jianglinmei@ubuntu:~/sh$ [[ "abc def .d,x--" == a[abc]*\ ?d* ]]; echo $?
0
jianglinmei@ubuntu:~/sh$ [[ "abc def c" == a[abc]*\ ?d* ]]; echo $?
1
jianglinmei@ubuntu:~/sh$ [[ "abc def d,x" == a[abc]*\ ?d* ]]; echo $?
1
```

3.3.2 if 语句

if 语句用于条件控制,其一般语法结构为:

```
if 测试条件 1
then
    命令组 1
[elif 测试条件 2]
then
    命令组 2]
[else
    命令 x]
fi
```

其中,if、then、elif、else 和 fi 是关键字,方括号括起的是可选部分,elif 语句可以有任意多个,命令组 n(n 为 1,2,3…)只有在相应的测试条件 n(n 为 1,2,3…)成立时才执行,命令 else 语句中的命令 x 只在所有的测试条件都不满足时才执行。习惯上可以将 then 关键字与 if 写在同一行,此时,then 之前应有一个分号,格式如下。

```
if 测试条件 1; then
    命令组 1
[elif 测试条件 2]; then
    命令组 2]
[else
    命令 x]
fi
```

if 语句唯一可测试的内容是命令退出状态,也就是说,测试条件是一条或多条命令,多条命令可由分号、换行符分隔或由逻辑操作符连接。如果测试条件是多条命令的话,则以最后一条得到执行的命令的退出状态为准。以程序清单 3-6 为例。

程序清单 3-6 if.sh

```
#! /bin/bash
```

```
echo 'type in the user name.'
     read user
if grep $user /etc/passwd > /tmp/null && who | grep $user
then
     echo "$user has logged in the system."
     cp /tmp/null ~/me.tmp
     rm /tmp/null
else
     echo "$user has not logged in the system."
fi
```

执行该脚本如下。

```
jianglinmei@ubuntu:~/sh$ source if.sh
type in the user name.
jianglinmei
jianglinmei pts/0      2012-09-25 10:23 (10.8.18.212)
jianglinmei has logged in the system.
jianglinmei@ubuntu:~/sh$ source if.sh
type in the user name.
alice
alice has not logged in the system.
```

在本例中，jianglinmei 是已登录用户，所以执行了测试条件中所有命令后执行了 if 分支的命令。alice 是系统中不存在的用户，所以测试条件中的 grep 命令失败，who 命令没有执行，然后执行了 then 分支的命令。

3.3.3　case 语句

case 语句允许进行多重条件选择。其一般语法格式是：

```
case 字符串 in
模式字符串 1)      命令
                 ...
                 命令;;
模式字符串 2)      命令
                 …
                 命令;;
…
模式字符串 n)      命令
                 …
                 命令;;
esac
```

case 语句的其执行过程是，用"字符串"的值依次与各模式字符串进行比较，如果发现同某一个匹配，那么就执行该模式字符串之后的各个命令，直至遇到两个分号为止。如果没有任何模式字符串与该字符的值相符合，则不执行任何命令。以程序清单 3-7 为例。

程序清单 3-7　case.sh

```
#! /bin/bash
echo "please chose either 1,2 or3"
echo "[1]ls -l $1"
```

```
echo "[2]cat $1"
echo "[3]quit"
read response
case $response in
1)      ls -l $1;;
2)      cat $1;;
3)      echo "good bye"
esac
```

执行该脚本如下。

```
jianglinmei@ubuntu:~/sh$ source case.sh first.sh
please chose either 1,2 or3
[1]ls -l first.sh
[2]cat first.sh
[3]quit
1
-r-x--x-wx 1 jianglinmei jianglinmei 42 2012-09-22 15:18 first.sh
jianglinmei@ubuntu:~/sh$ source case.sh first.sh
please chose either 1,2 or3
[1]ls -l first.sh
[2]cat first.sh
[3]quit
2
#! /bin/bash
cd /tmp
echo "Hello, world!"
jianglinmei@ubuntu:~/sh$ source case.sh first.sh
please chose either 1,2 or3
[1]ls -l first.sh
[2]cat first.sh
[3]quit
3
good bye
```

在使用 case 语句时应注意以下几点。

（1）每个模式字符串后面可有一条或多条命令，其中最后一条命令必须以两个分号（即;;）结束。

（2）模式字符串中可以使用通配符，如程序清单 3-8 所示。

程序清单 3-8　case_pattern.sh

```
#! /bin/bash
case $1 in
-f)     echo "find first.sh"
        find ~ -name "first.sh";;
-l)     echo "ls first.sh"
        ls -l first.sh;;
*)      echo "quit";;
esac
```

执行该脚本如下。

```
jianglinmei@ubuntu:~/sh$ source case_pattern.sh -f
find first.sh
/home/jianglinmei/sh/first.sh
```

```
jianglinmei@ubuntu:~/sh$ source case_pattern.sh -others
quit
```

（3）如果一个模式字符串中包含多个模式，那么各模式之间应以竖线（|）隔开，表示各模式是"或"的关系，即只要给定字符串与其中一个模式相配，就会执行其后的命令表。如程序清单3-9 所示。

程序清单3-9　case_multi_pattern.sh

```
#! /bin/bash
read choice
case $choice in
time|date)      echo "the time is `date`.";;
dir|path)       echo "current directory is `pwd`.";;
*)              echo "bad argument.";;
esac
```

执行该脚本如下。

```
jianglinmei@ubuntu:~/sh$ source case_multi.sh
dir
current directory is /home/jianglinmei/sh.
jianglinmei@ubuntu:~/sh$ source case_multi.sh
date
the time is 2012 年 09 月 27 日 星期四 14:50:55 CST.
```

（4）各模式字符串应是唯一的，不应重复出现，并且要合理安排它们的出现顺序。例如，不应将"*"作为头一个模式字符串。因为"*"可以与任何字符串匹配，它若第一个出现，就不会再检查其他模式了。

（5）case 语句以关键字 case 开头，以关键字 esac（case 倒过来写）结束。

（6）case 的退出状态（返回值）是整个结构中最后执行的那个命令的退出状态，若没有执行任何命令，则退出状态为零。

3.3.4　while 语句

Shell 中有三种用于循环的语句，即 while 语句、until 语句和 for 语句。

while 语句的一般格式是：

```
while 测试条件
do
    命令表
done
```

可以把关键字 do 与 while 写在同一行，此时测试条件应以";"结束，形式如下。

```
while 测试条件; do
    命令表
done
```

while 语句的执行过程是：先进行条件测试，如果结果为真，则执行循环体（关键字 do 和 done 之间的命令表），然后再做条件测试……直到测试条件为假时，才终止 while 语句的执行。测试条件的使用方式和 if 语句一样，可以是一组命令或 3.4.1 小节介绍的所有条件测试。以程序清单 3-10

为例。

程序清单 3-10 while.sh

```
#! /bin/bash
while [ $1 ]
do
    if [ -f $1 ]; then
          echo -e "\ndisplay:$1"
          cat $1
    else
          echo "$1 is not a file name."
    fi
    shift
done
```

执行该脚本如下。

```
jianglinmei@ubuntu:~/sh$ source while.sh first.sh posvar.sh

display:first.sh
#! /bin/bash
cd /tmp
echo "Hello, world!"

display:posvar.sh
#! /bin/bash
echo 'Parameter number:' $#
echo 'All digit variables:' $0 $1 $2 $3 $4 $5 $6 $7 $8 $9 ${10} ${11}
echo '$*:' "$*"
echo '$@:' "$@"
```

这段程序对各个给定的位置参数，首先判断其是否为普通文件，若是，则显示其内容，否则，显示它不是文件的信息。每次循环处理一个位置参数$1，利用 shift 命令可把后续位置参数左移。

3.3.5 until 语句

until 语句的一般形式是：

```
until 测试条件
do
    命令表
done
```

可以把关键字 do 与 until 写在同一行，此时测试条件应以 "；" 结束，形式如下。

```
until 测试条件; do
    命令表
done
```

until 语句与 while 语句很相似，只是测试条件不同，即当测试条件为假时，才执行循环体中的命令表，直到测试条件为真时终止循环。以程序清单 3-11 为例。

程序清单 3-11 until.sh

```
#! /bin/bash
```

```
until [ -z "$2" ]; do
     cp $1 $2
     shift 2
done

if [ -n "$1"  ]; then
     echo "bad parameter!"
   fi
```

执行该脚本如下。

```
jianglinmei@ubuntu:~/sh$ source until.sh if.sh if2.sh while.sh while2.sh
jianglinmei@ubuntu:~/sh$ ls *2.sh
if2.sh  while2.sh
```

程序清单 3-11 中,如果第二个位置参数不为空,就将文件 1 复制给文件 2,然后将位置参数左移两个位置。接着重复上面过程,直至没有第二个位置参数为止。退出 until 循环后,测试第一个位置参数,如果不为空,则显示参数不对。

3.3.6 for 语句

for 语句主要有两种使用方式:一种是值表方式,另一种是算术表达式方式。

3.3.6.1 值表方式

值表方式的一般格式是:

```
for 变量 [in 值表]
do
     命令表
done
```

也可将所有命令写在一行,此时要注意各命令应以";"结束。格式如下:

```
for 变量 [in 值表]; do 命令表; done
```

for 循环的循环变量的值取自给出的值表。其中,用方括号括起来的部分表示可省略。如果省略值表,则表示变量的值取自从"$1"起的所有位置变量。以程序清单 3-12 为例。

程序清单 3-12 for.sh

```
#! /bin/bash
for day in Monday Wednesday Friday Sunday
do
     echo $day
done
```

执行该脚本如下。

```
jianglinmei@ubuntu:~/sh$ source for.sh
Monday
Wednesday
Friday
Sunday
```

程序清单 3-12 所示脚本的执行过程是,循环变量 day 依次取值表中各字符串(各字符串之间以空格分隔），即第一次将"monday"赋给 day，然后进入循环体，执行其中的命令——显示出 Monday。第二次将"wednesday"赋给 day，然后执行循环中的命令，显示出 Wednesday。依次处理，当 day 把值表中各字符串都取过一次之后，下面 day 的值就变为空串，从而结束 for 循环。因此，值表中字符串的个数就决定了 for 循环执行的次数。

又如：

```
jianglinmei@ubuntu:~/sh$ week=(Mon Tue Wed)
jianglinmei@ubuntu:~/sh$ for i in "${week[@]}"; do echo $i; done
Mon
Tue
Wed
```

for 语句的值表也可以是文件正则表达式，格式为：

```
for 变量 in 文件正则表达式
do
     命令表
done
```

其执行过程是，变量的值依次取当前目录下（或给定目录下）与正则表达式相匹配的文件名，每取值一次，就进入循环体执行命令表，直至所有匹配的文件名取完为止，退出 for 循环。例如：

```
jianglinmei@ubuntu:~/sh$ for file in *.sh; do wc -w $file; done
24 case_multi.sh
24 case_patter.sh
34 case.sh
26 cond_test.sh
7 first.sh
13 for.sh
63 if.sh
28 posvar.sh
11 setposvar.sh
25 shiftposvar.sh
11 test.sh
24 until.sh
29 while.sh
```

该语句统计当前目录下所有以.sh 结尾的文件的字数。

for 语句的值表还可以是全部的位置参数，格式为：

```
for 变量 [in $*]
do
     命令表
done
```

其执行过程是，变量依次取位置参数的值，然后执行循环体中的命令表，直至所有位置参数取完为止。以程序清单 3-13 为例。

程序清单 3-13　for_pos.sh

```
#! /bin/bash

#display files under a given directory
# $1-the name of the directory
```

```
# $2-the name of files
dir=$1;shift
if [ -d $dir ]; then
      cd $dir
      for name; do
            if [ -f $name ]; then
                  cat $name
                  echo "end of ${dir}/$name"
            else
                  echo "invalid file name:${dir}/$name"
            fi
      done
else
      echo "bad directory name:$dir"
fi
```

执行该脚本如下。

```
jianglinmei@ubuntu:~/sh$ source for_pos.sh . first.sh
#! /bin/bash
cd /tmp
echo "Hello, world!"
end of ./first.sh
```

执行这个 Shell 脚本时，如果第一个位置参数是合法的目录，那么就把后面给出的各个位置参数所对应的文件显示出来。若给出的文件名不正确，则显示出错信息。如果第一个位置参数不是合法的目录，则显示目录名不对。

3.3.6.2　算术表达式方式

for 语句的算术表达方式的一般格式是：

```
for  ((e1; e2; e3));  do 命令表;  done
或者
for  ((e1; e2; e3));  do
    命令表
done
```

其中，e1，e2，e3 是算术表达式。它的执行过程与 C 语言中 for 语句相似。

（1）先按算术运算规则计算表达式 e1。

（2）接着计算 e2，如果 e2 值不为 0，则执行命令表中的命令，并且计算 e3；然后重复（2），直至 e2 为 0，退出循环。

e1、e2、e3 这三个表达式中任何一个都可以缺少，但彼此间的分号不能缺少。在此情况下，缺少的表达式的值就默认为 1（注意和命令测试不同，此处 1 表示"真"，0 表示"假"）。

整个 for 语句的返回值是命令表中最后一条命令执行后的返回值。如果任一算术表达式非法，那么该语句失败。

以程序清单 3-14 为例。

程序清单 3-14　for_math.sh

```
#! /bin/bash

for ((i=1; i<=$1; i++)); do
```

```
        for ((j=1; j<=i; j++)); do
                echo -n "* "
        done
        echo ""
done
```

执行该脚本如下。

```
jianglinmei@ubuntu:~/sh$ source for_math.sh 5
*
* *
* * *
* * * *
* * * * *
```

本例打印给定行数的*号，第一行打印 1 个，第二行打印 2 个，依此类推。行数由用户在命令行上输入。

3.3.7 break、continue 和 exit

3.3.7.1 break 命令

break 命令的作用是退出循环体。其语法格式是：

```
break [n]
```

其中，n 为一整数，表示要跳出几层循环，默认值是 1，即只跳出一层循环。执行 break 命令时，是从包含它的那个循环体中向外跳出。以程序清单 3-15 为例。

程序清单 3-15　break.sh

```
#! /bin/bash

num=$1
while true; do
        echo -n "$num "
        if ((--num == 0)); then
                break;
        fi
done
echo ""
```

执行该脚本如下。

```
jianglinmei@ubuntu:~/sh$ bash break.sh 10
10 9 8 7 6 5 4 3 2 1
```

程序清单 3-15 所示脚本首先读取第一个参数的值，然后输出该数值到 1 之间的所有数字。该脚本中 while 的测试条件总为真，它的唯一出口点就是执行 break 命令。

3.3.7.2 continue 命令

continue 命令的作用是跳过本次循环中在它之后的循环体语句，回到本层循环的开头，进行下一次循环。其语法格式是：

```
continue [n]
```

其中，n 表示从包含 continue 语句的最内层循环体向外跳出几层循环，默认值为 1。以程序清单 3-16 为例。

程序清单 3-16　continue.sh

```
#! /bin/bash

num=$1
for ((i=0; i<num; i++)); do
     if ((i % 2 == 0)); then
             continue;
     fi
     echo -n "$i "
done
echo ""
```

执行该脚本如下。

```
jianglinmei@ubuntu:~/sh$ source continue.sh 10
1 3 5 7 9
```

程序清单 3-16 所示脚本首先读取第一个参数的值，然后输出 0 到该数值之间的所有奇数数字（跳过偶数），其中"i％2"表示求 i 除以 2 的余数。

3.3.7.3　exit 命令

exit 命令的功能是立即退出正在执行的 Shell 脚本，并设定退出状态（返回值）。其语法格式是：

```
exit [n]
```

其中，n 是设定的退出状态（返回值）。如果未显式给出 n 值，则退出状态为最后一个命令的执行状态。

3.3.7.4　select 语句

select 语句通常用于菜单的设计，它自动完成接收用户输入的整个过程，包括显示一组菜单项及读取用户的选择。

select 语句的语法格式为：

```
select  identifier  [in word...]
do
    命令表
done
```

如果省略[inword]，那么参数 identifier 就以位置参数（$1，$2…）作为给定的值。下面以程序清单 3-17 为例说明 select 的用法。

程序清单 3-17　continue.sh

```
#! /bin/bash

PS3="Choice? "
select choice in query add delete update exit
do
   case "$choice" in
   query)     echo "Call query routine"; break;;
   add)       echo "call add routine"; break;;
   delete)    echo "Call delete routine"; break;;
   update)    echo "Call update routine"; break;;
```

```
    exit)        echo "call exit routine"; break;;
    esac
done
echo "You input $REPLY; your choice is: $choice"
```

执行该脚本如下。

```
jianglinmei@ubuntu:~/sh$ source select.sh
1) query
2) add
3) delete
4) update
5) exit
Choice? 3 (用户输入 3)
Call delete routine
You input 3; your choice is: delete
```

本例中，执行 select 命令时，会列出用序号 1 到 n（本例中为 5）标记的菜单，序号与 in 之后给定的字（word）一一对应，然后给出提示（PS3 的值），并接收用户的选择（输入一个数字），并将该数据赋值给环境变量 REPLY。如果输入的数据是 1 到 n 中的一个值，那么参数 identifier（本例中为 choice）就置为该数字所对应的字。如果未输入数据，则重新显示该选择清单，该参数置为 null。对于每个选择都执行关键字 do 至 done 之间的命令，直至遇到 break 命令。

3.4 Shell 函数

同大多数高级语言一样，在 Shell 脚本中可以定义并调用函数。函数的定义格式为：

```
[function] 函数名 ( )
{
    命令表
}
```

函数必须先定义，后使用。函数定义之后可被调用任意多次。调用函数时，直接使用函数名，不必带圆括号，就像使用一般命令一样。调用函数不会创建新的进程，而是在本 Shell 脚本所属的进程内执行。

Shell 脚本可利用位置变量向函数传递数据，函数中所用的位置参数$1，$2 等对应函数调用语句中的实参。另外，在函数体内可以访问脚本中任何定义在函数外面的变量（全局变量），但是不能访问其他函数内用 local 关键字定义的局部变量。

通常，函数中的最后一个命令执行之后，函数即退出。也可利用 return 命令在任意位置退出函数。return 命令的语法格式是：

```
return [n]
```

其中，n 值是退出函数时的退出状态（返回值），如果未指定 n，则退出状态取最后一个命令的退出状态。

下面以程序清单 3-18 为例说明函数的用法。

程序清单 3-18　function.sh

```
#!!/bin/bash

output()
{
    echo "------------------------"
    echo $a $b $c
    echo $1 $2 $3
    echo "------------------------"
}

input()
{
    local y

    echo "Please input value of x and y"
    read x y
}

a="Working directory"
b="is"
c=`pwd`

output You are welcome

x=
input
echo "Value of x is $x, value of y is $y"
```

执行该脚本如下。

```
jianglinmei@ubuntu:~/sh$ source function.sh
------------------------
Working directory is /home/jianglinmei/sh
You are welcome
------------------------
Please input value of x and y
10 20
Value of x is 10, value of y is
```

程序清单 3-18 所示脚本中，output 分别输出了全局变量 a、b 和 c 的值，以及位置变量$1、$2 和$3 的值，这是典型的脚本向函数传递数据的方式。input 函数读取两个数分别存放到变量 x 和 y 中，由于 y 是一个由 local 声明的局部变量，在函数体外不具有可见性，因此最后输出变量 y 的值为空。

3.5　Shell 内部命令

Shell 程序本身定义了一些命令，称为 Shell 内部命令，这些命令均在本 Shell 进程内执行。本书前面已经介绍过许多内部命令，如：

:、.、source、break [n]、continue [n]、cd、echo、type、exit [n]、export、pwd、read、return

[n]、set、shift [n]、test、bg、fg 和 kill 等。

下面简要介绍另外一些内部命令。

1. eval 命令

eval 命令的格式是：

```
eval [参数...]
```

eval 命令会首先扫描参数，所有参数被读取并连接成一个字符串，然后 eval 再将该字符串当成命令来执行。例如：

```
jianglinmei@ubuntu:~/sh$ var="wc -l first.sh"
jianglinmei@ubuntu:~/sh$ eval $var
3 first.sh
```

执行命令 "eval $var" 时，首先进行变量替换——将$var 替换成 "wc –l first.sh"，然后再执行该命令，从而得到上述结果。

2. exec 命令

exec 命令的格式是：

```
exec [arg...]
```

它在本 Shell 中执行由参数 arg 指定的命令，该命令将替代本 Shell 进程，即执行命令后命令行 Shell 将不复存在，命令退出整个 Shell 就退出了。例如：

```
jianglinmei@ubuntu:~/sh$ exec vi
```

启动 vi 后，":q" 退出 vi，将发现并不会返回到 Shell。

3. readonly 命令

readonly 命令的格式是：

```
readonly [name...]
```

readonly 命令标记给定的 name（变量名）是只读的，如果没有给出参数，则列出所有只读变量的清单。使用 readolny 标记变量等价于使用 declare –r 标记变量。

4. trap 命令

trap 命令的格式是：

```
trap [arg] [n]...
```

其中，arg 是当 Shell 收到信号 n 时所读取并执行的命令。当设置 trap 时，arg 被扫描一次。在 trap 被执行时，arg 也被扫描一次。所以通常用单引号把 arg 对应的部分括起来。trap 命令可用来设定接收到某个信号所完成的动作，忽略某个信号的影响或者恢复信息产生时系统预设的动作。

trap 命令按信号码顺序执行。允许的最高信号码是 16。试图对当前 Shell 已忽略的信号设置 trap 无效；试图对信号 11（内存故障）设置 trap，则产生错误。trap 命令有以下几种常见的用法。

（1）为某些信号另外指定处理方式。例如：

```
jianglinmei@ubuntu:~$ trap 'echo "breaking signal got" > ~/exit.txt' 0 1 2 3 15
```

本示例设置，当 Shell 脚本接收到信号 0（从 Shell 退出）、信号 1（挂起）、信号 2（中断）、信号 3（退出）或信号 15（过程结束）时，都将执行由单引号括起来的命令，即在家目录下创建一个 exit.txt 文件，其中记录了接到信号的提示和时间。

执行该命令后，如果退出 Shell，再次登录进去，可在家目录下找到该文件，内容如下。

```
jianglinmei@ubuntu:~$ cat exit.txt
breaking signal at 2012 年 09 月 28 日 星期五 08:35:53 CST
```

（2）指定 arg 为空串以忽略信号，例如：

```
jianglinmei@ubuntu:~$ trap '' 0 1 2 3 15
```

本示例设置忽略所有 0 1 2 3 15 号信号。

（3）不指定 arg，把信号的动作恢复成原来系统默认的动作。例如：

```
jianglinmei@ubuntu:~$ trap 0 1 2 3 15
```

5．set 命令

set 命令的功能主要有三个：显示已定义的全部变量、设置位置参数的值、设置 Shell 脚本的执行选项（标志项）。前二者本书前面已有介绍，下面介绍最后一个功能。

set 命令设置执行选项标志的一般格式是：

```
set -标志字符
```

或

```
set +标志字符
```

其标志字符前使用"-"表示打开该标志项，标志字符前使用"+"表示关闭该标志项。常用的标志项以下几种。

a   对被修改或被创建的变量自动标记，表明要被转出（export）到后继命令环境中

e   当一个简单命令以非零状态终止时，将立即退出 Shell。如果执行失败的命令是 while 或 until 循环、if 语句、由 && 或 || 连接的命令行的一部分，则不退出 Shell

f   禁止路径名扩展，即禁用文件通配符

h   打开命令行历史

n   读命令但不执行。用来检查脚本的语法，交互式运行时不能开启

x   使 Shell 对以后各命令行在完成参数替换且执行该行命令之前，先显示该行的内容。在重显命令行的行首有一个"+"号，随后才是执行该命令行的结果

v   使 Shell 对以后各命令行都按原样先在屏幕上显示出来，然后才对命令行予以执行，并显示相应结果

6．wait 命令

wait 命令的格式是：

```
wait [n]
```

wait 命令等待进程 ID 为 n 的进程终止，并报告终止状态。如果没有指定 n，则等待所有当前活动的子进程终止。wait 命令的返回码始终是 0。

3.6   Shell 程序调试

任何人都无法保证程序编写完后就完全正确，因此不管采用什么编程语言，都会要面临程序

调试的问题。由于不象 C、Java 等高级语言具有专门的调试工具、甚至有集成的开发环境，Shell 程序只能通过一些很原始的方法进行调试，因此其调试可能会更加困难一些。不过幸运的是，一般 Shell 程序不会太长，这也降低了调试的复杂度。一般 Shell 脚本不能正常运行的原因可能有三种：运行环境问题、语法错误和逻辑错误。

1. 运行环境问题

可能的情况有：

● 使用非 bash Shell 运行按 bash 语法书写的脚本。为防此类错误，应遵守在脚本的第一行指定 bash 解释器的约定。

● PATH 环境变量中没有包括"."（即当前目录），这是默认情况，所以要直接运行当前目录下的脚本，应在脚本名前加上"./"，或将"."加入到 PATH 环境变量。

2. 语法错误

语法错误是编写程序时违反了所用编程语言的规则而造成的。它是在写脚本时最容易犯的错误，也是最容易修改的一类错误。这类错误包括：命令格式错误、特殊符号未转义错误、拼写错误、括号、引号不成对错误等。

出现语法错误时，Shell 无法解释代码，会显示出错信息，指明出了什么错误和出错的大致位置。

3. 逻辑错误

逻辑错误表现在程序能运行，但运行的结果和程序员预达到的目的不符合。此类错误是程序调试要解决的主要问题。

调试 Shell 程序的常用方法有两种。一是在使用 echo 或 printf 输出提示（如变量值），二是使用 set 命令打开"–x"或"–v"选项将 Shell 设置成跟踪模式。下面以程序清单 3-19 为例说明使用 set 命令"–x"选项进行调试的方法。

程序清单 3-19　debug.sh

```
#! /bin/bash

if [ $# -eq 0 ]; then
        echo 'Usage: debug -n'
        exit 1
fi

sum=0
until [ $# -eq 0 ]; do
        ((sum=$sum+$1))
        shift
done
echo $sum
```

执行该脚本如下。

```
jianglinmei@ubuntu:~/sh$ set -x
jianglinmei@ubuntu:~/sh$ source debug.sh 1 2 3
+ source debug.sh 1 2 3
++ '[' 3 -eq 0 ']'
++ sum=0
++ '[' 3 -eq 0 ']'
++ (( sum=0+1 ))
```

```
++ shift
++ '[' 2 -eq 0 ']'
++ (( sum=1+2 ))
++ shift
++ '[' 1 -eq 0 ']'
++ (( sum=3+3 ))
++ shift
++ '[' 0 -eq 0 ']'
++ echo 6
6
jianglinmei@ubuntu:~/sh$ set +x
+ set +x
```

从执行结果可以看出，当 Shell 设置了"-x"选项后，debug.sh 脚本中的每一条可执行命令都被解析替换成了最终的命令行并显示了出来。通过对比原始命令和解析后的命令可以较容易地发现一些逻辑错误。

3.7　小　　结

本章系统地介绍了 Linux 环境下 Shell（bash）编程方法。在基础知识部分介绍了 Shell 脚本程序的构成、运行方法和多 Shell 命令的组合方法。Shell 变量的使用是 Shell 编程的最基本知识，Shell 变量是弱类型的变量，其使用以及计算方法很灵活也有很多特别之处，其中一些特殊变量需要读者去记忆。Shell 编程语言的控制结构和大多数的高级语言类似，重要的区别在于其中的条件测试。由于 Shell 语言中的每条语句其实都是由命令构成，而且变量实际上都是字符串，这使得其条件测试较为复杂，读者应仔细区分每一种条件测试方法的测试运算符的作用。Shell 中函数的使用较为简单，需要注意的是局部变量的定义方法和参数的传递方法。本章还介绍了 Shell 中的一些内部命令的使用，其中有些命令有助于完成一些复杂的程序功能。本章最后介绍了 Shell 调试的方法，这是编写程序必须具备的基本能力。

3.8　习　　题

（1）如何指定 Shell 脚本的解释器？有哪几种运行 Shell 脚本程序的方法？其区别是什么？

（2）有几种主要 Shell 命令？它们运行时有何区别？

（3）如何查看命令类型？同名不同类型的命令的执行顺序是怎样的？

（4）Shell 有整型变量吗？如何指定变量的属性？如何进行数值运算？

（5）命令的退出状态有何作用？有哪些将命令连接在一起的方法？它们的区别是什么？

（6）有哪两种复合命令，其区别是什么？

（7）Shell 变量必须先定义后使用吗？引用变量的语法是怎样的？

（8）如何给数组元素赋值，有几种赋值方法？如何引用数组的某个元素？如何引用数组的所有元素？如何取得数组元素个数？

（9）有哪些变量引操作符，它们分别能完成什么功能？

（10）什么时候要以及为什么要用 export 语句？

（11）有哪几类条件测试方法？使用 test 命令进行条件测试有哪几类测试操作符？

（12）什么时候应使用 let 命令进行条件测试而不是使用 test 命令，其好处是什么？

（13）各控制结构如果要把多个关键字写在同一行应注意什么？for 语句各部分的执行顺序是怎样的？

（14）set 命令的"–x"选项有何作用？

（15）请编程实现：判断任一参数给出的是不是字符设备文件，如果是则将其拷贝到 /dev 目录下。

（16）请编写程序，分别用 while、until 和 for 循环计算 1 到位置参数$1 所给出的数之间的所有是 3 的倍数的数之和。

（17）请编程实现：打印边长为 n 的由"*"号组成的等边三角形。形如：

```
    *
   * *
  * * *
 * * * *
* * * * *
```

其中变量 n 的值通过命令行参数传入。

（18）设/tmp 路径下有 1000 个文件，文件名的格式为 filename_YYYYMMDD_xxx.dat （其中 YYYYMMDD 为 8 位数字表示的日期，xxx 为三位数字表示的序列号），例如：backup_20040108_089.dat。请编程实现：将这些文件名依次改名为 YYYYMMDD_filename_yyy.dat，其中 yyy=1000-xxx。例如，将 backup_20040108_089.dat 改名为 20040108_backup_911.dat。

第4章
Linux C 语言编程基础

Linux 环境下 C 语言编程是本书所要介绍的主要内容。C 语言是 Linux 平台下最重要的开发语言之一，Linux 操作系统本身主要就是采用 C 语言开发出来的。本章将首先介绍 Linux 环境下 C 语言编程所需的编译环境，包括命令行形式的 gcc 编译器和具有图形界面的 Eclipse CDT 集成开发环境。然后本章将重点介绍 C 语言的基础知识，为后续章节的学习打下基础。如果读者已经具备了 C 语言编程的基础知识可以跳过该节，直接进入后续章节的学习。本章主要内容包括：

- gcc 编译器
- Eclipse CDT 集成开发环境
- C 语言的特点
- 数据类型
- 运算符和表达式
- 语句
- 控制结构
- 函数
- 内存管理
- 编译预处理

4.1　gcc 编译器

4.1.1　概述

在 Linux 开发环境下，gcc 是进行 C 语言程序开发不可或缺的编译工具。gcc 的名字取自 GNU C Compile 的首字母，是 Linux 系统下的标准 C 编译器。

和 Shell 脚本程序可以 Shell 环境下直接解释执行不同，C 语言程序必须被编译成二进制代码方能执行。使用 C 语言编程要经过编辑、预处理、编译、链接、调试运行等阶段。该过程如图 4-1 所示。

（1）编辑，通过文本编辑软件，如 gedit、vi、Emacs 和 Eclipse IDE 等，输入 C 语言程序。

（2）预处理，对源程序进行头文件加载和宏展开等操作。预处理过程由预处理器 "cpp" 完成。

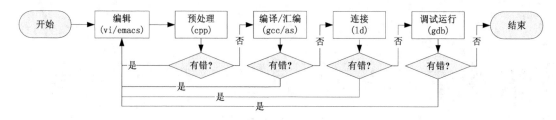

图 4-1　C 语言编程流程

（3）编译，将经过预处理的 C 语言程序转化为对应的计算机机器码，生成二进制的目标文件，也称.o 文件。编译过程实际分两步完成，一是产生汇编代码，二是调用汇编器处理汇编代码从而产生目标文件。gcc 使用的汇编器是"as"。

（4）链接，将编译生成的多.o 文件和使用到的库文件链接成为可被操作系统执行的可执行程序（Linux 环境下为"ELF"格式）。链接过程使用 GNU 的"ld"工具。链接过程可能会使用到两类库文件。

● 静态库：又称为文档文件（Archive File）。它是多个.o 文件的集合。Linux 中静态库文件的后缀为".a"。静态库中的各个成员（.o 文件）没有特殊的存在格式，仅仅是一个.o 文件的集合。使用"ar"工具维护和管理静态库。

● 共享库：也是多个.o 文件的集合，但是这些.o 文件由编译器按照一种特殊的方式生成（Linux 中为"ELF"格式）。多个可执行程序可共享库文件的代码段（不共享数据）。

（5）运行，将由链接生成的可执行程序加载到内存，由 CPU 调度运行。

（6）调试，对程序中的运行时错误和逻辑错误进行排查与纠正的过程。调试过程使用 GNU 的 gdb 工具。

4.1.2　第一个 C 程序

同上一章一样，读者可先在自己家目录下建立一个"c"目录专门放置 C 语言程序文件，为此输入以下命令：

```
jianglinmei@ubuntu:~/sh$ mkdir c
jianglinmei@ubuntu:~/sh$ cd c
```

下面开始第一个 C 语言程序，使用任一文本编辑器，输入 first.c 的程序代码如程序清单 4-1 所示。

程序清单 4-1　first.c

```
#include <stdio.h>

int main(void)
{
    printf("Hello world!\n");
}
```

编译 first.c 生成可运行程序 first，命令如下。

```
jianglinmei@ubuntu:~/c$ gcc -o first first.c
jianglinmei@ubuntu:~/c$ ./first
Hello world!
```

gcc 的 "-o" 选项用于指定输出的可执行文件的名称，如果不指定的话，将生成默认的名为 a.out 文件。运行程序时应使用 "./" 指定可执行文件的路径。如果要直接运行生成的可执行文件，可以将当前目录 "." 加入到环境变量 "PATH" 中，如：

```
jianglinmei@ubuntu:~/c$ PATH=.:$PATH
jianglinmei@ubuntu:~/c$ first
Hello world!
```

4.1.3　编译选项

除了上一节小结介绍的 "-o" 选项外，gcc 还支持很多别的选项，用以进行更完全的编译控制。gcc 的一般格式是：

```
gcc [选项...] 文件...
```

gcc 的选项众多，常用的选项及其含义如表 4-1 所示。

表 4-1　　　　　　　　　　　　　　　　gcc 常用选项

选　项	含　义
--help	显示命令帮助说明
--version	显示编译器版本信息
-o <文件>	指定输出文件名，缺省设置为 "a.out"
-D MACRO	定义宏 MACRO
-E	仅进行预处理，不进行其他操作
-S	编译到汇编语言，不进行其他操作
-c	编译、汇编到目标代码，不进行链接
-g	在可执行文件中包含标准调试信息
-Wall	尽可能多地显示警告信息
-Werror	将所有的警告当作错误处理
-w	禁止所有警告
-ansi	采用标准的 ANSI C 进行编译
-l library	设定编译所需的库名称，如果一个库的文件名为 "libxxx.so" 那么它的库名称为 "xxx"
-I path	设置头文件的路径，可以设置多个，默认路径 "/usr/include"
-L path	设置库文件的路径，可以设置多个，默认路径 "/usr/lib"
-static	使用静态链接，编译后可执行程序不依赖于库文件
-O N	优化编译，主要提高可执行程序的运行速度，N 可取值为 1、2、3
-Q	显示各个阶段的执行时间

下面介绍几个最常用的选项的用法。

1．-E 选项

该选项指示编译器仅对输入的文件进行预处理，且预处理的结果默认输出到标准输出设备，当指定了 "-o" 选项时才输出到 "-o" 选项指定的文件中。注意，预处理的结果仍是一个 C 语言源文件。例如：

```
jianglinmei@ubuntu:~/c$ gcc -o p.c -E first.c
jianglinmei@ubuntu:~/c$ cat p.c
# 1 "first.c"
# 1 "<built-in>"
# 1 "<命令行>"
# 1 "first.c"
# 1 "/usr/include/stdio.h" 1 3 4
......此处省略若干源码
# 940 "/usr/include/stdio.h" 3 4

# 2 "first.c" 2

int main(void)
{
 printf("Hello world!\n");
 return 0;
}
```

可以发现，此处预处理仅对包含的头文件<stdio.h>进行了文件加载和内容替换。在预处理的结果的最后才是 first.c 文件的主要内容 main()函数的定义。

使用"-E"选项进行编译有助于解决因预处理指令书写不当，尤其是宏定义不当，所引起的错误。

2. –S 选项

该选项指示 gcc 在产生了汇编语言文件后即停止编译，产生的汇编语言的默认文件扩展名为".s"。例如：

```
jianglinmei@ubuntu:~/c$ gcc -S first.c
jianglinmei@ubuntu:~/c$ ls -l first.s
-rw-rw-r-- 1 jianglinmei jianglinmei 491 10月  1 23:30 first.s
jianglinmei@ubuntu:~/c$ cat first.s
    .file   "first.c"
    .section    .rodata
.LC0:
    .string "Hello world!"
    .text
    .globl  main
    .type   main, @function
main:
    ......此处省略若干汇编指令
    .ident  "GCC: (Ubuntu/Linaro 4.6.3-1ubuntu5) 4.6.3"
    .section    .note.GNU-stack,"",@progbits
```

gcc 使用的是 AT&T 语法格式的汇编语言，使用 gcc 的"-E"选项有助于对特殊的代码进行手工优化，以提高程序执行的效率，也有益于对 AT&T 汇编语言的学习。

3. –c 选项

该选项指示 gcc 只把源代码（.c 文件）编译成目标代码（.o 文件），不继续链接操作。使用"-c"选项有助于加快编译的速度，也方便使用 Make 文件（用于对中大型软件项目的多源文件进行组织管理的文件，其作用是规定编译的详细过程）对编译过程进行组织和管理。例如：

```
jianglinmei@ubuntu:~/c$ gcc -c first.c
```

```
jianglinmei@ubuntu:~/c$ ls -l first.o
-rw-rw-r-- 1 jianglinmei jianglinmei 1028 10月  1 23:47 first.o
```

4. –W 选项

指定 "-Wall" 选项，gcc 将显示所有的警告信息，例如：

```
jianglinmei@ubuntu:~/c$ gcc -Wall -o first first.c
first.c: 在函数 'main' 中:
first.c:6:1: 警告: 在有返回值的函数中，控制流程到达函数尾 [-Wreturn-type]
```

该警告指明了 main 函数声明了有返回值，但实际上却没有返回语句。

指定 "-Werror" 选项，gcc 会将所有的警告当作错误处理，当有错误存在时，gcc 不会生成目标文件。例如：

```
jianglinmei@ubuntu:~/c$ rm first
jianglinmei@ubuntu:~/c$ ls
1.txt  first.c first.o  first.s  p.c
jianglinmei@ubuntu:~/c$ gcc -Werror -Wall -o first first.c
first.c: 在函数 'main' 中:
first.c:6:1: 错误: 在有返回值的函数中，控制流程到达函数尾 [-Werror=return-type]
cc1: all warnings being treated as errors
jianglinmei@ubuntu:~/c$ ls
1.txt  first.c first.o  first.s  p.c
```

可见，因警告被视为错误，目标文件 first 没有生成。将程序清单 4-1 的代码更正，如程序清单 4-2 所示。

程序清单 4-2　first.c

```
#include <stdio.h>

int main(void)
{
    printf("Hello world!\n");
    return 0;
}
```

重新加上 "-Wall" 选项编译 first.c 可发现不会有任何警告信息出现，目标文件也正确生成了。

5. –g 选项

初写的程序中出现错误是在所难免的，为解决程序错误（尤其是逻辑错误）需要一定的调试工具和手段。GNU 为 Linux 环境下的 C 语言程序提供了一个调试工具 gdb(GNU Debugger)。gdb 的功能非常强大，但使用 gdb 调试有一个前提，那就是需要在编译结果中包含调试符号，这些调试符号使得 gdb 能够判断目标程序与程序源代码之间的关系。

默认情况下，gcc 不会把调试符号加入到编译结果中，因为那样会增大可执行文件的体积，而且会降低可执行文件的执行效率。使用 gcc 的 "-g" 选项编译源代码，可以在生成的可执行程序中插入使用 gdb 进行调试所需的调试符号。例如：

```
jianglinmei@ubuntu:~/c$ gcc -o first first.c
jianglinmei@ubuntu:~/c$ ll first
-rwxrwxr-x 1 jianglinmei jianglinmei 7159 10月  6 22:46 first*
```

```
jianglinmei@ubuntu:~/c$ gcc -g -o first first.c
jianglinmei@ubuntu:~/c$ ll first
-rwxrwxr-x 1 jianglinmei jianglinmei 8043 10月  6 22:46 first*
```

从上面的显示结果可以看出，使用"-g"选项编译 first.c 生成的目标程序（8043 字节）要比不使用"-g"选项编译所生成的目标程序（7159 字节）大不少，如果源程序很大则两者的差别将更大。

gdb 是一种基于命令的调试器，在调试过程中需输入各式命令进行断点设置、单步运行、查看变量信息等调试操作。启动 gdb 对含调试符号的可执行文件进行调试的操作示例如下。

```
jianglinmei@ubuntu:~/c$ gcc -g -o first first.c
jianglinmei@ubuntu:~/c$ gdb first
GNU gdb (Ubuntu/Linaro 7.4-2012.04-0ubuntu2) 7.4-2012.04
......此处省略若干关于 gdb 的说明信息
Reading symbols from /home/jianglinmei/c/first...done.
(gdb) list    列出源代码
1        #include <stdio.h>
2
3        int main(void)
4        {
5                printf("Hello world!\n");
6                return 0;
7        }
(gdb) run   运行
Starting program: /home/jianglinmei/c/first
Hello world!
[Inferior 1 (process 3480) exited normally]
(gdb) quit   退出
```

因本书重点针对于 Linux 环境编程的初学者，拟采用 Eclipse CDE 作为集成开发环境，对于 gdb 的详细使用方法将不做详细介绍。

6. –I 选项

gcc 一般在默认的路径"/usr/include"下查找头文件，如果需要在额外的路径查找头文件，可以使用-I 选项来指定。例如，gtk 的头文件"gtk.h"位于目录"/usr/include/gtk-2.0/gtk/"下，如果要包含该头文件应在程序中加上源代码："#include <gtk-2.0/gtk/gtk.h>"，当需要包含 gtk 目录下更多的文件时，这种指定方式就显得烦琐。为此，可以将"/usr/include/gtk-2.0/"指定为 gcc 的头文件查找目录，在程序中则只需写："#include <gtk/gtk.h>"。命令如下。

```
jianglinmei@ubuntu:~$ gcc -I /usr/include/gtk-2.0/ -c -o test.o test.c
```

7. –L 和–l 选项

gcc 一般在默认的路径"/usr/lib"下查找库文件，如果需要在额外的路径查找库文件，可以使用-L 选项来指定。但"-L"选项只是指明到哪里去找库文件，并未指出要连接哪个库，因此还需要使用"-l"选项来指定要连接的库的名称。库名称和库文件名是相关联的，如果一个库的文件名为"libxxx.so"那么它的库名称为"xxx"，即文件名去掉"lib"前缀和".so"或".a"后缀即为库名称。例如，当需要连接 X11 库时，可以使用如下命令。

```
jianglinmei@ubuntu:~$ gcc -L /usr/lib/i386-linux-gnu/ -lX11 -o test test.c
```

4.2　Eclipse CDT

4.2.1　简介、安装和启动

Eclipse CDT（C/C++ Developing Tooling）是一个基于 Eclipse 平台的全功能的 C/C++ 集成开发环境。Eclipse CDT 包含了以下特性：项目创建和各种工具链托管的项目（Project）建造（build）；标准的制作（make）建造；源码导航；各种源码信息查看工具，如，类型分级结构、调用关系图、包含文件浏览器、宏定义浏览器、语法高亮的代码编辑器、可折叠导航及超链接导航、源码重构和代码生成等；可视化的调试工具，包括内存查看器、寄存器查看器和反汇编查看器等。

下面介绍 Eclipse CDT 在 Unbutu12.04 环境下的安装方法。

在 Unbutu12.04 下一般使用 apt 工具从互联网获取并安装软件。为此，应首先保证连上互联网，然后打开终端，在命令行上输入以下命令更新软件包列表。

```
jianglinmei@ubuntu:~$ sudo apt-get update
```

继而输入以下命令更新升级软件包。

```
jianglinmei@ubuntu:~$ sudo apt-get upgrade
```

因更新升级过程需要下载软件包并安装，所以要等待较长时间。更新升级过程结束后，就可以安装 Eclipse CDT 了，输入以下命令来完成安装。

```
jianglinmei@ubuntu:~$ sudo apt-get install eclipse-cdt
```

安装完毕后，打开 Dash 主页（参见本书第 1.3.1 小节），并在其搜索框中输入"eclipse"，如图 4-2 所示，然后单击"Eclipse"图标即可启动 Eclipse。

图 4-2　从 Dash 主页启动 Eclipse

Eclipse 初次启动时会要求用户设置工作空间（workspace）的位置，如图 4-3 所示。工作空间是 Eclipse 中软件项目的所有文件所存放的目录，工作空间同时也是 Eclipse 进行资源管理的一个环境，一般保持默认设置（用户家目录下的"workspace"主目录）即可。

设置工作空间位置后，单击"OK"按钮后进入 Eclipse。其初始界面是一个如图 4-4 所示的"Welcome"欢迎页面，直接单击"Welcome"标签右边的"✕"关闭该页即进入 Eclipse 的主界面，如图 4-5 所示。初次启动的 Eclipse 主界面包含 4 个窗格。左上角为项目资源管理器（Project Explorer），用于列表当前工作空间下的所有项目及项目文件。右上角是一个空白的源码编辑器。左下角是大纲视图窗格，用于详细显示当前编辑项的层次信息。右下角是任务窗格，用于给出对当前项目所存在的问题的提示信息。

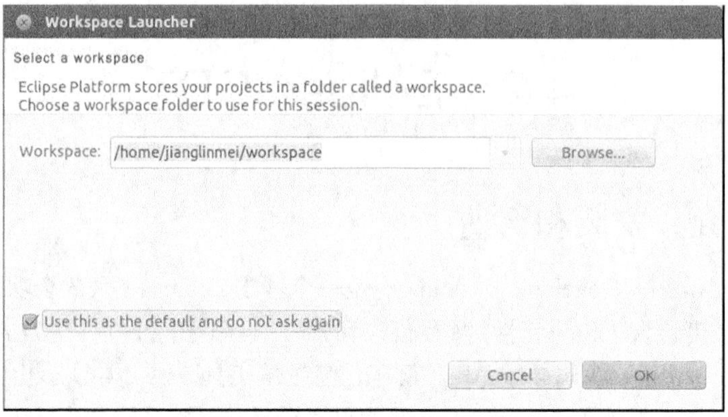

图 4-3　设置工作空间位置

图 4-4　Eclipse 欢迎页

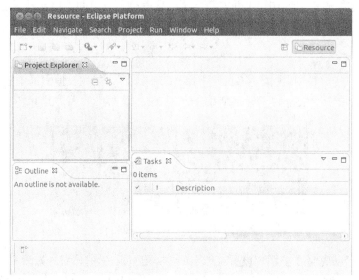

图 4-5　Eclipse 主界面

4.2.2　创建项目并运行

和大多数集成开发环境一样，Eclipse CDT 是以项目（Project）的方式来组织管理程序的。本节以一个"HelloWorld"项目为例来介绍使用 Eclipse CDT 进行 C 程序开发的整体过程。

使用 Eclipse CDT 编写程序的第一步是创建项目。为此，选择菜单"File -> New -> Project…"，将弹出如图 4-6 所示的新建项目对话框。展开列表中的"C/C++"项，选择其中的"C Project"，单击"Next>"，将出现如图 4-7 所示的 C 项目设置对话框。在项目名称（Project name）文本中输入"HelloWorld"，项目类型列表中选择"Executable/Empty Project"，工具链（Toolchains）列表框中选择"Linux GCC"，单击"Finish"完成项目创建。随后将出现如图 4-8 所示的"确认打开 C/C++透视图（Perspective）"对话框。透视图是 Eclipse 界面组织的一种方式，不同的透视图的界面构成不尽相同，"C/C++透视图"透视图是最为适合进行 C/C++编程开发的一种视图，因此勾选"Remember my decision"并单击"Yes"，将显示如图 4-9 所示的"C/C++透视图主界面"。

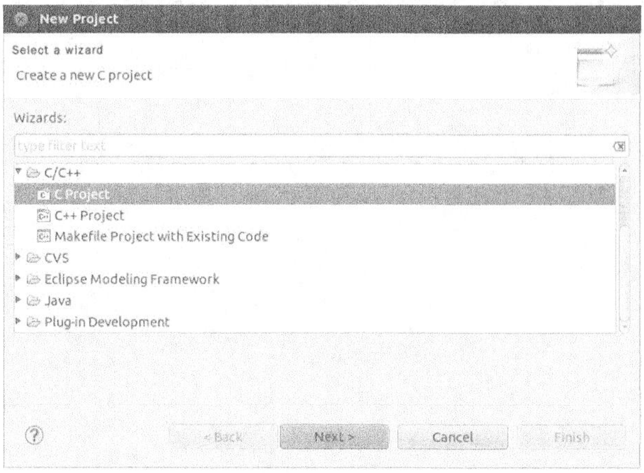

图 4-6　新建项目

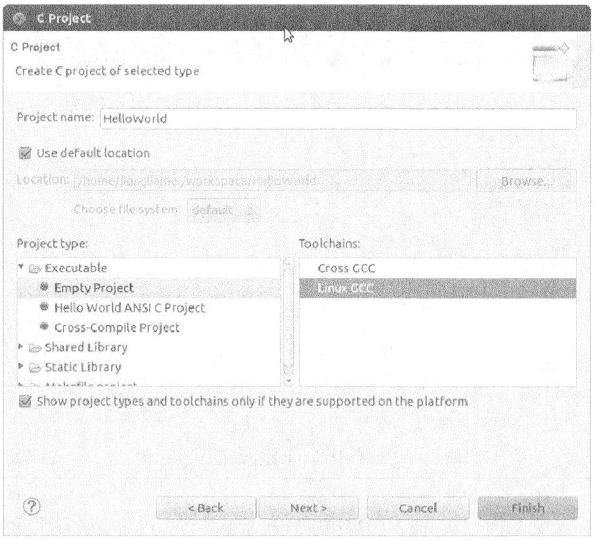

图 4-7　C 项目设置

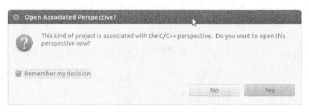

图 4-8　确认打开 C/C++透视图

以上创建了一个空白的 C 项目（Empty Project），接下来给项目添加源程序文件。为此，选择菜单"File -> New -> Source File"，将弹出如图 4-10 所示的新建源文件对话框。在"Source file"文本框中输入"hw.c"并单击"Finish"按钮。创建源文件后，主界面的"项目浏览器"中会显示源文件的名称，并可在"源代码编辑器"中编辑该源文件的代码。为此，输入本示例的代码如图 4-11 所示。

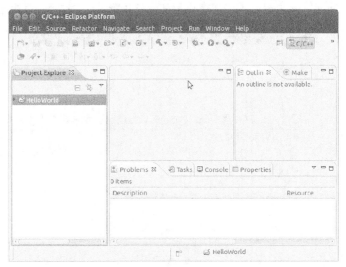

图 4-9　C/C++透视图主界面

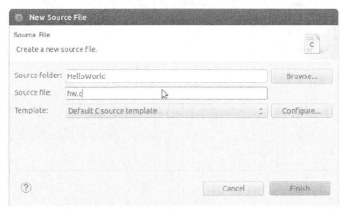

图 4-10　新建源文件

代码输入完毕后，应进行项目建造（build）以生成最终的可执行程序。为此，单击工具栏上的 按钮，注意观察位于主界面下方的控制台（Console）窗格，建造过程会在该窗格中显示一些提示信息，建造完毕后会显示"****Build Finished****"，表示目标代码和可执行程序已生成，如图 4-12 所示。

最后，可以在 Eclipse CDT 直接建造生成的可执行程序。为此，确保在"项目浏览器"中选中项目名"HelloWorld"，然后单击工具栏上的 按钮，HelloWorld 程序即开始执行并在控制台（Console）窗格中输出执行结果，如图 4-13 所示。

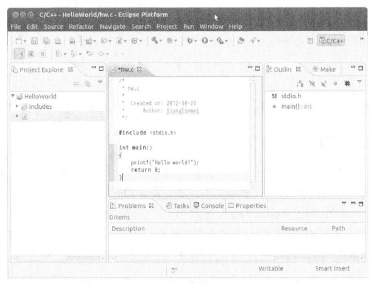

图 4-11　编辑源代码

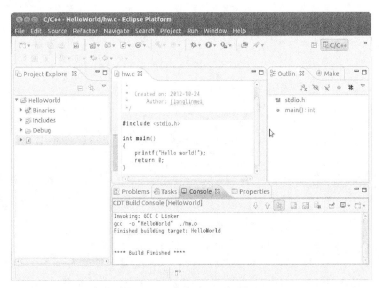

图 4-12　建造（build）项目

图 4-13　运行结果

除了在 Eclipse CDT 环境中直接运行建造生成的项目可执行程序外，也可以在 Linux 终端上运行它。为此，打开 Linux 终端，切换当前目录到 HelloWorld 项目所在目录下的 Debug 目录，并查看该目录下的文件，命令如下。

```
jianglinmei@ubuntu:~$ cd workspace/HelloWorld/Debug/
jianglinmei@ubuntu:~/workspace/HelloWorld/Debug$ ls
```

```
HelloWorld hw.d hw.o makefile objects.mk sources.mk subdir.mk
```

其中的 "HelloWorld" 文件即为项目最终的可执行程序文件，执行该文件如下。

```
jianglinmei@ubuntu:~/workspace/HelloWorld/Debug$ ./HelloWorld
Hello world!
```

到此，一个完整项目的创建和运行过程就结束了。下一小节将介绍程序调试的方法。

4.2.3　程序调试方法

程序调试的方法包括：断点设置、单步执行、变量监视、调用栈查看、内存查看、寄存器查看和反汇编等。本小节介绍程序调试的最基本方法：断点设置、单步执行和变量监视。

为方便介绍，需要更改 Eclipse 的首选项以显示源代码的行号。选择菜单 "Window -> Preferences"，将弹出 Eclipse 的 "首选项设置" 对话框，展开左侧的列表框到 "General -> Editors -> TextEditors" 并单击 "Text Editors"，勾选右侧的 "Show line numbers" 复选框，如图 4-14 所示。

图 4-14　首选项设置

更改上一小节的 hw.c 文件的代码如程序清单 4-1 所示。更改后的 hw.c 由三个函数构成，pr()函数输出 "Hello world!"，sum()函数计算两个整数之和，main()函数为程序的入口，其中调用了 pr()和 sum()并输出调用 sum()函数得到的结果。

程序清单 4-3

```c
#include <stdio.h>

void pr()
{
    printf("Hello world!\n");
}

int sum(int a, int b)
{
    int c = a + b;
```

```
        return c;
    }

    int main()
    {
        int s;

        pr();
        s = sum(2, 5);
        printf("The sum of 2 and 5 is: %d", s);

        return 0;
    }
```

代码输入完毕后，建造（build）并运行，结果如图 4-15 所示。

图 4-15　运行结果

下面介绍设置断点并以调试的方式运行程序。

双击源码第 19 行处的左边栏位置，该位置会显示一个蓝色的圆点，表示该行已设置了一个断点，如图 4-16 所示。

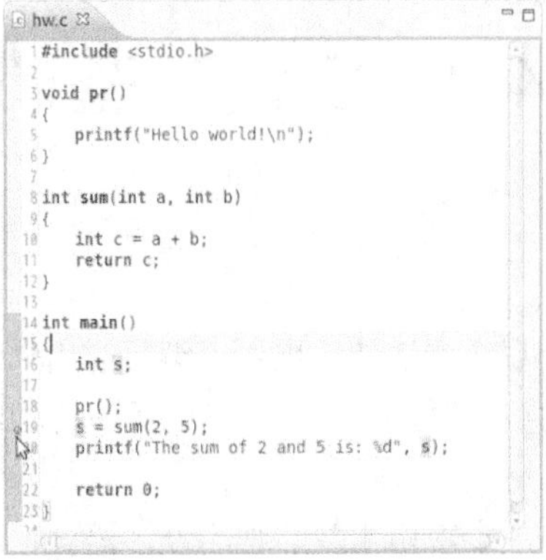

图 4-16　设置断点

设置好断点之后，确保"Project Explorer"窗格选中"HelloWorld"，然后单击工具栏上的 按钮，将弹出"确认切换透视图（Confirm Perspective Switch）"窗口，直接单击"Yes"打开"调试（Debug）"透视图，如图 4-17 所示。

调试透视图的左上角是"调试（Debug）"窗格，其中显示了函数调用栈，右上角是"变量监视（Variable）"窗格，中间主体部分是代码查看窗格，右侧则是大纲（Outline）窗格，下方是"控制台（Console）"窗格。进入调试视图后，当前运行焦点停在程序的入口处（代码第 18 行）。

接下来，按"F8"键恢复程序的运行，因第 19 行代码处设置了断点，运行焦点停在了该行。Console 窗格显示了已运行的代码行的输出结果。Variable 窗格中显示了当前可见变量"s"的值，因 s 尚未赋初值，所以其中显示的是一个随机值。再按下"F6"键，单步运行到下一条代码，可见在 Variable 窗格中 s 的值变成了 7。继续按下"F8"键恢复程序的运行，可见在 Console 窗格中输出了"The sum of 2 and 5 is: 7"，程序运行完毕。以上步骤中，以按"F5"代替按"F6"，则运行焦点可跟进到子函数 sum() 的内部，并可在 Variable 窗格中查看 sum() 函数中的局部变量值。

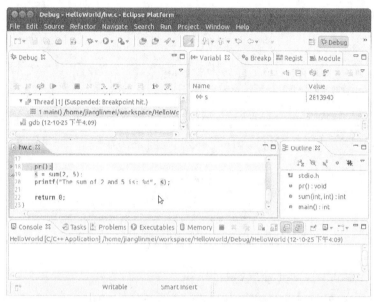

图 4-17　调试（Debug）透视图

4.3　C 语言基础

4.3.1　C 语言概述

C 语言用途广泛，既可以编写系统软件，也可以编写应用软件。自 20 世纪 70 年代诞生之日起，C 语言就一直是最为流行的编程语言之一。许多时下流行的编程语言，如 C++、C#和 Java，也都是从 C 语言发展而来的。

C 语言是一种与 UNIX 操作系统密切相关的程序设计语言，它是由 Dennis M Ritchie 为开发 UNIX 操作系统的方便而设计出来的。1978 年 Brian W. Kernighan 和 Dennis M. Ritchie 合著出版的《C 程序设计语言（The C Programming Language）》是当时事实上的 C 语言标准，也是 C 语言编程方面最权威的教材之一。20 世纪 70 年代以来，大多数操作系统（如 UNIX、Windows 和 Linux 等）的内核的大部分内容都是用 C 语言编写的。

C 语言得以长期存在和发展与其所具有的以下优点是密不可分的。

- 语言简洁、紧凑、灵活（32 个关键字，9 种控制语句）。
- 运算符丰富（34 种），表达式类型多样、灵活、简练。
- 数据结构丰富、合理，能够方便地实现链表、树、栈、队列和图等各种复杂的结构。
- 具有结构化的控制语句，符合现代编程风格。
- 兼有高级语言和低级语言的特点。
- 可移植性好。

- 目标代码质量高，程序执行效率高。
- 语法限制不太严格，程序设计自由度大。

4.3.2　数据类型

瑞士计算机科学家图灵奖获得者沃思（Niklaus Wirth）曾提出"数据结构 + 算法 = 程序"这一著名公式，可见数据结构在程序设计中的地位。C 语言既提供了丰富的数据结构，也允许用户自定义复杂的数据结构。C 语言中的数据结构是以"数据类型"的形式来表示的。C 语言所包括的数据类型如图 4-18 所示。

数据类型决定了数据可参与的运算、所表示的数的范围和所占用的内存大小。在不同的操作系统平台上，相同的数据类型所占用的内存大小可能是不一样的。本书后文所介绍的数据类型均将基于 32 位 Linux 平台。

4.3.2.1　常量与变量

C 语言中的数据有常量和变量之分。在程序运行过程中，其值不可改变的量称为常量，反之，其值可以改变的量称为变量。常量和变量均可分为不同的类型。

常量可分为直接常量和符号常量。直接常量从其字面形式即可判别，如整型常量 2、浮点型常量 1.23456 和字符型常量 "A" 等。符号常量用一个标识符来代表一个固定不变的量，其优点是使得程序的可读性更好。标识符是程序中有具体语义的项（如常量、变量、标号、宏和函数等）的名称，C 语言规定标识符只能由字母、数字、下划线组成，并且只能由字母、下划线开头。

使用如下形式来定义一个符号常量。

```
#define 常量名常量值
```

例如：

```
#define PI 3.1415926  /* 定义符号常量 PI，用以代替 3.1415926 这个常量值 */
```

注意，这里 "/*" 和 "*/" 的作用是括起一个注释，其间的内容一般用于解释代码的含义或该部分的程序设计思想，不会被编译。

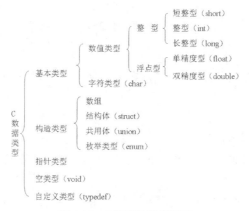

图 4-18　C 语言的数据类型

使用如下形式来定义一个变量。

```
数据类型　变量名
```

例如：

```
int a;         /* 定义整型变量 a */
float b;       /* 定义浮点型变量 b */
```

变量应"先定义，后使用"。使用未定义过的变量，编译器将给出错误提示，并导致编译无法完成。

4.3.2.2 整型

整型可细节为基本型（int）、短整型（short）、长整型（long）和无符号型。基本型占 4 个字节、短整型占 2 个字节、长整型占 8 个字节。基本型、短整型和长整型均有对应的无符号型：unsigned int、unsigned short 和 unsigned long，无符号型数据的最高位不用作符号位。

- 整型常量

整型常量有三种表示形式。

（1）十进制整数。由数字 0 ~ 9 和正负号表示，如：123，-456，0。

（2）八进制整数。由数字 0 开头，后跟数字 0 ~ 7 表示，如：0123，011。

（3）十六进制整数。由 0x 或 0X 开头，后跟 0 ~ 9，a ~ f，A ~ F 表示，如：0x123，0Xff。

整型常量默认为 int 型，若其值所在范围确定超出了 int 的表示范围，则其类型为 long 型。如：123 是 int 型，0x123456789 是 long 型。

另外，也可以在整常量后加上字母 l 或 L，指明它是 long 型，如：1234L。

- 整型变量

整型变量的定义形式为：

整型数据类型 变量名

其中整型数据为类型可以为 int、long 或 short，并且可以在这三个关键字前加上关键字 signed 和 unsigned 指明是有符号整型还是无符号整型，当使用 signed 或 unsigned 时，默认为有符号整型。例如：

```
int x, y;                    /*定义 x，y 为整型变量*/
unsigned short m, n;         /*定义 m，n 为无符号短整型变量*/
long a;                      /*定义 a 为长整型变量*/
```

4.3.2.3 浮点型

浮点型可分为单精度浮点型（float）和双精度浮点型（double）。单精度浮点型占 4 个字节和双精度浮点型占 8 个字节。

- 浮点型常量

浮点型常量有两种表示形式。

（1）十进制形式。这种形式由整数部分、小数点和小数部分组成，如：1.24、0.345、.222、234.0、333.0、0.0 等。

（2）指数形式。形如<实数部分>e<指数部分>，由实数部分、字母 E 或 e、整数部分组成，常用于表示比较大的数，如：1.23E2、314.15E-2、0E3 等。应注意，E 之后的数字必须为整数，该数表示的是 10 的几次方。

浮点型常量默认为 double 型，可以在浮点型常量后加上字母 f 或 F，指明它是 float 型，如：

1.234F。

- 浮点型变量

浮点型变量的定义形式为：

double 变量名

或

float 变量名

例如：

```
double x, y;                      /*定义 x, y 为双精度浮点型变量*/
float m, n;                       /*定义 m, n 为单精度浮点型变量*/
```

4.3.2.4　字符型

字符型可分为有符号字符型（char）和无符号字符型（unsigned char），字符型占 1 个字节。本质上，字符型所表示数据是该字符所对应的 ASCII 值，是一个整数值。

- 字符型常量

字符型常量是用单引号括起来的单个普通字符或转义字符，普通字符如："A"、"a"、"8" 等，转义字符以反斜线（"\"）后面跟一个字符或一个代码值表示，常见的转义字符以及代码值表示方式如表 4-2 所示。

表 4-2　　　　　　　　　　　　　　　转义字符

转义字符	含　　义	转义字符	含　　义
\n	换行	\t	水平制表符
\v	垂直制表符	\b	退格
\r	回车	\f	走纸换页
\a	响铃	\\	反斜线
\'	单引号	\"	双引号
\ddd	3 位 8 进制数 ddd 代表的字符	\xhh	2 位 16 进制数 hh 代表的字符

- 字符串常量

字符串常量是使用双引号括起来的字符序列，如："abcd"。一个字符串常量由多个字符常量组成，字符串常量的字符序列末尾隐含了一个空字符'\0'（ASCII 值为 0），'\0'是所有字符串的结束标志。因此字符串 "a" 实际包含了两个字符'a'和'\0'，占用两个字节。

- 字符型变量

一个字符型变量用以存放一个字符，其定义形式为：

char 变量名

例如：

```
char d;                     /*定义 d 为字符型变量*/
```

程序清单 4-4 说明了字符型常量、字符串常量和字符变量的使用方式。

程序清单 4-4　ex_char.c

```
1 #include <stdio.h>
2
3 int main()
4 {
5     char c1, c2;
6
7     c1 = 65;
8     c2 = 'a';
9
10    /* printf()是一个标准库函数,用以格式化输出数据 */
11    /* 其中的%d 表示以十进制数值的形式输出变量值, */
12    /* %c 表示以字符形式输出变量值 */
13    printf("0101\tC1\tC1-ASCII\n");        /* \t 为转义字符 */
14    printf("\101\t%c\t%d\n", c1, c1);      /* \101 为以八进制表示的转义字符'A'*/
15    printf("0X61\tC2\tC2-ASCII\n");
16    printf("\x61\t%c\t%d\n", c2, c2);      /* \x61 为以十六进制表示的转义字符'a'*/
17
18    return 0;
19 }
```

使用 gcc 编译并执行，命令如下。

```
jianglinmei@ubuntu:~/c$ gcc -o ex_char ex_char.c
jianglinmei@ubuntu:~/c$ ./ex_char
0101    C1      C1-ASCII
A       A       65
0X61    C2      C2-ASCII
a       a       97
```

4.3.2.5　布尔型

布尔型只有"真"和"假"两个值，C 语言使用整数 1 表示"真"，使用整数 0 表示 "假"。在进行逻辑判断时，C 语言将任何非零值都认为是"真"，而将零值认为是"假"。例如：

```
printf("%d\n", 3 > 2);        /* 结果为 1 */
printf("%d\n", 3 > 2 > 1);    /* 结果为 0 */
printf("%d\n", 3 && 2);       /* 结果为 1 */
printf("%d\n", 3 && 0);       /* 结果为 0 */
```

4.3.2.6　枚举型

"枚举"就是把可能值一一列举出来。枚举类型变量的取值范围只限于所列举出来的值。C 语言使用 enum 关键字来定义枚举类型，例如：

```
enum week {sun, mon, tue, wed, thu, fri, sat};
```

这定义了一个名为 week 的枚举类型，用以表示一周的七天。花括号括起以逗号分隔的标识符称为枚举元素，枚举元素具有固定的整数值，因此枚举元素也称枚举常量。注意，在右花括号后的";"是必不可少的语法组成部分。默认情况下，第一个枚举元素的值为 0，其他枚举元素的值是其前一个元素的值加 1 后得到的值。例如：sun 的值为 0，wed 的值为 3。也可以在枚举元素后用"="为其指定一个值，例如：

```
enum week {mon=1, tue, wed, thu, fri, sat, sun=0};
```

这样定义的 week 类型和前面定义的 week 类型各枚举元素对应地具有相同的值。

在定义好枚举类型之后，即可使用该类型来定义枚举变量。例如：

```
enum week weekday;
```

这定义了一个名为 weekday 的 week 枚举类型的变量，于是可以给 weekday 赋 week 枚举类型的七个枚举值之一，例如：

```
weekday = wed;
printf("%d", weekday);  /* 结果为 3 */
```

4.3.2.7　数组

数组（array）是由 n（n≥1）个具有相同数据类型的数据元素 a_0、a_1、…、a_{n-1} 构成的一个有序序列（集合）。数组由一个统一的数组名来标识，数组中的某个元素由数组名和一个下标（index）唯一标识。

标记数组元素的下标个数决定了数组的维数，即下标个数为一个，则为一维数组，下标个数为二个，则为二维数组等。数组的所有元素存储在一块地址连续的内存单元中，最低地址对应首元素，最高地址对应末元素。

● 一维数组

1．一维数组的定义格式

数据类型　数组名[整型常量表达式]；

如：

```
int a[5];
```

这定义了一个整型数组 a，它含有 5 个元素（即数组长度为 5），下标从 0~4，即 a[0]~a[4]。

2．一维数组的初始化

在定义数组时可使用一对花括号括起以逗号分隔的元素的形式为数组初始化。例如：

```
int a[5] = {0, 1, 2, 3, 4};
```

这样初始化后，a[0] = 0，a[1] = 1，a[2] = 2，a[3] = 3，a[4] = 4。如果花括号中值的个数少于数组的长度 5（这种不提供所有元素值的初始化方式称为"部分初始化"），则后面无对应值的元素的初值为一个随机数。但如果是静态数组，则后面无对应值的元素的初值为 0。静态数组的定义并初始化的方式示例如下。

```
static int a[5] = {0, 1, 2};
```

这样对静态数组 a 进行部分初始化后，a[0] = 0，a[1] = 1，a[2] = 2，a[3] = 0，a[4] = 0。

3．一维数组的引用

C 语言中，只能逐个引用数组元素，而不能一次引用数组的所有元素。例如：

```
static int a[3] = {7, 8, 9};
printf("a[0]=%d a[1]=%d a[2]=%d\n", a[0], a[1], a[2]);  /* 输出 a[0]=7 a[1]=8 a[2]=9 */
printf("a=%d \n", a);                                   /* 错误 */
```

- 二维数组

1. 二维数组的定义格式

数据类型 数组名[整型常量表达式] [整型常量表达式];

如：

```
int a[2][3];
```

这定义了一个二维的整型数组 a，它含有 2 行 3 列共 6 个元素（即数组长度为 6），行下标从 0 ~ 1，列下标从 0 ~ 2，即 a[0][0]、a[0][1]…a[1][2]。

2. 二维数组的初始化

在定义数组时可使用两层花括号括起以逗号分隔的元素的形式为二维数组初始化，内层的每一对花括号对应一行。例如：

```
int a[2][3] = {{0, 1}, {2, 3}, {4, 5}};
```

这样初始化后，a[0][0] = 0，a[0][1] = 1，a[0][2] = 2，a[1][0] = 3，a[1][1] = 4，a[1][2] = 5。

也可以只用一对花括号为二维数组赋初值，此时按元素的排列顺序（行序优先，即排完一行的所有元素再排下一行的元素）依次为各元素赋初值。和一维数组一样，二维数组也可以部分初始化。例如：

```
static int a[2][3] = {0, 1, 2, 3};
```

这样对二维静态数组 a 进行部分初始化后，a[0][0] = 0，a[0][1] = 1，a[0][2] = 2，a[1][0] = 3，a[1][1] = 0，a[1][2] = 0。

3. 二维数组的引用

和一维数组一样，只能逐个引用二维数组的各个元素，而不能一次引用数组的所有元素。例如：

```
static int a[1] [2]= {6, 7};
printf("a[0][0]=%d a[0][1]=%d \n", a[0][0], a[0][1]); /* 输出 a[0][0]=6 a[0][1]=7 */
```

- 字符数组

字符数组是一类特殊的数组，每个元素存放一个字符。

1. 字符数组的定义格式

char 数组名[整型常量表达式];

如：

```
char str[5];
```

这定义了一个字符数组 str，它可以存放 5 个字符。

2. 字符数组的初始化

字符数组和一般数组一样，可以使用花括号对元素逐个初始化。例如：

```
char str[5] = {'H', 'e', 'l', 'l', 'o'};
```

也可以用字符串常量为字符数组初始化。例如：

```
char str[6] = "Hello";
```

应当注意，用字符串常量为字符数组初始化时，要保证字符数组的长度足够容纳字符串常量末尾隐含的结束标志字符'\0'。

3. 字符数组的引用

字符数组的引用有其特殊性，可以逐个引用字符数组的各个元素，也可以以字符串的形式一次引用字符数组的所有元素，此时应保证字符数组中包括值为'\0'的元素。例如：

```
char str[3] = {'H', 'i', '\0'};
printf("str=%c%c\n", str[0], str[1]);    /* 输出 str=Hi */
printf("str=%s\n", str);                  /* 输出 str=Hi */
```

此处，"%s"表示以字符串形式输出后面对应变量的值。注意，若 str 数组中没有值为'\0'的元素，使用 "%s" 的形式输出 str 会出错。例如：

```
char str[2] = {'H', 'i'};
printf("str=%s\n", str);                  /* 错误 */
```

4.3.2.8　指针

指针是 C 语言的一大特色，也是其区别于其他大多数编程语言的要点。指针的使用非常灵活，要掌握好指针的使用需要下比较大的工夫。

一个变量在内存中的地址就称为该变量的"指针"，通过指针即可找到变量的存储单元，从而可以对变量进行相关操作。

● 一级指针

1. 指针变量的定义

指针变量是用来存放另一个变量的"地址"的变量，当一个指针变量 p 所存放的内容是另一个变量 a 的地址时，称变量 p "指向"变量 a。指针变量的定义格式如下。

数据类型 *指针变量名;

这里的数据类型指的是指针变量所指向的目标变量的数据类型，例如：

```
int *p;
```

定义了一个整型的指针 p，它可以存放整型变量的地址，也就是可以指向任一整型变量。

2. 指针变量的赋值

定义好指针变量后，应初始化或赋值后才能引用。建议在定义的时候即将指针变量初始化为空值——NULL。NULL 是一个 C 标准库中预定义的符号常量，其值是 0。例如：

```
int *p = NULL;
```

对指针变量进行赋值只有三种情况是合法的。一是赋 NULL 值，二是赋同类型变量的地址，三是赋同类型指针。例如：

```
int a, *p =NULL, *q = NULL, *r = NULL;    /* 定义整型变量 a 和三个整型指针 */
p = &a;              /* 给指针 p 赋同类型变量 a 的地址。"&"是取地址操作符 */
q = p;               /* 给指针 q 赋同类型指针 p，赋值后 p 和 q 都指向 a */
r = 0X12345678;      /* 错误，不属于前面提到的三种赋值方式之一 */
```

3. 指针变量的引用

指针变量的引用要使用到"*"操作符（注意，定义指针时用到的"*"不是指针引用，而是指针变量的说明符），指的是引用指针变量所指向的目标的内容。引用指针变量之前应当确保它指向了一个有效的地址单元。例如：

```
int a = 10, *p = NULL;
p = &a;
printf("a=%d, *p=%d", a, *p);  /* 输出 a=10, *p=10); 
```

- 二级指针

1. 二级指针变量的定义

二级指针变量是用来存放"一级指针变量的地址"的变量，定义格式如下。

数据类型 **指针变量名;

例如：

int **pp;

定义了一个整型的二级指针 pp，它可以指向任一整型的一级指针变量。定义指针变量时使用了几个"*"，即定义了几级指针变量。例如，使用如下方式则定义了一个三级指针变量。

int ***ppp;

2. 二级指针变量的赋值

对二级指针变量进行赋值也只有三种情况是合法的。一是赋 NULL 值，二是赋同类型的一级指针变量的地址，三是赋同类型指针。例如：

```
int a, *p =NULL, **pp = NULL;      /* 定义整型变量 a、一级指针 p 和二级指针 pp */
p = &a;
pp = &&p;                          /* 给二级指针 pp 赋同类型一级指针 p 地址 */
```

3. 二级指针变量的引用

二级指针变量的引用要连续用两个"*"操作符。例如：

```
int a, *p =NULL, **pp = NULL;
p = &a;
pp = &p;
printf("a=%d, *p=%d, **pp=%d", a, *p, *pp);      /* 输出 a=10, *p=10, **pp=10); 
```

4.3.2.9 结构体

C 语言中，结构体是多数据项的一种组织方式，是由多个数据项（每个数据项可以是任何 C 语言类型）构成的紧密关联的数据单元。

1. 结构体类型的定义

C 语言使用 struct 关键字来定义结构体类型，其一般形式如下。

```
struct 结构体名
{
    数据类型 1    成员名 1;
    数据类型 2    成员名 2;
```

```
      . . .
      数据类型 n        成员名 n;
   };
```

其中，struct 是关键字，"结构体名"是用户定义的类型标识，"{…}"中是组成该结构体的成员，在右花括号后的 ";" 是必不可少的语法组成部分。结构体内可以有 0 到任意多个成员，成员的数据类型可以是 C 语言所允许的任何数据类型，每个成员的数据类型可以相同也可以不同。结构体类型所占内存的大小是其所有成员所占内存大小之和。以下是一个结构体类型定义的例子。

```
struct student
{
    int number;        /* 学号 */
    char name[30];     /* 姓名 */
};
```

这定义了一个名为 student 的结构体类型，它包含两个数据成员，一个为整型的 number 用以表示学号，一个为字符型数组用以表示姓名。

2．结构体类型变量的定义

在定义好一个结构体类型之后，即可定义该结构体类型的变量，其一般形式如下。

```
struct 结构体名 变量名;
```

例如：

```
struct student a;
```

定义了一个 student 结构体类型的变量 a。

3．结构体成员的引用

和一般数组一样，C 语言中，只能逐个引用结构体的数据成员，而不能一次引用结构体的所有成员。引用结构体成员要使用分量运算符——"."，例如：

```
a.number = 1;          /* 给 a 的 number 成员赋值 1，即学号为 1 */
a.name[0] = 'T';       /* 以下 4 行给 a 的 name 成员赋字符串"Tom"，即姓名为 Tom */
a.name[1] = 'o';
a.name[2] = 'm';
a.name[3] = '\0';
/* 下面一行输出 a 的信息，输出结果为：Student a: number=1, name=Tom */
printf("Student a: number=%d, name=%s\n", a.number, a.name);
```

4．结构体变量的初始化

和数组一样，可以在定义结构体变量的同时使用花括号的形式进行初始化。例如：

```
struct student a = {1, {'T', 'o', 'm', '\0'}};
```

4.3.2.10　共用体

几个不同的数据成员存放在同一段内存的结构，称为"共用体"。共用体类型的定义方式、共用体变量的定义方式以及共用体成员的引用方式和结构体相类似，区别在于使用 "union" 关键字代替了 "struct" 关键字。例如：

```
union data                  /* 定义共用体类型 data */
```

```
{
    int d;
    char ch[4];
};

union data a;              /* 定义共用体 data 类型的变量 a */
a.d = 0x44434241;          /* 给成员 d 赋值 */
printf("%c%c%c%c", a.ch[0], a.ch[1], a.ch[2], a.ch[3]);  /* 输出: A BCD */
```

注意，上面示例中，因共用体的成员占用相同的一段内存，故给成员 d 赋值即给成员 ch 赋值，只不过不同的成员因数据类型不同而有不同的使用方式。当各成员类型所占用的内存大小不同时，共用体所占的内存大小是其最大成员所占内存的大小。

4.3.2.11 自定义类型

C 语言中，可以使用 typedef 关键字为已存在的类型取一个别名，即自定义一个类型名，自定义类型的用法和功能与已有类型的用法和功能完全一样。自定义类型的语法格式为：

typedef 已有数据类型 新类型名;

例如：

typedef int COUNT;

定义了一个新的类型——COUNT，随后可以用 COUNT 来定义整型变量。例如：

```
COUNT a = 10;
printf("a=%d", a);         /* 输出 10 */
```

自定义类型更常见的场合是：为书写较为复杂的类型（如结构体、共用体）取一个别名。例如：

```
typedef struct student STUDENT;
STUDENT a;
STUDENT b;
```

4.3.3 运算符与表达式

● 运算符

运算符（也称操作符）是表述最基本的运算形式的符号。C 语言提供了 13 类共 34 个运算符，如下所示。

1. 算术运算符

+(加)、-(减)、*(乘)、/(除)、%(取模)、++(自增)、--(自减)、-(负号)

2. 关系运算符

<(小于)、<=(小于等于)、>(大于)、>=(大于等于)、==(等于)、!=(不等于)

3. 逻辑运算符

!(逻辑非)、&&(逻辑与)、||(逻辑或)

4. 位运算符

<<(位左移)、>>(位右移)、~(位取反) 、&(位与)、|(位或)、^(位异或)

5. **赋值运算符**：= 及其扩展

6. **条件运算符**：?:

7. **逗号运算符**：,

8. **指针运算符**：*(取内容)、&(取址)

9. **求字节数**：sizeof

10. **强制类型转换**：(类型)

11. **分量运算符**：.(结构成员)、->(指针型结构成员)

12. **数组下标运算符**：[]

13. **其他**：()

这些运算符的优先级如表 4-3 所示。

表 4-3　　　　　　　　　　　　　　C 语言的运算符和优先级

运　算　符	优　先　级
()、 []、 .、 ->	1，最高
!、 ~、 -(负号)、 ++、 --、 &(取址)、*(指针)、(类型)、sizeof	2，右结合
*(乘)、 /、 %	3
+、 -(减)	4
<<、>>	5
<、 <=、 >、 >=	6
==、 !=	7
&(位与)	8
^	9
|	10
&&	11
||	12
?:	13，右结合
=、复合赋值符号（如：+=、*=、…）	14，右结合
,	15，最低

● 表达式

表达式由运算符（操作符）和运算量（操作数）组成，用以描述对什么数据以什么顺序进行什么操作。运算符对运算量进行运算的结果称为"表达式的值"。C 语言中，任何有值的式子都可以称为表达式。一个表达式中，最后一个运算的运算符的类型决定了表达式的类型。以下是一些表达式的例子。

```
int a;
double x;
a = 5                  /* 赋值表达式，值为: 5      */
x = 1.0                /* 赋值表达式，值为: 1.0    */
(++a + 1) * (x + 0.5)  /* 算术表达式，值为: 10.5   */
a > 5                  /* 关系表达式，值为: 0      */
a && 2 || 0            /* 逻辑表达式，值为: 1      */
a+=2, x + 3.0          /* 逗号表达式，值为: 4.0    */
```

4.3.4　C 语言的语句

C 语言的语句是 C 程序的基本组成部分。C 语句均以分号 ";" 结尾。C 语句可分为指令语句、非指令语句和复合语句，如图 4-19 所示。

● 指令语句

一条指令语句将被编译成若干条计算机的指令，以指示计算机执行相应的操作。

指令语句包括表达式语句和流程控制语句。一个表达式后面加上一个分号即构成了一条表达式语句。流程控制语句用于控制程序的执行流程，在下一小节将专门讨论控制语句。

● 非指令语句

非指令语句不会被编译成计算机的指令，它们是 C 语言语法的必要组成部分，其作用是辅助编译器翻译指令语句，包括数据定义语句和编译预处理。

● 复合语句

复合语句是由一对花括号括起来的一组语句，其作用是将若干条语句组成一个语法上的整体。

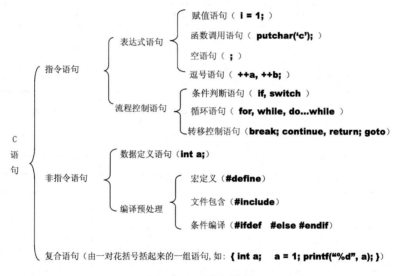

图 4-19　C 语言的语句

4.3.5　控制结构

C 语言有三类控制结构语句：条件判断语句、循环语句和转移控制语句。

● 条件判断语句

1. if 语句

if 语句判断给定的条件的真假来决定执行何种操作，有 3 种形式。

① 形式一

```
if(条件表达式)
    语句组
```

如果 "条件表达式" 的值为 "真"，则执行语句组。

② 形式二

```
if(条件表达式)
    语句组 1
else
    语句组 2
```

如果"条件表达式"的值为"真",则执行语句组 1,否则执行语句组 2。

③ 形式三

```
if(条件表达式 1)
    语句组 1
else if(条件表达式 2)
    语句组 2
......
else if(条件表达式 n)
    语句组 n
else
    语句组 n+1
```

如果"条件表达式 1"的值为"真",则执行语句组 1,如果"条件表达式 2"的值为"真",则执行语句组 2,否则按从上到下的顺序继续其他条件表达式,如果有一个条件表达式 x 的值为真则执行其后的语句组 x,如果所有的条件表达式的值均为假,则执行语句组 n+1。

程序清单 4-5 给出了使用 if 语句的一个示例。

程序清单 4-5　ex_if.c

```c
/* 判断用户输入的年份是否是闰年 */
#include <stdio.h>

int main(void)
{
    int year, leap;

    printf("Please input a year: ");
    scanf("%d", &year);      /* %d 表示把输入的值转换成整数后保存到后面的变量的地址单元 */
    if(year % 4 == 0)
    {
        if(year % 100 == 0)
        {
            if(year % 400 == 0)
                leap = 1;
            else
                leap = 0;
        }
        else
            leap = 1;
    }
    else
        leap = 0;

    if(leap)
        printf("%d is a leap year.\n", year);
    else
```

```
        printf("%d is not a leap year.\n", year);
    return 0;
}
```

输入如下命令编译运行该程序。

```
jianglinmei@ubuntu:~$ gcc -o ex_if ex_if.c
jianglinmei@ubuntu:~$ ./ex_if
Please input a year: 2000
2000 is a leap year.
jianglinmei@ubuntu:~$ ./ex_if
Please input a year: 2001
2001 is not a leap year.
```

2. switch 语句

switch 语句是多分支选择语句。它的一般形式如下所示。

```
switch(整型表达式)
{
    case 常量表达式 1:
        语句组 1;
        [break;]
    case 常量表达式 2:
        语句组 2;
        [break;]
    ......
    case 常量表达式 n:
        语句组 n;
        [break;]
    [default:
        语句组 n+1];
}
```

switch 语句的执行过程是：首先计算 switch 后的整型表达式的值，然后用这个值按从上到下的顺序与各 case 后的常量表达式的值相比较，一旦比较相等就进入此 case 后面的语句组开始从上到下顺序执行，直到遇到 break 语句或执行到 switch 语句的结尾为止。各 case 后的常量表达式的值必须互不相同，方括号内的部分是可选的。

程序清单 4-6 给出了使用 switch 语句的一个示例。

程序清单 4-6　ex_switch.c

```
/* 转换百分制成绩为 5 分制等级 */
#include <stdio.h>

int main(void)
{
    int score;
    char grade;

    printf("Please input score: ");
    scanf("%d", &score);

    switch(score / 10)
```

```
    {
        case 10:
        case 9:
            grade = 'A';
            break;
        case 8:
            grade = 'B';
            break;
        case 7:
            grade = 'C';
            break;
        case 6:
            grade = 'D';
            break;
        default:
            grade = 'E';
    }

printf("Your grade is: %c\n", grade);
    return 0;
}
```

输入如下命令编译运行该程序。

```
jianglinmei@ubuntu:~$ gcc -o ex_switch ex_switch.c
jianglinmei@ubuntu:~$ ./ex_switch
Please input score: 67
Your grade is: D
jianglinmei@ubuntu:~$ ./ex_switch
Please input score: 91
Your grade is: A
```

- 循环语句

1. while 循环语句

while 语句的一般形式是：

```
while(条件表达式)
{
    语句组;
}
```

当条件表达式的值为"真"时，反复执行语句组，当条件表达式的值为"假"时退出循环。

2. do...while 循环语句

do...while 语句的一般形式是：

```
do
{
    语句组;
} while(条件表达式);
```

反复执行语句组，直到条件表达式的值为"假"时退出循环。

3. for 循环语句

for 语句的一般形式是：

```
for(初始化表达式；条件表达式；值更改表达式)
{
    语句组；
}
```

首先执行初始化表达式，然后判断条件表达式，当条件表达式的值为"真"时，反复执行语句组和值更改表达式，当条件表达式的值为"假"时退出循环，如图 4-20 所示。

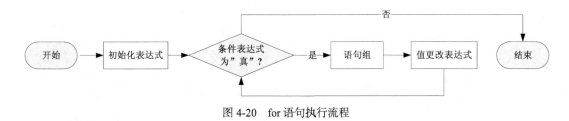

图 4-20　for 语句执行流程

程序清单 4-7 给出了使用 for 语句的一个示例。

程序清单 4-7　ex_for.c

```c
/* 计算 0~100 之间所有偶数之和 */
#include <stdio.h>

int main(void)
{
    int i, sum;

    for(i = 0, sum = 0; i <= 100; i += 2)
    {
        sum += i;
    }

printf("The sum of all even number digit between 0 and 100 is: %d\n", sum);
    return 0;
}
```

```
jianglinmei@ubuntu:~$ gcc -o ex_for ex_for.c
jianglinmei@ubuntu:~$ ./ex_for
The sum of all even number digit between 0 and 100 is: 2550
```

- 转移控制语句

1. break 语句

C 语言中，break 语句可出现在两个地方：一是 switch 语句的 case 分支中，用以退出 switch；另一处是循环语句中，用以退出循环。

2. continue 语句

continue 语句只能用在循环语句中，作用是中止一次循环，即跳过循环语句组中位于 continue 之后的语句，进入下一次循环条件表达式的判断（对于 for 循环还要先执行更改表达式）。

3. return 语句

用于函数体内，作用是退出函数，同时可以给调用者返回一个值。

4. goto 语句

goto 语句用以将程序执行流程无条件转移到一个标号处。标号是一个后面跟一个冒号":"的标识符。

程序清单 4-8 给出了使用 for 语句的一个示例。

程序清单 4-8   ex_transfer.c

```c
/* 计算 n~100 之间所有偶数之和，n 为用户输入的一个整数 */
#include <stdio.h>

int main(void)
{
    int i, sum, digit;

    printf("Please input a positive digit:");
    scanf("%d", &digit);
    if(digit > 100)
        goto END;            /* 跳到标号 END 后面的行 */


    for(i = digit, sum = 0; ; i++)        /* 条件表达式省略，永远为真 */
    {
        if(i > 100)
            break;                        /* 退出循环 */
        if(i % 2 == 1)
            continue;                     /* 终止本次循环，流程转入 "更改表达式——i++" */

        sum += i;
    }

    printf("The sum of all even number digit between 0 and 100 is: %d\n", sum);
    return 0;
END:     /* 定义标号 */
    printf("The digit you inputted is too large\n");
    return 0;
}
```

输入如下命令编译运行该程序。

```
jianglinmei@ubuntu:~$ ./ex_transfer
Please input a positive digit:0
The sum of all even number digit between 0 and 100 is: 2550
jianglinmei@ubuntu:~$ ./ex_transfer
Please input a positive digit:120
The digit you inputted is too large
```

4.3.6　函数

一个 C 源程序由一个或多个文件构成，每个文件就是一个编译单位。一个 C 语言源文件由一个或多个函数构成。每个程序有且只有一个主函数（main），其他都是子函数。主函数可以调用子函数，子函数可以相互调用，但子函数不能调用主函数。

1. 函数的定义

函数定义的一般格式是：

数据类型　函数名([形式参数说明])

{

```
    函数体
}
```

形式参数说明方法：

```
数据类型 变量名[, 数据类型 变量名 ...]
```

例如：

```
int sum(int x, int y)
{
    int z;
    z = x + y;
    return z;
}
```

2. 函数原型

在程序中调用函数需满足以下条件：

（1）被调用函数必须存在，且必须遵循"先定义后使用"的原则。

（2）如果被调用函数定义在主调函数之后，可以在调用之前给出原型声明。

C 语言函数原型声明的一般格式是：

```
数据类型 函数名(形式参数类型 [变量名], [形式参数类型[变量名], …]);
```

可见，函数原型声明的格式即函数定义格式除去花括号与函数体的部分，然后另加一个分号结束，并且形式参数的变量名是可选的。例如，上面定义的 sum()函数的原型为：

```
int sum(int x, int y);
```

或

```
int sum(int, int);
```

3. 函数的调用

函数调用一般形式是：

```
函数名([实参列表])
```

应注意：

（1）如果被调用没有形式参数，则不能有实参列表，但必须有圆括号。

（2）实参个数和形参个数必须相同。

（3）实参和形参的数据类型一一对应，必须相同或实参的类型能安全转换为形参的类型。

（4）调用函数时，按位置顺序将实参的值一一赋值给对应的形参，这是按值传递参数的过程。

（5）被调用函数有返回值时，主调函数中可以获取该返回值。

程序清单 4-9 给出了使用函数的一个示例。

程序清单 4-9　ex_function.c

```
#include <stdio.h>

/* 声明函数原型 */
int sum(int x, int y);
```

```
int main(void)
{
    int result;

    result = sum(3, 5);              // 调用自定义函数

    printf("the sum of 3 and 5 is: %d\n", result);
    return 0;
}

/* 定义函数，计算两数之和 */
int sum(int x, int y)
{
    int z;
    z = x + y;
    return z;
}
```

输入如下命令编译运行该程序：

```
jianglinmei@ubuntu:~$ ./ex_function
the sum of 3 and 5 is: 8
```

4.3.7　内存管理

C 语言的标准库中提供了 3 个函数用以分配和回收内存。

1. 动态分配内存函数 malloc()

函数原型：void * malloc(unsigned size);

功能：在堆中分配一块 size 字节的内存。调用结果为新分配的内存的首地址，是一个 void 类型指针。若分配失败，则返回 NULL。

2. 动态分配内存函数 calloc()

函数原型：void *calloc(unsigned int n ,unsigned int size);

功能：在堆中分配一块 n * size 字节的内存。调用结果为新分配的内存的首地址，是一个 void 类型指针。若分配失败，则返回 NULL。

3. 释放动态分配的内存函数 free()

函数原型：void free(void *p);

功能：释放 p 所指向的动态分配的内存。注意，实参必须是一个指向动态分配的内存的指针，它可以是任何类型的指针变量。

程序清单 4-10 给出了使用函数的一个示例。

程序清单 4-10　ex_malloc.c

```
#include <stdio.h>

/* 声明函数原型 */
int sum(int x, int y);

int main(void)
{
    int result;
```

```
    result = sum(3, 5);              // 调用自定义函数

    printf("the sum of 3 and 5 is: %d\n", result);
    return 0;
}

/* 定义函数, 计算两数之和 */
int sum(int x, int y)
{
    int z;
    z = x + y;
    return z;
}
```

输入如下命令编译运行该程序。

jianglinmei@ubuntu:~$ ./ex_function
the sum of 3 and 5 is: 8

4.3.8　编译预处理

编译预处理即在编译之前对源文件进行的处理,包括头文件加载和宏展开等操作。编译预处理主要包括:宏定义、文件包含和条件编译。

● 宏定义

1. 不带参数的宏定义

不带参数的宏定义的功能是:用一个标识符(宏名)代替一段"字符序列"(宏体)。其一般形式如下。

```
#define 宏名 [宏体]
```

例如:

```
#define PI 3.1415926
```

这定义了一个名为 PI 的宏,以后在源码中如果出现 PI,则它表示 3.1415926。

使用宏定义应注意以下几点。

(1)宏名一般用大写字母表示,以区别于一般的变量名。

(2)宏定义位置任意,但一般在函数外面,其作用域为从定义位置直到文件结束。

(3)使用#undef 可终止宏名作用域,格式为:

```
#undef 宏名
```

例如:

```
#undef PI
```

(4)预编译时,对宏进行展开操作,即用宏体来替换宏名,替换过程不作语法检查。但程序中使用双引号括起的内容即使与宏名相同也不会替换。

(5)宏定义中应注意使用圆括号以保证宏展开后的式子依然正确。例如:

```
#define WIDTH        80
#define LENGTH       WIDTH + 40
```

```
var = LENGTH * 2;
```

宏展开过程：

```
var = WIDTH + 40 * 2
var = 80 + 40 * 2
```

这和正常的理解不一致，正确定义方法应当是：

```
#define WIDTH           80
#define LENGTH          (WIDTH + 40)
var = LENGTH * 2;
```

宏展开过程：

```
var = (WIDTH + 40) * 2
var = (80 + 40) * 2
```

2. 带参数的宏定义

带参数的宏定义的一般形式如下。

```
#define 宏名(形参表) 宏体
```

例如：

```
#define MAX(x, y) ((x)>(y) ? (x) : (y))
```

当参的宏在展开时，除了进行简单的字符序列替换外，还要进行形参替换。应注意以下几点。

（1）宏体及各形参应用圆括号括起来，以免歧义。例如：

```
#define MUL(x, y) x * y
var = MUL(3 + 5, 2 + 1);
```

展开后为：

```
var = 3 + 5 * 2 + 1
```

（2）宏名与参数之间不能有空格。例如：

```
#define S (r)  PI*r*r
```

相当于定义了不带参的宏 S，代表字符序列"(r) PI*r*r"。

（3）引用带参的宏时要求实参个数与形参个数相同。其形式与函数调用相同，但处理方式不同。函数传参是在运行阶段，宏参数替换是在预处理阶段。

（4）符号"#"、"##"和"\"。

#	把宏参数变为一个字符串，即在宏参数两边加上""。
##	把两个宏参数粘合在一起，即顺序连接两参数的值。
\	续行符，允许分多行书写宏体，注意在"\"后不能有任何字符。

程序清单 4-11 给出了使用这些特殊符号的宏的一个示例。

程序清单 4-11　ex_presymbol.c

```
#include <stdio.h>
#define STR(s)  #s
```

```
#define VERSION(major, minor)        major##.##minor
#define DEFINE_FUNCTION(id, name) \
    static void name##id() \
    { \
      printf("function is: %s\n", STR(name##id)); \
    } \


DEFINE_FUNCTION(10, output);

int main()
{
    printf(STR(it is a string));              // 输出: it is a string
    printf("\n%.1f\n", VERSION(5, 3));        // 输出: 5.3

    output10();

    return 0;
}
```

本示例程序的宏展开后的代码如下所示。

```
static void output10() { printf("function is: %s\n", "output10"); };

int main()
{
    printf("it is a string");
    printf("\n%.1f\n", 5.3);

    output10();

    return 0;
}
```

输入如下命令编译运行该程序。

```
jianglinmei@ubuntu:~/c$ gcc -o ex_presymbol ex_presymbol.c
jianglinmei@ubuntu:~/c$ ./ex_presymbol
it is a string
5.3
function is: output10
```

● 文件包含

使用文件包含指令，一个源文件将另一个源文件的内容全部包含进来，其一般形式如下。

```
#include    "文件名"
```

或

```
#include    <文件名>
```

这两种形式的区别在于搜索所包含文件的路径不同。""""形式先在当前目录搜索，如搜索不到则再搜索标准头文件路径或 gcc 的 "–I" 选项指定的路径搜索。"<>"形式则略去了在当前目录搜索的过程。

　　#include 一般用于包含 ".h" 头文件，如用于包含 ".c" 文件很容易引起变量重复定义的错误，应当谨慎。在预编译时，#include 指令行会被所包含的文件的内容取代。例如：

```
/* a.h 文件 */
extern int max(int, int);

/* a.c 文件 */
#include "a.h"      /* 在 a.c 文件中包含 a.h 文件 */
int max(int a, int b)
{
    return a > b ? a : b;
}
```

　　经预处理后，a.c 文件的内容变为：

```
extern int max(int, int);
int max(int a, int b)
{
    return a > b ? a : b;
}
```

- 条件编译

条件编译即在某个条件成立的情况下才进行编译。条件编译有三种形式。

1. 形式一

```
#ifdef 标识符
    程序段 1
[ #else
    程序段 2 ]
#endif
```

　　如果"标识符"代表的宏已经定义过，则对程序段 1 进行编译，否则（如果有 #else 部分）对程序段 2 进行编译。

2. 形式二

```
#ifndef 标识符
    程序段 1
[ #else
    程序段 2 ]
#endif
```

　　如果"标识符"代表的宏没有定义过，则对程序段 1 进行编译，否则（如果有 #else 部分）对程序段 2 进行编译。

3. 形式三

```
#if 常量表达式 1
    程序段 1
[ #elif 常量表达式 2
    程序段 2
#else
    程序段 n ]
```

```
#endif
```

如果指定的"常量表达式 1"值为真（非零），则对"程序段 1"进行编译，否则如果指定的"常量表达式 2"值为真（非零），则对"程序段 2"进行编译，否则对"程序段 n"进行编译。其中#elif 指令可以有任意多个。

程序清单 4-12 给出了条件编译的一个示例。

程序清单 4-12　　ex_preif.c

```
#include <stdio.h>

int main()
{
#if CIRCLE
    printf("draw circle\n");
#elif RECTANGLE
    printf("draw rectangle\n");
#else
    printf("draw line\n");
#endif

    return 0;
}
```

输入如下命令编译该程序。

```
jianglinmei@ubuntu:~/c$ gcc -E -o ex_preif.e ex_preif.c
```

然后查看 ex_preif.e 的内容可见，main()函数的内容如下。

```
int main()
{
    printf("draw line\n");
    return 0;
}
```

再次，输入如下命令，指定预定义宏值编译该程序。

```
jianglinmei@ubuntu:~/c$ gcc -E -D RECTANGLE=1 -o ex_preif.e ex_preif.c
```

然后查看 ex_preif.e 的内容可见，main()函数的内容如下。

```
int main()
{
    printf("draw rectangle\n");
    return 0;
}
```

从以上预处理结果可以看出，对条件编译指令预处理后的源代码中仅含有满足条件的部分。

4.4　小　　结

本章首先介绍了 Linux 环境下两类编译环境的配置和使用。命令行形式的 gcc 编译器轻巧、高效，有图形界面的 Eclipse CDT 集成开发环境则更贴近 Linux 初学者尤其是从 Windows 平台转入 Linux 平台的用户的使用习惯。本章重点从 C 语言的数据类型、运算符与表达式、表达式语句、控制语句、函数、内存管理和编译预处理等方面介绍了 C 语言的基础知识。这是学习后续章节章节的基础。

4.5　习　　题

（1）请简述编写一个 C 语言程序的基本流程。

（2）请举例说明 5 个以上 gcc 常用编译选项的作用。

（3）请简述在 Eclipse CDT 中创建 C 项目并进行构造和运行的过程。

（4）在 Eclipse CDT 中如何设置断点、单步运行及查看变量值？有哪些快捷键？

（5）C 语言有哪些特点？

（6）什么是常量？什么是变量？

（7）如何表达长整型常量？如何表示单精度浮点常量？

（8）整型可细分为哪些类型？它们在 32 位 Linux 下占用的字节数和表示范围分别是什么？

（9）字符型和整型有何共性？

（10）如何确定枚举常量的值？

（11）二维数组部分初始化的规则是怎样的？

（12）字符数组和一般一维数组的区别在哪里？

（13）什么是指针？引用指针所指的变量时应注意什么？指针赋值有哪些情况是合法的？

（14）什么是结构体，如何引用结构体的数据成员？

（15）共用体和结构体的区别在哪？

（16）自定义类型的语法形式是怎样的？使用自定义类型有何好处？

（17）C 语言有哪些运算符，其优先级是怎样的？

（18）C 语言有哪些控制语句？请简要描述 for 语句的执行流程。

（19）如何定义函数？如何定义函数原型？函数调用的流程是怎样的？

（20）C 语言如何动态分配内存，如何释放？

（21）C 语言有哪些预处理指令，其作用分别是什么？

（22）使用宏定义有何应注意的方面？带参的宏与函数在形式上相似，它们有哪些区别？

第5章 文件

在 Linux 中，几乎任何事物都可以用一个文件来表示。Linux 中的文件类型多样，既包含普通的磁盘文件，也包含特殊的硬件设备文件、管道（PIPE）文件、套接字（SOCKET）文件和目录文件等。在 C 语言编程环境中，与文件有关的操作主要是 I/O（输入/输出）操作。Linux 环境下的 I/O 操作可以分为两类，它们是基于文件描述符的底层系统调用 I/O 和基于流的 C 标准库函数调用 I/O。这两类 I/O 操作各有优缺点，需视情况而使用。基于流的 I/O 将在下一章介绍。本章主要介绍基于文件描述符的 I/O，内容包括：

- Linux 文件 I/O 概述
- 底层文件访问
- 链接文件的操作
- 目录文件的操作
- 设备文件

5.1 Linux 文件 I/O 概述

5.1.1 简介

Linux 环境中的文件具有特别重要的意义。在 Linux 中，几乎任何事物都可以用一个文件来表示，或者通过特殊的文件提供支持。通过将设备表示成设备文件，程序可以像使用磁盘文件一样使用串行口、打印机和其他设备。Linux 中，文件系统被组织成一树的形状，树枝是目录，树叶是文件。其中的目录也是一类特殊的文件。另外，Linux 中用于进程间通信的管道和用于网络通信的 SOCKET，也都以文件接口的方式提供服务。因此，文件操作编程是其他应用编程的基础之一。

文件为操作系统服务和设备提供了一个简单而一致的接口，大多数 Linux 文件 I/O 只需用到 5 个函数：open、read、write、lseek 和 close。除此之外，使用 stat、access 等其他 I/O 函数可以获取或设置文件的状态和权限等信息。对于目录文件的操作，Linux 则提供了一些简单而特殊的编程接口。

5.1.2 文件和目录

文件，除了本身包含的内容外，还会有一个名字和一些属性，即"管理信息"。文件的属性被保存在文件的索引节点（inode）中。索引节点是文件系统中的一个特殊数据块，用以保存文件自身的属性，包含如下信息。

1. 文件使用的设备号
2. 索引节点号
3. 文件访问权限和文件类型
4. 文件的硬连接数
5. 所有者用户 ID
6. 组 ID
7. 设备文件的设备号
8. 文件大小（单位为字节）
9. 包含该文件的磁盘块的大小
10. 该文件所占的磁盘块
11. 文件的最后访问时间
12. 文件的最后修改时间
13. 文件的状态最后改变时间

正如本书第 1 章所述，Linux 文件系统将文件索引节点号和文件名同时保存在目录中。目录是用于保存其他文件的节点号和名字的文件，是将文件的名称和它的索引节点号结合在一起的一张表，目录中每一对文件名称和索引节点号称为一个"连接"。目录文件中的每个数据项都是指向某个文件节点的连接。删除一个文件时，实质上是删除目录中与该文件对应的数据项，同时将文件的连接数减 1。

通常文件中包含一定的数据，磁盘中的普通文件和目录文件都有相应的磁盘区域存储数据。这些数据是存储在由索引节点指定的位置上的。而其他一些特殊文件，如设备文件等，则不具有这样的磁盘存储区域。

5.1.3 文件和设备

硬件设备在 UNIX/Linux 中通常也被表示（映射）为文件。这些设备文件被放在 Linux 的/dev目录下。硬件设备可分为字符设备和块设备，两者的区别在于访问设备时是否需要一次读写一整块。比如，键盘是一种字符设备，一次仅能读写一个字节。而典型地，硬盘是一种块设备，每次至少读写一个扇区（一整块数据）。

Linux 环境下一类比较重要的设备是终端设备。终端是一种字符设备，它有多种类型，通常使用 tty 来简称各种类型的终端设备。tty 是 Teletype 的缩写。

这里介绍几个 Linux 中比较重要的设备文件，分别如下。

1. **控制终端（/dev/tty）**

代表进程的控制终端（键盘和显示屏或键盘和窗口）。如果当前进程有控制终端（Controlling Terminal）的话，那么/dev/tty 就是当前进程的控制终端的设备特殊文件。可以使用命令"ps -ax"来查看进程与哪个控制终端相连。

对于交互命令行方式登录的 Shell，/dev/tty 就是登录时所使用的终端，使用命令"tty"可以查看它具体对应哪个实际终端设备的设备文件。

没有控制终端的进程不能打开/dev/tty。

2. 控制台终端（/dev/ttyN，/dev/console）

代表系统控制台。错误信息和诊断信息通常会被发送到这个设备（打印终端、虚拟控制台、控制台窗口）。

在 UNIX/Linux 系统中，计算机显示器通常被称为控制台终端（Console）。它仿真了类型为 Linux 的一种终端（TERM=Linux），并且有一些设备特殊文件与之相关联：tty0、tty1、tty2 等。

当用户在控制台上登录时，使用的是 tty1。tty1 ~ tty6 等称为虚拟终端，而 tty0 则是当前所使用虚拟终端的一个别名，系统所产生的信息会发送到该终端上。/dev/console 就是 tty0。因此不管当前正在使用哪个虚拟终端，系统信息都会发送到控制台终端上。

/dev/pts 是用户通过 telnet 或 ssh 远程登录系统后，Linux 所创建的控制台设备文件所在的目录。由于不同时刻登录系统的用户可能不同，登录用户数量也可能不同，所以不像其他设备文件是构建系统时就已经产生的硬盘节点，/dev/pts 下的设备文件其实是动态生成的。第一个用户登录，console 的设备文件为/dev/pts/0，第二个为/dev/pts/1，以此类推。这里的 0、1、2、3 不是具体的标准输入或输出，而是整个控制台。

3. /dev/null

代表空（null）设备。所有写向这个设备的输出都将被丢弃，而读该设备会立即返回文件尾标志。空设备常用于输出重定向，以忽略某些错误输出。

5.1.4　系统调用和标准函数库

系统调用是 UNIX/Linux 内核直接提供的编程接口，在内核空间运行。C 语言标准函数库是由一些函数构成的集合，完全运行在用户空间，其中可能使用系统调用来完成诸如访问硬件设备的底层功能。

直接使用底层系统调用进行 I/O 操作的效率非常低。原因如下。

（1）执行系统调用时，Linux 必须从用户空间切换到内核空间，然后再切换回来。

（2）硬件会限制系统调用一次需读写的数据块大小，如块设备。

为此，应让每次系统调用完成尽可能多的工作。这正是 C 语言标准函数库所做的。C 语言标准函数库带缓冲机制，允许在缓冲区满或必须的情况下才使用底层系统调用，这样就减少了系统调用的次数，提高了效率。另外，有的库函数完全不使用系统调用，只在用户空间完成特定的功能。

有关系统调用和标准函数库的文档一般分别放在手册页的第 2 节和第 3 节。

5.2　底层文件访问

底层文件访问即使用底层系统调用进行的 I/O 操作。底层文件访问的大多数操作都是通过一个与文件相关联的"文件描述符"来进行的。

5.2.1　文件描述符

文件描述符是一个非负整数。对于内核而言，所有打开的文件都由文件描述符引用。

当打开一个现存文件或创建一个新文件时，内核向进程返回一个文件描述符。当读、写一个文件时，用 open 或 creat 返回的文件描述符标识该文件，将其作为参数传送给 read 或 write。从内核源码的角度看，文件描述符其实是当前进程所打开的文件结构数组的下标。

　　按照惯例，UNIX/Linux Shell 使文件描述符 0 与进程的标准输入相结合，文件描述符 1 与标准输出相结合，文件描述符 2 与标准出错输出相结合。在头文件<unistd.h>中定义了常量 STDIN_FILENO、STDOUT_FILENO 和 STDERR_FILENO，其值分别为 0、1、2。

　　一个进程能打开的文件数由<limits.h>文件中的 OPEN_MAX 限定，这个限定值每个系统可能都不太一样，LINUX 一般默认为 1024。

5.2.2　文件的创建、打开和关闭

　　在 Linux 底层，可使用 open 函数创建或打开文件，用 close 函数关闭已打开的文件。

5.2.2.1　open 函数

　　调用 open 函数可以打开或创建一个文件，其原型如下。

```
#include <sys/types.h>
#include <sys/stat.h>
#include <fcntl.h>
int open(const char *pathname, int flags);
int open(const char *pathname, int flags, mode_t mode);
```

　　打开一个文件后，即在文件描述符和文件之间建立了一个关联。open 函数既可打开一个已存在的文件，也可以创建一个新的文件。具体执行打开操作还是创建操作由 flag 参数指定。open 函数各参数和返回值的含义如下。

　　1．pathname　　　要打开或创建的文件的名字

　　2．flags　　　　　由下列一个或多个常数进行或运算构成

- O_RDONLY　　只读打开
- O_WRONLY　　只写打开
- O_RDWR　　　读、写打开
- O_APPEND　　每次写时追加到文件的尾端
- O_CREAT　　　若此文件不存在则创建它，应结合第三个参数 mode 使用
- O_EXCL　　　给合 O_CREATE，当文件不存在时，才创建文件
- O_TRUNC　　　如果此文件存在，而且为只读或只写则将其长度截短为 0

　　3．mode　　　　　存取许可权位，一个 32 位无符号整数，仅当创建新文件时才使用，由下列一个或多个常数进行或运算构成。应注意，最终文件权限受系统变量 umask 限制，是所设权限和 umask 的二进制"非"进行二进制"与"所得的结果（即，mode & ~ umask）

- S_IRUSR　　　文件所有者-读
- S_IWUSR　　　文件所有者-写
- S_IXUSR　　　文件所有者-执行
- S_IRGRP　　　组用户-读
- S_IWGRP　　　组用户-写
- S_IXGRP　　　组用户-执行
- S_IROTH　　　其他用户-读
- S_IWOTH　　　其他用户-写
- S_IXOTH　　　其他用户-执行

4．返回值

● 成功时返回一个文件描述符（非负整数）

● 失败时返回–1，并设置全局变量 errno 指明失败原因

如果使用 open 创建新文件，新文件的所有者是当前进程的有效用户，文件的所属组是当前进程的有效组或父目录的所属组（与文件系统的类型和挂载方式有关）。

由 open 返回的文件描述符一定是最小的未用描述符数字。因此，如果先关闭标准输入对应的文件描述符，再打开任一文件，该文件对应的文件描述符将为 0。用此策略，可将自打开的文件作为标准输入使用。

5.2.2.2 close 函数

使用 open 函数打开的文件在操作结束后，应当使用 close 函数关闭。close 函数的原型如下。

```
#include<unistd.h>
int close(int filedes);
```

调用 close 函数后，终止了文件描述符与文件之间的关联，被关闭的文件描述符重新变为可用。关闭一个文件的同时也释放该进程加在该文件上的所有记录锁。当一个进程终止时，它所打开的所有文件都将由内核自动关闭。

close 函数的参数和返回值的含义如下：

1．filedes 待关闭的文件描述符。

2．返回值

成功时返回 0，失败时返回–1。

5.2.3 文件的读、写

在 Linux 底层，可使用 read 函数读取已打开文件中的数据，用 write 函数写新的数据到已打开的文件中。

5.2.3.1 write 函数

调用 write 函数可向已打开的文件中写入数据，其原型如下。

```
#include <unistd.h>
ssize_t write(int fd, const void *buf, size_t count);
```

write 函数各参数和返回值的含义如下。

1．fd   文件描述符

2．buf   待写入文件的数据的缓冲区，是一个常量指针

3．count   待写的字节数，该字节数应当小于或等于缓冲区的大小

4．返回值

● 若成功为已写的字节数；若出错为–1，错误值记录在 errno

● 返回值类型 ssize_t 为一个"有符号字"类型"__SWORD_TYPE"，该类型定义在 /usr/include/i386-linux-gnu/bits/types.h 文件中。在 32 位机中是 int，在 64 位机中是 long int

程序清单 5-1 给出了一个使用 write 函数的简单示例。

程序清单 5-1 ex_write.c

```
1 #include <unistd.h>
2 #include <stdlib.h>
```

```
 3
 4  int main()
 5  {
 6      if ((write(1, "Here is some data\n", 18)) != 18)
 7          write(2, "A write error has occurred on file descriptor 1\n",46);
 8
 9      return 0;
10  }
```

程序第 1、2 行包含了必要的头文件。第 6 行调用 write 函数向文件描述符 1（也就是标准输出——屏幕）写入 18 字节的数据 "Here is some data\n"，如果返回值即实际写入的字节数不等于 18 则表示写入出错。如果写入出错，则执行第 7 行，向文件描述符 2（也就是标准错误输出）写入 46 字节的数据 "A write error has occurred on file descriptor 1\n"。

在命令行编译运行 ex_write.c，如下所示。

```
jianglinmei@ubuntu:~/c$ gcc -o ex_write ex_write.c
jianglinmei@ubuntu:~/c$ ./ex_write
Here is some data
```

5.2.3.2　read 函数

调用 read 函数可从已打开的文件中读取数据，其原型如下。

```
#include <unistd.h>
ssize_t read(int fd, void *buf, size_t count);
```

read 函数各参数和返回值的含义如下。

1．fd　　　　文件描述符

2．buf　　　用于放置读取到的数据的缓冲区

3．count　　要读取的字节数

4．返回值

● 若成功为已读取的字节数（0 表示已到达文件尾）；若出错为–1，错误值记录在 errno

程序清单 5-2 给出了一个使用 read 函数的简单示例。

程序清单 5-2　ex_read.c

```
 1  #include <unistd.h>
 2  #include <stdlib.h>
 3
 4  int main()
 5  {
 6      char buffer[128];
 7      int nread;
 8
 9      nread = read(0, buffer, 128);
10      if (nread == -1)
11          write(2, "A read error has occurred\n", 26);
12      else if ((write(1,buffer,nread)) != nread)
13          write(2, "A write error has occurred\n",27);
14
15      return 0;
16  }
```

程序第 6 行定义了一个用于存储读取到的数据的缓冲区 buffer。第 9 行调用 read 函数从文件

描述符 1（也就是标准输入——键盘）读取最多 128 字节数据，read 的返回值（实际读取到的字节数）记录在 nread 变量中。第 10 行判断 read 的返回值是否为–1，如为–1 表示读取时发生了错误，在第 11 行向标准错误输出设备输出提示信息。否则，在第 12 行调用 write 函数，将读取到 buffer 中的数据重新输出到标准输出设备。如果输出的字节数与读取到的字节数不一致，则在第 13 行向标准错误输出设备输出错误提示。

在命令行编译运行 ex_read.c，如下所示。

```
jianglinmei@ubuntu:~/c$ gcc -o ex_read ex_read.c
jianglinmei@ubuntu:~/c$ ./ex_read
This is an "read" example.
This is an "read" example.
```

5.2.4 文件的定位

对于可随机访问的文件，如磁盘文件，人们往往希望能够按需定位到文件的某个位置进行读、写操作。这可以通过调用 lseek 函数来完成。

实际上，每个已打开的文件都有一个与其相关联的"当前文件位移量"。通常，读、写操作都从当前文件位移量处开始，并在读、写完成后使位移量增加所读或写的字节数。

当打开一个文件时，如果指定 O_APPEND 选项，该位移量被设置为文件的长度，否则该位移量被设置为 0。如果要随机访问的文件内容，可调用 lseek 函数显式地定位一个已打开文件的"当前文件位移量"。

lseek 函数的原型如下。

```
#include <sys/types.h>
#include <unistd.h>
off_t lseek(int fd, off_t offset, int whence);
```

lseek 仅将当前的文件位移量记录在内核变量内，并不引起任何 I/O 操作。lseek 函数各参数和返回值的含义如下。

1. fd   文件描述符
2. offset   位移量。off_t 类型一般为 "long int" 的 typedef
3. whence   指定位移量相对于何处开始，可取以下三个常量值
- SEEK_SET(=0)   文件开始位置
- SEEK_CUR(=1)   文件读写指针当前位置
- SEEK_END(=2)   文件结束位置
4. 返回值
- 若成功为当前读写位置相对于文件头的位移量；若出错为–1，错误值记录在 errno

程序清单 5-3 给出了一个综合使用 open、close、write 和 lseek 函数的示例。

程序清单 5-3   ex_lseek.c

```
1 #include <sys/types.h>
2 #include <sys/stat.h>
3 #include <fcntl.h>
4 #include <unistd.h>
5
6 char buf1[] = "abcdefghij";
7 char buf2[] = "ABCDEFGHIJ";
```

```
 8
 9 int main(void)
10 {
11     int fd;
12
13     if((fd = open("file.hole", O_WRONLY | O_CREAT, S_IRUSR | S_IWUSR)) < 0)
14     {
15         write(2, "create error\n", 13);
16         return -1;
17     }
18     if(write(fd, buf1, 10) != 10)
19     {
20         write(2, "buf1 write error\n", 17);
21         return -1;
22     }
23
24     /* offset now = 10 */
25     if(lseek(fd, 40, SEEK_SET) == -1)
26     {
27         write(2, "lseek error\n", 12);
28         return -1;
29     }
30
31     /* offset now = 40 */
32     if(write(fd, buf2, 10) != 10)
33     {
34         write(2, "buf2 write error\n", 17);
35         return -1;
36     }
37     /* offset now = 50 */
38
39     return 0;
40 }
```

程序第 6、7 行定义了两个全局数组，其中保存了两个待写入文件的字符串。第 11 行定义了一个文件描述符变量 fd。第 13 行调用 open 函数以只写（O_WRONLY）和创建（O_CREAT）方式在当前目录创建一个所有者具有读（S_IRUSR）和写（S_IWUSR）权限的普通文件 file.hole，打开的文件描述符记录于 fd 变量。如果 open 的返回值小于 0，说明打开文件失败，输出错误提示并退出程序。

程序第 18 行，向文件写入"abcdefghij"，如写入成功则写入后"当前文件位移量"将为 10。第 25 行调用 lseek 函数将"当前文件位移量"设置为 40。第 32 行，从位移量 40 处开始写入"ABCDEFGHIJ"，如写入成功则写入后"当前文件位移量"将为 50。

在命令行编译运行 ex_lseek.c，如下所示。

```
jianglinmei@ubuntu:~/c$ gcc -o ex_lseek ex_lseek.c
jianglinmei@ubuntu:~/c$ ./ex_lseek
jianglinmei@ubuntu:~/c$ od -c file.hole
0000000   a   b   c   d   e   f   g   h   i   j  \0  \0  \0  \0  \0  \0
0000020  \0  \0  \0  \0  \0  \0  \0  \0  \0  \0  \0  \0  \0  \0  \0  \0
0000040  \0  \0  \0  \0  \0  \0  \0  \0   A   B   C   D   E   F   G   H
0000060   I   J
```

其中 od -c 命令表示以字符形式显示二进制文件的内容。

5.2.5 文件属性的读取

5.2.5.1 stat 系列函数

在操作 Linux 文件时，考察文件的所有者、文件大小、文件的连接数、文件类型、文件的权限等信息，是一种常见的需求。为此，Linux 提供 stat 系列函数以读取文件的属性信息。这些函数的原型如下。

```
#include <sys/types.h>
#include <sys/stat.h>
#include <unistd.h>
int stat(const char *file_name, struct stat *buf);
int fstat(int filedes, struct stat *buf);
int lstat(const char *file_name, struct stat *buf);
```

这些函数各参数和返回值的含义如下。

1. file_name   文件名
2. filedes   文件描述符。使用 fstat 需先打开文件
3. buf   文件信息结构缓冲区，该缓冲区为一个结构体，定义如下。

```
struct stat {
    dev_t      st_dev;       /* 保存本文件的设备的 ID */
    ino_t      st_ino;       /* 与文件关联的索引节点号（inode）*/
    mode_t     st_mode;      /* 文件权限和文件类型信息 */
    nlink_t    st_nlink;     /* 该文件上硬链接的个数 */
    uid_t      st_uid;       /* 文件所有者的 UID 号 */
    gid_t      st_gid;       /* 文件所有者的 GID 号 */
    dev_t      st_rdev;      /* 特殊文件的设备 ID */
    off_t      st_size;      /* 文件大小（字节数） */
    blksize_t  st_blksize;   /* 文件系统 I/O 的块大小*/
    blkcnt_t   st_blocks;    /* 块数（512 字节的块）*/
    time_t     st_atime;     /* 最后访问时间 */
    time_t     st_mtime;     /* 最后修改时间 */
    time_t     st_ctime;     /* 最后状态改变时间 */
};
```

4. 返回值

● 成功为 0；若出错为–1，错误值记录在 errno

这三个函数中，stat 和 lstat 的参数完全相同，两者区别在于：当文件是一个符号链接时，lstat 返回的是该符号链接本身的信息，而 stat 返回的是该链接指向的文件的信息。

调用 stat 系列函数后，文件的属性信息均保存于 struct stat 结构体类型的 buf 中。如果要进一步获知文件的权限和类型详情，应当对 struct stat 结构体的 st_mode 成员进行分析。st_mode 成员的每一个位代表了一种权限或文件类型，可以将该成员与表 5-1 所示的标志位进行二进制"与"运算以测试权限或类型。

表 5-1   struct stat 的 st_mode 成员相关的标志位

标 志 位	常 量 值	含 义
S_IFMT	0170000	文件类型掩码
S_IFSOCK	0140000	套接字（socket）
S_IFLNK	0120000	符号链接
S_IFREG	0100000	普通文件
S_IFBLK	0060000	块设备
S_IFDIR	0040000	目录
S_IFCHR	0020000	字符设备
S_IFIFO	0010000	FIFO（命名管道）
S_ISUID	0004000	设置了 SUID
S_ISGID	0002000	设置了 SGID
S_ISVTX	0001000	设置了黏滞位
S_IRWXU	00700	文件所有者权限掩码
S_IRUSR	00400	文件所有者可读
S_IWUSR	00200	文件所有者可写
S_IXUSR	00100	文件所有者可执行
S_IRWXG	00070	文件所属组权限掩码
S_IRGRP	00040	文件所属组可读
S_IWGRP	00020	文件所属组可写
S_IXGRP	00010	文件所属组可执行
S_IRWXO	00007	其他用户权限掩码
S_IROTH	00004	其他用户可读
S_IWOTH	00002	其他用户可写
S_IXOTH	00001	其他用户可执行

除直接使用二进制与的方式进行文件类型测试外，Linux 还提供了以下宏用于文件类型的判断（其中的 m 参数即 st_mode 成员）。

```
S_ISREG(m)   是否为普通文件
S_ISDIR(m)   是否为目录
S_ISCHR(m)   是否为字符设备
S_ISBLK(m)   是否为块设备
S_ISFIFO(m)  是否为 FIFO（命名管道）
S_ISLNK(m)   是否为符号链接
S_ISSOCK(m)  是否为套接字（socket）
```

程序清单 5-4 给出了一个使用 stat 函数的示例，该示例程序的功能是，显示用户以命令行参数的形式提供的文件的属性信息。

程序清单 5-4   ex_stat.c

```
1 #include <sys/types.h>
```

```
 2 #include <sys/stat.h>
 3 #include <time.h>
 4 #include <stdio.h>
 5 #include <stdlib.h>
 6
 7 int main(int argc, char *argv[])
 8 {
 9     struct stat sb;
10
11     if (argc != 2) {
12         printf("Usage: %s <pathname>\n", argv[0]);
13         exit(EXIT_FAILURE);
14     }
15
16     if (stat(argv[1], &sb) == -1) {
17         perror("stat");
18         exit(EXIT_FAILURE);
19     }
20
21     printf("File type:                ");
22
23     switch (sb.st_mode & S_IFMT) {
24         case S_IFBLK:  printf("block device\n");          break;
25         case S_IFCHR:  printf("character device\n");       break;
26         case S_IFDIR:  printf("directory\n");             break;
27         case S_IFIFO:  printf("FIFO/pipe\n");             break;
28         case S_IFLNK:  printf("symlink\n");              break;
29         case S_IFREG:  printf("regular file\n");          break;
30         case S_IFSOCK: printf("socket\n");              break;
31         default:       printf("unknown?\n");             break;
32     }
33
34     printf("I-node number:            %ld\n", (long) sb.st_ino);
35
36     printf("Mode:                  %lo (octal)\n",
37         (unsigned long) sb.st_mode);
38
39     printf("Link count:              %ld\n", (long) sb.st_nlink);
40     printf("Ownership:              UID=%ld  GID=%ld\n",
41         (long) sb.st_uid, (long) sb.st_gid);
42
43     printf("Preferred I/O block size: %ld bytes\n", (long) sb.st_blksize);
44     printf("File size:              %lld bytes\n", (long long) sb.st_size);
45     printf("Blocks allocated:         %lld\n", (long long) sb.st_blocks);
46
47     printf("Last status change:       %s", ctime(&sb.st_ctime));
48     printf("Last file access:         %s", ctime(&sb.st_atime));
49     printf("Last file modification:   %s", ctime(&sb.st_mtime));
50
51     exit(EXIT_SUCCESS);
52 }
```

程序第 11 ~ 14 行，判断命令行的合法性，若参数（含程序名本身）个数不为 2，则输出正确的命令格式提示并退出。

程序第 16 行，调用 stat 函数读取命令行参数所指定的文件的属性信息，读取到的属性信息存储在 sb 变量中。若 stat 函数出错，则调用 perror 函数输出错误提示并退出。perror 函数的作用是：以字符串可读的形式输出全局变量 errno 所代表的错误。

程序第 23～32 行，输出文件类型信息。

程序第 34 行，输出文件的索引节点号；第 36～37 行，以八进制格式输出 st_mode 成员的值；第 39 行输出硬链接数；第 40 行输出文件所有者用户 ID 和组 ID。

程序第 43～45 行，输出文件大小相关信息。

程序第 47～49 行，输出文件改变时间相关信息。其中的 ctime 函数用于将 time_t 结构体表示的时间转换为字符串可读形式的时间。

在命令行编译运行 ex_stat.c，如下所示。

```
jianglinmei@ubuntu:~/c$ gcc -o ex_stat ex_stat.c
jianglinmei@ubuntu:~/c$ ./ex_stat ex_stat
File type:               regular file
I-node number:          271850
Mode:                   100755 (octal)
Link count:             1
Ownership:              UID=1001   GID=1002
Preferred I/O block size: 4096 bytes
File size:              7510 bytes
Blocks allocated:       16
Last status change:     Fri Nov  9 11:57:26 2012
Last file access:       Fri Nov  9 11:57:33 2012
Last file modification: Fri Nov  9 11:57:26 2012
```

5.2.5.2　access 函数

在对文件编程时，判断文件是否存在以及是否可访问是一类常见操作。使用前面所述的 stat 系列函数获取文件属性信息再进一步判断是一种可选的方法。但 stat 系列函数的使用稍显复杂，使用 access 函数进行文件的存取许可权测试会是一个更好的选择。access 函数的原型如下。

```
#include <unistd.h>
int access(const char *pathname, int mode);
```

access 函数按实际用户 ID 和实际组 ID 进行存取许可权测试，其各参数和返回值的含义如下。

1. pathname　文件名
2. mode　　　测试项，其值可以是以下值之一或多个值按位或的结果
- R_OK　　　测试读许可权
- W_OK　　　测试写许可权
- X_OK　　　测试执行许可权
- F_OK　　　测试文件是否存在
3. 返回值
- 成功（具有所有测试项权限）为 0；若出错为–1，错误值记录在 errno

程序清单 5-5 给出了一个使用 access 函数的示例。该示例程序的功能是，判断用户以命令行参数的形式提供的文件是否存在并且可读，如果不存在或不可读则输出相应的提示信息，如果可读则读取前 20 个字节的数据并输出。

程序清单 5-5　ex_access.c

```
1 #include <sys/types.h>
```

```
 2 #include <unistd.h>
 3 #include <sys/stat.h>
 4 #include <fcntl.h>
 5 #include <stdio.h>
 6 #include <stdlib.h>
 7
 8 int main(int argc, char *argv[])
 9 {
10     int i, num;
11     int fd;
12     char buf[20];
13
14     if (argc != 2) {
15         printf("Usage: %s <pathname>\n", argv[0]);
16         exit(EXIT_FAILURE);
17     }
18
19     if(access(argv[1], F_OK) != 0) {
20         printf("The file '%s' is not existed!\n", argv[1]);
21         exit(EXIT_FAILURE);
22     }
23     else if(access(argv[1], R_OK) != 0) {
24         printf("The file '%s' can not be read!\n", argv[1]);
25         exit(EXIT_FAILURE);
26     }
27
28     if((fd = open(argv[1], O_RDONLY)) < 0) {
29         printf("Fail to open file '%s'!\n", argv[1]);
30         exit(EXIT_FAILURE);
31     }
32
33     if((num = read(fd, buf, 20)) < 0) {
34         close(fd);
35         printf("Fail to read file '%s'!\n", argv[1]);
36         exit(EXIT_FAILURE);
37     }
38
39     printf("The starting %d bytes of '%s' is:\n", num, argv[1]);
40     for(i = 0; i < num; i++) {
41         printf("%c(%x) ", buf[i], buf[i]);
42     }
43     printf("\n");
44
45     close(fd);
46
47     exit(EXIT_SUCCESS);
48 }
```

程序第 14~17 行，判断命令行的合法性，若参数（含程序名本身）个数不为 2，则输出正确的命令格式提示并退出。

程序第 19~22 行，判断参数所指定的文件是否存在，如果不存在则输出错误提示并退出。

程序第 23~26 行，判断参数所指定的文件是否可读，如果不可读则输出错误提示并退出。

程序第 28~31 行，打开参数所指定的文件，如果打开失败则输出错误提示并退出。

程序第 33~37 行，读取文件前 20 个字节，实际读取到的字节数保存于变量 num，如果读取失败则关闭文件描述符，然后输出错误提示并退出。

程序第 39～43 行，以字符（%d）和十六进制（%x）的格式输出前面读取到的文件数据的每个字节。

在命令行编译运行 ex_access.c，如下所示。

```
jianglinmei@ubuntu:~/c$ gcc -o ex_access ex_access.c
jianglinmei@ubuntu:~/c$ ./ex_access nofile
The file 'nofile' is not existed!
jianglinmei@ubuntu:~/c$ ./ex_access ex_access.c
The starting 20 bytes of 'ex_access.c' is:
#(23) i(69) n(6e) c(63) l(6c) u(75) d(64) e(65)  (20) <(3c) s(73) y(79) s(73) /(2f)
t(74) y(79) p(70) e(65) s(73) .(2e)
```

5.2.6　文件属性的修改

为了更好地使用文件，有时需要使用系统调用来修改文件的属性信息，如文件的所有者、文件名、文件的长度等。

5.2.6.1　改变文件的所有者

文件所有者是 Linux 系统中的文件所具有的一种属性，使用 chown 系列函数可以改变该属性，同时还可以改变文件的所属组。这些函数的原型如下。

```
#include <sys/types.h>
#include <unistd.h>
int chown(const char *path, uid_t owner, gid_t group);
int fchown(int fd, uid_t owner, gid_t group);
int lchown(const char *path, uid_t owner, gid_t group);
```

这些函数各参数和返回值的含义如下。

1. path　　　文件名

2. owner　　新文件所有者的用户 ID（一个 32 位无符号整数）。当指定为–1 时，表示保持所有者不变

3. group　　新文件所属组的组 ID（一个 32 位无符号整数）。当指定为–1 时，表示保持所属组不变

4. fd　　　　文件描述符。使用 fchown 函数需先打开文件

5. 返回值

● 成功为 0；若出错为–1，错误值记录在 errno

这三个函数中，chown 和 lchown 的参数完全相同，两者区别在于：当文件是一个符号链接时，lchown 改变的是该符号链接本身的所有者，而 chown 改变的是该链接指向的文件的所有者。

因为涉及权限管理问题，只有 root 用户才可以使用这些函数来改变任意文件的所有者和所属组，而普通用户只能改变属于自己的文件的所属组，并且指定的所属组只能是用户自身所在组之一。

程序清单 5-6 给出了一个使用 chown 函数的示例。该示例程序的功能是改变用户指定的文件的所有者。用户在命令行应提供两个额外的参数，第一个参数为所有者用户 ID，第二个为要改变所有者的文件的文件名。

程序清单 5-6　ex_chown.c

```
1 #include <sys/types.h>
2 #include <sys/stat.h>
```

```
 3 #include <stdio.h>
 4 #include <stdlib.h>
 5
 6 int main(int argc, char *argv[])
 7 {
 8    if (argc != 3) {
 9        printf("Usage: %s <uid> <pathname>\n", argv[0]);
10        exit(EXIT_FAILURE);
11    }
12
13    if (chown(argv[2], atoi(argv[1]), -1) != 0) {
14        printf("Fail to change owner of %s\n", argv[2]);
15        exit(EXIT_FAILURE);
16    }
17
18    exit(EXIT_SUCCESS);
19 }
```

程序第 8～11 行，判断命令行的合法性，若参数（含程序名本身）个数不为 3，则输出正确的命令格式提示并退出。

程序第 13～16 行，更改文件的所有者，如果更改失败则输出错误提示并退出。其中第 13 行的 atoi 函数的作用是将一个字符串转换成一个对应的十进制整数，在此即将命令行的第一个参数转换成十进制数表示的 UID。

在命令行编译运行 ex_chown.c，如下所示。

```
jianglinmei@ubuntu:~/c$ gcc -o ex_chown ex_chown.c
# 注：创建一个用于测试的用户 alice
jianglinmei@ubuntu:~/c$ sudo useradd -m -s /bin/bash alice
[sudo] password for jianglinmei:
# 注：id命令可显示用户的 UID 和 GID
jianglinmei@ubuntu:~/c$ id alice
uid=1002(alice) gid=1003(alice) 组=1003(alice)
#注：创建一个用于测试文件所有者的临时文件
jianglinmei@ubuntu:~/c$ touch testowner
jianglinmei@ubuntu:~/c$ ll testowner
-rw-rw-r-- 1 jianglinmei jianglinmei 0 2012-11-11 21:32 testowner
#注：下条命令调用 ex_chown 将 testowner 的所有者更改为 alice
jianglinmei@ubuntu:~/c$ sudo ./ex_chown 1002 testowner
jianglinmei@ubuntu:~/c$ ll testowner
-rw-rw-r-- 1 alice jianglinmei 0 2012-11-11 21:32 testowner
```

5.2.6.2　改变文件的访问权限

在 Linux 环境下，文件的读、写和执行等访问权限是文件的重要属性之一。要改变文件的访问权限，需要使用 chmod 系列函数，这些函数的原型如下。

```
#include <sys/types.h>
#include <sys/stat.h>
int chmod(const char *path, mode_t mode);
int fchmod(int fd, mode_t mode);
```

这两个函数各参数和返回值的含义如下。

1. path　　　文件名

2．mode　　　　文件的权限（一个 32 位无符号整数）。一般由一组八进制数进行二进制"或"运算构成，其中的各个位表示一种权限，称权限位，这些权限位如表 5-2 所示。

表 5-2　　　　　　　　　　　　　　　　　　文件权限位及其含义

权 限 位	八进制常量值	含 义
S_ISUID	04000	设置 SUID
S_ISGID	02000	设置 SGID
S_ISVTX	01000	设置黏滞位
S_IRUSR	00400	文件所有者可读
S_IWUSR	00200	文件所有者可写
S_IXUSR	00100	文件所有者可执行
S_IRGRP	00040	文件所属组可读
S_IWGRP	00020	文件所属组可写
S_IXGRP	00010	文件所属组可执行
S_IROTH	00004	其他用户可读
S_IWOTH	00002	其他用户可写
S_IXOTH	00001	其他用户可执行

3．fd　　　　　　　　文件描述符。使用 fchmod 需先打开文件

4．返回值

成功为 0；若出错为–1，错误值记录在 errno

程序清单 5-7 给出了一个使用 chmod 函数的示例。该示例程序的功能是将用户指定的文件的权限更改为所有者可写、组用户和其他用户可读。

程序清单 5-7　　ex_chmod.c

```
 1 #include <sys/types.h>
 2 #include <sys/stat.h>
 3 #include <stdio.h>
 4 #include <stdlib.h>
 5
 6 int main(int argc, char *argv[])
 7 {
 8    if (argc != 2) {
 9        printf("Usage: %s <pathname>\n", argv[0]);
10        exit(EXIT_FAILURE);
11    }
12
13    if (chmod(argv[1], S_IWUSR | S_IRGRP | S_IROTH) != 0) {
14        printf("Fail to change privilege of %s\n", argv[1]);
15        exit(EXIT_FAILURE);
16    }
17
18    exit(EXIT_SUCCESS);
19 }
```

本程序的代码结构与程序清单 5-6 基本一样，因此不再多做解释。在命令行编译运行

ex_chmod.c，如下所示。

```
jianglinmei@ubuntu:~/c$ gcc -o ex_chmod ex_chmod.c
jianglinmei@ubuntu:~/c$ touch testmod
jianglinmei@ubuntu:~/c$ ll testmod
-rw-rw-r-- 1 jianglinmei jianglinmei 0 2012-11-11 22:07 testmod
jianglinmei@ubuntu:~/c$ ./ex_chmod testmod
jianglinmei@ubuntu:~/c$ ll testmod
--w-r--r-- 1 jianglinmei jianglinmei 0 2012-11-11 22:07 testmod
```

5.2.6.3　重命名文件

普通文件和目录文件均可使用 rename 函数重命名，该函数的原型如下。

```
#include <stdio.h>
int rename(const char *oldpath, const char *newpath);
```

函数各参数和返回值的含义如下。

1．oldpath　　旧文件名

2．newpath　　新文件名

3．返回值

成功为 0；若出错为–1，错误值记录在 errno

rename 函数的旧文件名、新文件名与返回结果有密切关系，如表 5-3 所示。

表 5-3　　　　　　　　　　rename 函数的参数与返回结果的关系

oldpath	newpath 文件不存在	newpath 为普通文件	newpath 为目录文件
普通文件	文件被重命名，返回成功	原 newpath 文件被删除，oldpath 文件被重命名为 newpath，返回成功	返回错误
目录文件	文件被重命名，返回成功	返回错误	newpath 目录文件为空则该目录被删除，oldpath 目录被重命名为 newpath，返回成功。否则返回错误

另外，如果新文件名和旧文件名完全一样，rename 函数不做任何操作而返回成功。对于目录文件还应注意，newpath 不能以 oldpath 为前缀，即不能将一个目录文件重命名为该目录的子目录或子孙目录文件。

程序清单 5-8 给出了一个使用 rename 函数的示例。该示例程序的功能是将命令行第一个参数所指的文件改名为第二个参数所指的字符串。

程序清单 5-8　ex_rename.c

```
 1 #include <sys/types.h>
 2 #include <sys/stat.h>
 3 #include <stdio.h>
 4 #include <stdlib.h>
 5
 6 int main(int argc, char *argv[])
 7 {
 8     if (argc != 3) {
 9         printf("Usage: %s <oldpathname> <newpathname>\n", argv[0]);
10         exit(EXIT_FAILURE);
11     }
```

```
12
13    if (rename(argv[1], argv[2]) != 0) {
14        printf("Fail to change name of %s\n", argv[1]);
15        exit(EXIT_FAILURE);
16    }
17
18    exit(EXIT_SUCCESS);
19 }
```

本程序的代码结构与程序清单 5-6 基本一样，因此不再多做解释。在命令行编译运行 ex_rename.c，如下所示。

```
jianglinmei@ubuntu:~/c$ gcc -o ex_rename ex_rename.c
jianglinmei@ubuntu:~/c$ ./ex_rename
Usage: ./ex_rename <oldpathname> <newpathname>
jianglinmei@ubuntu:~/c$ ./ex_rename testowner testrename
jianglinmei@ubuntu:~/c$ ll testrename
-rw-rw-r-- 1 alice jianglinmei 0 2012-11-11 21:32 testrename
```

5.2.6.4　复制文件描述符

复制文件描述符需要用到 dup 或 dup2 函数。这两个函数常用于重定向一个已打开的文件描述符。其原型如下。

```
#include <unistd.h>
int dup(int oldfd);
int dup2(int oldfd, int newfd);
```

函数各参数和返回值的含义如下。

1．oldfd　　　旧文件描述符

2．newfd　　　新文件描述符

3．返回值

若成功为复制后的文件描述符；若出错为–1，错误值记录在 errno

这两个函数都将返回复制后的文件描述符。也就是说，复制得到的文件描述符和旧文件描述符将指向同一个打开的文件。不同的是，dup 函数返回的是最小未用的文件描述符，而 dup2 函数返回的是预先指定的文件描述符 newfd。如果 newfd 正在使用，则会先关闭 newfd。但如果 newfd 与 oldfd 一样，则关闭该文件正常返回。

5.2.6.5　上锁和解锁文件

Linux 下可以调用 flock 函数来上锁或解锁一个文件。该函数的原型如下。

```
#include <sys/file.h>
int flock(int fd, int operation);
```

函数各参数和返回值的含义如下。

1．fd　　　　　文件描述符

2．operation　　上锁或解锁方式，可取以下值之一

● LOCK_SH　　共享锁

● LOCK_EX　　独占锁

● LOCK_UN　　解锁

3．返回值

若成功为 0；若出错为-1，错误值记录在 errno

一个进程对一个文件只能有一个独占锁，但可以有多个共享锁。上锁的作用只有在别的进程要对该文件上锁时才能表现出来。如果一个程序不试图去上锁一个已经被上锁的文件，就不应该对其进行访问。

应当注意：对文件的操纵本身与锁其实没有什么关系。无论文件是否被上锁，用户都可以随便对文件进行正常情况下的任何操作。上锁文件的目的是为了同步多个进程之间的操作，参与同步的各进程必须遵守约定的规则（上锁后再操作），上锁才有意义。

默认情况下，flock 是阻塞式的。也就是说，如果另一个进程已持有该文件的锁且该锁与本进程请求的锁不兼容，flock 将会阻塞，直到拥有该文件的锁的进程对其解锁为止。如果要进行非阻塞式调用， 应将 operation 参数与常量 "LOCK_NB" 进行二进制 "或" 操作后再传递给 flock 函数。非阻塞式调用 flock 后，flock 会立即返回-1，并且 errno 的值将为 EWOULDBLOCK。

5.3　链接文件的操作

链接文件是 Linux 系统的一种特殊文件，它实际上是指向一个现实存在的文件的链接。链接文件又分为硬链接文件和符号链接文件。下面分别介绍这两类链接文件的相关系统调用。

5.3.1　创建硬链接

当需要对一个已经存在的文件建立新的链接时，需要使用系统调用 link 函数。该函数的原型如下。

```
#include <unistd.h>
int link(const char *oldpath, const char *newpath);
```

函数各参数和返回值的含义如下。

1. oldpath　　　　已存在的文件名
2. newpath　　　　要新建的链接文件名
3. 返回值

若成功为 0；若出错为-1，错误值记录在 errno

使用 link 函数时应注意，新的链接文件 newpath 和已存在的文件 oldpath 应在同一个文件系统中。如果新的链接文件 newpath 已经存在，已存在的文件不会被覆盖。

使用 link 创建的新的链接文件和原文件是一模一样的，地位也是对等的，它们都指向相同的文件（引用相同的文件索引节点）。创建之后，就没必要也无法区分哪个是原始文件了。

5.3.2　创建和读取符号链接

与硬链接直接指向文件的索引节点不同，符号链接是指向某一文件的指针。符号链接可以跨跃文件系统创建。

5.3.2.1　创建符号链接

创建符号链接文件的系统调用函数为 symlink，其原型如下。

```
#include <unistd.h>
```

```
int symlink(const char *oldpath, const char *newpath);
```

函数各参数和返回值的含义如下。

1．oldpath　　　　已存在的文件名

2．newpath　　　　要新建的符号链接文件名

3．返回值

若成功为 0；若出错为–1，错误值记录在 errno

和创建硬链接一样，如果新的链接文件 newpath 已经存在，已存在的文件不会被覆盖。符号链接文件可以指向一个并不存在的文件，这种符号链接被称为"悬浮链接（dangling link）"。

符号链接文件的权限和原文件的权限是无关的。

5.3.2.2　读取符号链接

读取符号链接所指向的目标文件需要使用系统调用 readlink 函数，该函数的原型如下。

```
#include <unistd.h>
ssize_t readlink(const char *path, char *buf, size_t bufsiz);
```

函数各参数和返回值的含义如下。

1．path　　　符号链接文件名

2．buf　　　用于存储获取到的信息（所指向的目标文件名）的缓冲区

3．bufsiz　　缓冲区大小

4．返回值

若成功为实际写入缓冲区的字节数；若出错为–1，错误值记录在 errno

5.3.3　删除链接

要删除链接，包括硬链接和符号链接，可通过系统调用 unlink 函数实现。该函数的型如下。

```
#include <unistd.h>
int unlink(const char *pathname);
```

函数各参数和返回值的含义如下。

1．path　　　要删除的文件的文件名

2．返回值

● 若成功为 0；若出错为–1，错误值记录在 errno

unlink 函数的作用是从文件系统中删除一个文件名。

对于硬链接，如果被删除的文件名是引用一个文件的最后一个文件名，并且没有任何进程打开该文件，则该文件将被删除，其占用的存储空间也被释放。如果被删除的文件名是引用一个文件的最后一个文件名，但是还有进程打开该文件，该文件将在最后一个打开的文件描述符被关闭时才会被删除。

对于符号链接，仅该符号链接被删除，而不会影响其指向的目标文件。

对于套接字（socket）、管道（fifo）或设备文件，文件名会被删除，但是已打开该文件的进程仍可继续使用它。

程序清单 5-9 给出了一个综合使用各链接文件操作函数的示例。该示例程序的功能类似 linux 命令 ln，可为指定文件创建硬链接（使用"-h"选项）或符号链接（使用"-s"选项），还可删除

链接（使用"-d"选项）和读取符号连接（使用"-r"选项）。

程序清单 5-9 ex_link.c

```
1 #include <sys/types.h>
2 #include <sys/stat.h>
3 #include <unistd.h>
4 #include <stdio.h>
5 #include <stdlib.h>
6
7 int main(int argc, char *argv[])
8 {
9     char buf[512];
10
11    if (argc != 4 && argc != 3) goto ERR_FORMAT;
12
13    if (strcmp(argv[1], "-h") == 0) {
14        if (argc == 4) {
15            if (link(argv[2], argv[3]) != 0) goto ERROR;
16        }
17        else goto ERR_FORMAT;
18    }
19    else if (strcmp(argv[1], "-s") == 0) {
20        if (argc == 4) {
21            if (symlink(argv[2], argv[3]) != 0) goto ERROR;
22        }
23        else goto ERR_FORMAT;
24    }
25    else if (strcmp(argv[1], "-r") == 0) {
26        if (readlink(argv[2], buf, 512) < 0) goto ERROR;
27
28        printf("%s is linked to %s\n", argv[2], buf);
29    }
30    else if (strcmp(argv[1], "-d") == 0) {
31        if (unlink(argv[2]) != 0) goto ERROR;
32    }
33    else goto ERR_FORMAT;
34
35    exit(EXIT_SUCCESS);
36
37 ERR_FORMAT:
38    printf("Usage: \n");
39    printf("\t%s <-h | -s> <pathname> <linkpathname>\n", argv[0]);
40    printf("\t%s <-r | -d> <linkpathname>\n", argv[0]);
41    exit(EXIT_FAILURE);
42 ERROR:
43    printf("Fail to create link!\n");
44    exit(EXIT_FAILURE);
45 }
```

程序第 37 行定义了一个表示命令格式错误的标签 ERR_FORMAT，第 38 ~ 41 行是输出正确的命令格式并退出。

程序第 42 行定义了一个表示命令执行出错的标签，第 43 ~ 44 行是输出相应的错误提示并退出。

程序第 11 行判断参数个数是否正确，如果不正确则程序流程跳转到标签 ERR_FORMAT 之后的语句。

程序第 13～18 行创建硬链接。其中，strcmp 函数用于比较两个字符串，当它的两个参数所指的字符串相等时，strcmp 返回 0。在此，strcmp 用于判断命令行第二个参数是否为 "-h"。如果是 "-h"，则进一步判断参数个数是否为 4，为 4 则创建硬链接，否则程序流程跳转到标签 ERR_FORMAT 之后的语句，执行错误处理。如果创建硬链接出错，则程序流程跳转到标签 ERROR 之后的语句，执行错误处理。

程序第 19～24 行创建符号链接。

程序第 25～29 行读取符号链接。

程序第 30～32 行删除链接。

在命令行编译运行 ex_link.c，如下所示。

```
jianglinmei@ubuntu:~/c$ gcc -g -o ex_link ex_link.c
jianglinmei@ubuntu:~/c$ ./ex_link
Usage:
        ./ex_link <-h | -s> <pathname> <linkpathname>
        ./ex_link <-r | -d> <linkpathname>
jianglinmei@ubuntu:~/c$ ./ex_link -h ex_link ex_hard_link
jianglinmei@ubuntu:~/c$ ./ex_link -s ex_link ex_symbol_link
jianglinmei@ubuntu:~/c$ ll ex_*_link
-rwxrwxr-x 2 jianglinmei jianglinmei 8576 2012-11-11 22:55 ex_hard_link*
lrwxrwxrwx 1 jianglinmei jianglinmei    7 2012-11-11 22:56 ex_symbol_link -> ex_link*
jianglinmei@ubuntu:~/c$ ./ex_link -r ex_symbol_link
ex_symbol_link is linked to ex_link
jianglinmei@ubuntu:~/c$ ./ex_link -d ex_hard_link
jianglinmei@ubuntu:~/c$ ll ex_*_link
lrwxrwxrwx 1 jianglinmei jianglinmei 7 2012-11-11 22:56 ex_symbol_link -> ex_link*
```

5.4　目录文件的操作

目录文件是一类比较特殊的文件，它在构造 Linux 的树型文件系统中起着重要的作用。Linux 系统为目录文件的操作提供了一些专用的系统调用。

5.4.1　目录文件的创建与删除

5.4.1.1　创建目录文件

创建目录文件可使用 mkdir 函数，其原型如下。

```
#include <sys/stat.h>
#include <sys/types.h>
int mkdir(const char *pathname, mode_t mode);
```

函数各参数和返回值的含义如下。

1. pathname　新创建的目录文件名

2. mode　　　存取许可权位，由下列一个或多个常数进行或运算构成。最终权限受系统变量 umask 限制（mode & ~ umask & 0777）

- S_IRUSR 文件所有者-读
- S_IWUSR 文件所有者-写
- S_IXUSR 文件所有者-执行
- S_IRGRP 组用户-读
- S_IWGRP 组用户-写
- S_IXGRP 组用户-执行
- S_IROTH 其他用户-读
- S_IWOTH 其他用户-写
- S_IXOTH 其他用户-执行

3. 返回值

若成功为 0；若出错为-1，错误值记录在 errno

创建后，新目录文件的所有者是当前进程的有效用户。文件的所属组是当前进程的有效组或父目录的所属组（与文件系统的类型和挂载方式有关）。如果父目录具有 SGID 属性，则新建目录也具有该属性。

5.4.1.2 删除目录文件

可以使用系统调用 rmdir 函数删除目录文件，其原型如下。

```
#include <unistd.h>
int rmdir(const char *pathname);
```

函数各参数和返回值的含义如下。

1. pathname 要删除的目录文件名

2. 返回值

若成功为 0；若出错为-1，错误值记录在 errno

使用 rmdir 函数应注意，它只能删除空目录。如果 pathname 所指目录中含有任何文件，函数调用将失败。

5.4.2 目录文件的打开与关闭

同普通文件的访问一样，使用一个目录文件之前需将其打开，使用完毕之后应将其关闭。

5.4.2.1 打开目录文件

打开目录文件可以使用 opendir 函数（非系统调用），其原型如下。

```
#include <sys/types.h>
#include <dirent.h>
DIR *opendir(const char *name);
```

函数各参数和返回值的含义如下。

1. name 要打开的目录文件名

2. 返回值

若成功为指向目录文件的结构指针；若出错为 NULL，错误值记录在 errno

如果 opendir 函数执行成功会返回一个目录流（directory stream），该流定位在目录块的第一项。DIR 类型是一个内部结构，其定义对用户是透明的。

5.4.2.2 关闭目录文件

关闭目录文件可以使用 closedir 函数（非系统调用），其原型如下。

```
#include <sys/types.h>
#include <dirent.h>
int closedir(DIR *dirp);
```

函数各参数和返回值的含义如下。

1. dirp　　　已打开的目录流

2. 返回值

● 若成功为 0；若出错为–1，错误值记录在 errno

5.4.3　目录文件的读取

读取目录文件可以使用 readdir 函数（非系统调用），其原型如下。

```
#include <dirent.h>
struct dirent *readdir(DIR *dirp);
```

函数各参数和返回值的含义如下。

1. dirp　　　已打开的目录流

2. 返回值

● 若成功为下一个目录项的指针；若已读取到目录流末尾则返回 NULL 且 errno 的值不变；若出错为 NULL，错误值记录在 errno

函数返回的结构体类型 struct dirent 定义如下。

```
struct dirent {
    ino_t           d_ino;          /* 索引节点 */
    off_t           d_off;          /* 下一目录项的位移量 */
    unsigned short  d_reclen;       /* 本记录的长度 */
    unsigned char   d_type;         /* 文件类型 */
    char            d_name[256];    /* 文件名 */
};
```

应当注意：该结构中，仅 d_ino 和 d_name 两个数据成员是 POSIX.1 标准中强制规定的；其他成员尚未标准化，亦未得到支持，故不应该使用它们。

程序清单 5-10 给出了一个打开、读取并关闭目录的示例。该示例程序的功能是：列出用户指定目录下的所有文件。

程序清单 5-10　ex_dir.c

```
 1 #include <sys/types.h>
 2 #include <dirent.h>
 3 #include <unistd.h>
 4 #include <stdio.h>
 5
 6 int main(int argc, char *argv[])
 7 {
 8     DIR * dir;
 9     struct dirent * ptr;
10     int i = 0;
11
12     if (argc != 2) {
13         printf("Usage: %s <dir>\n", argv[0]);
```

```
14        return -1;
15    }
16
17    if ((dir = opendir(argv[1])) == NULL) {
18        printf("Fail to open directory %s\n", argv[1]);
19        return -1;
20    }
21
22    while((ptr = readdir(dir)) != NULL) {
23        printf("%-16s\t", ptr->d_name);
24        if(++i % 4 == 0)
25            printf("\n");
26    }
27    printf("\n");
28
29    closedir(dir);
30
31    return 0;
32 }
```

程序第 8 ~ 9 行定义了目录操作所需的两个结构体变量。第 12 ~ 15 行判断命令行参数的合法性。第 17 ~ 20 行打开目录，如打开失败则输出提示并退出。第 22 ~ 27 行以每行 4 个文件的形式输出所打开的目录下的所有（包括隐藏文件）文件的名称。

在命令行编译运行 ex_dir.c，如下所示。

```
jianglinmei@ubuntu:~/c$ gcc -o ex_dir ex_dir.c
jianglinmei@ubuntu:~/c$ ./ex_dir /home
.                    ..                   alice                jianglinmei
hadoop               molin
```

5.5 设 备 文 件

设备文件是 Linux 中的一类非常特别的文件。Linux 为外部设备提供了一种标准接口，使得用户可以非常方便地以访问文件的方式访问外部设备。

由于在 Linux 系统中，所有的外部设备都被看作是/dev 目录下的一个文件，所以本章前文所述的各种关于文件的系统调用均可使用于外部设备文件，因此可以方便地使用基于文件描述符的 I/O 操作实现对外部设备的操作。但因设备各异，有些设备具有其特殊性。例如，磁带是一种非随机访问的存储介质，只能顺序存取。因此系统调用 lseek 对它来说是无效的。

5.6 小   结

本章首先介绍了 Linux 环境下文件操作的统一接口、文件和目录的组织管理方式和特殊的设备文件的作用，然后重点介绍了底层文件访问的方法以及使用文件描述符访问文件所需用到的系统调用函数，同时介绍了读取和修改文件属性的方法。链接文件是 Linux 文件管理的一大特性，本章随后介绍了链接文件的创建、删除和读取的方法。目录文件的操作具有其特殊性，并且使用广泛，因此本章末尾部分对目录文件的访问进行了专门的介绍。作为一个必要的补充，本章最后简略介绍了访问设备文件的方法。

5.7　习　　题

（1）请简述 Linux 通过文件为操作系统服务和设备提供了哪些一致的接口。

（2）请简述索引节点的作用，其中包含了哪些文件信息？

（3）请列举出 3 个特殊的终端设备并说明它们的作用。

（4）请简述系统调用与库函数的区别与联系。

（5）请编写一个程序，在用户的主目录下创建一个文件"rect.sh"。将其权限设置为：所有者可读、可写、可执行，所属组和其他用户可读、可执行。文件内容为一脚本，当执行 rect.sh 后，可输出一个 5*5 的由 1～25 之间的数字组成的方形，如下所示。

```
1    2    3    4    5
6    7    8    9    10
11   12   13   14   15
16   17   18   19   20
21   22   23   24   25
```

（6）请编写程序，将用户主目录下的所有普通文件复制到/tmp 目录。

（7）请编写程序，在用户的主目录下创建一个到/bin/bash 的硬链接文件"mysh"，再创建一个到/bin/bash 的符号链接文件"bash"，然后读取/bin/sh 的符号链接，最后删除前面创建的两个链接文件。

第6章
标准 I/O 库

上一章介绍了基于文件描述符的使用底层系统调用的 I/O（输入/输出）操作，本章将介绍基于流的使用 C 标准库函数进行的 I/O 操作。不仅在 Linux，在很多操作系统上都实现了标准 I/O 库，该库由 ANSI C 标准说明。标准 I/O 库是在系统调用函数基础上构造的，它处理很多细节（例如缓存分配）以优化执行 I/O。与基于文件描述符的 I/O 相比，基于流的 I/O 更加简单、方便，也更加高效。因而在 Linux 环境 C 程序的编写中，基于流的 I/O 使用更为广泛。本章内容包括：

- 流和文件指针
- 缓存
- 流的打开和关闭
- 基于字符和行的 I/O
- 二进制 I/O
- 定位流
- 格式化 I/O
- 临时文件
- 文件流和文件描述符

6.1 流和文件指针

在上一章中，所有 I/O 函数都是针对文件描述符的。当打开一个文件时，即返回一个文件描述符，然后该文件描述符就用于后续的 I/O 操作。而对于标准 I/O 库，它们的操作是围绕流（stream）进行的。在 Linux 系统中，文件和设备都可被看作是数据流。这里所谓的数据流指的是无结构的字节序列。当用标准 I/O 库打开或创建一个文件时，即将一个流与一个文件结合起来。

标准 I/O 库提供了函数 fopen 用于打开一个流。当打开一个流时，该函数会返回一个指向 FILE 对象的指针，即文件指针（类型为 FILE*）。FILE 对象通常是一个结构，它包含了 I/O 库为管理该流所需要的所有信息：用于实际 I/O 的文件描述符，指向流缓存的指针，缓存的长度，当前在缓存中的字符数，出错标志等。但一般应用程序没有必要关心 FILE 结构体的各成员值，使用流时，只需将 FILE 指针作为参数传递给每个标准 I/O 函数。

Linux 对一个进程预定义了三个流：标准输入流、标准输出流和标准错误输出流，它们自动地为进程打开并可用。这三个标准 I/O 流通过在头文件<stdio.h>中预定义的文件指针 stdin、stdout 和 stderr 加以引用。它们与上一章所介绍的由文件描述符 STDIN_FILENO，STDOUT_FILENO 和

STDERR_FILENO 所表示的标准输入、标准输出和标准错误输出相对应。

6.2　缓　　存

标准 I/O 提供缓存的目的是尽可能减少使用 read 和 write 调用的次数,以提高 I/O 的效率。标准 I/O 也对每个 I/O 流自动进行缓存管理,免除了由应用程序考虑这一点所带来的麻烦。

标准 I/O 提供了三种类型的缓存。

1.　全缓存

使用全缓存时,只有当标准 I/O 缓存填满后才进行实际 I/O 操作。对磁盘文件的标准 I/O 操作一般是实施全缓存的。在一个流上执行第一次 I/O 操作时,相关标准 I/O 函数通常调用 malloc 函数分配所需使用的缓存。

术语刷新(flush)用于说明标准 I/O 缓存的写操作。缓存可由标准 I/O 例程自动刷新(例如当填满一个缓存时),或者可以调用函数 fflush 显式刷新一个流。

2.　行缓存

使用行缓存时,标准 I/O 库会在输入和输出中遇到换行符时执行实际 I/O 操作。当流涉及一个终端时(例如标准输入和标准输出),典型地使用行缓存。

对于行缓存有两个限制。第一,因为行的缓存的长度是固定的,所以只要填满了缓存,即使还没有写一个换行符,也会进行 I/O 操作。第二,任何时候只要通过标准 I/O 库要求从一个不带缓存的流或一个行缓存的流(它预先要求从内核得到数据,所需的数据可能已在该缓存中)得到输入数据,那么就会造成刷新所有行缓存输出流。

3.　不带缓存

即不对字符进行缓存。如果用标准 I/O 函数写若干字符到不带缓存的流中,则相当于用 write 系统调用函数将这些字符写至相关联的打开文件上。标准错误输出流 stderr 通常是不带缓存的,这就使得出错信息可以尽快显示出来,而不管它们是否含有一个新行字符。

ANSI C 规定了下列缓存特征。

- 当且仅当标准输入和标准输出并不涉及交互作用设备时,它们才是全缓存的。
- 标准错误输出绝对不会是全缓存的。

6.3　流的打开和关闭

标准 I/O 库提供了 fopen 系列函数用以创建或打开流文件,提供了 fclose 函数关闭已打开的流文件。

6.3.1　打开流

使用 fopen 系列函数可以创建或打开流文件,这些函数的原型如下。

```
#include <stdio.h>
FILE *fopen(const char *path, const char *mode);
FILE *fdopen(int fd, const char *mode);
```

```
FILE *freopen(const char *path, const char *mode, FILE *stream);
```

打开一个文件后，即在文件指针（FILE *）和文件之间建立了一个关联。这三个函数的区别如下。

（1）fopen 打开路径名由 pathname 指定的一个文件。

（2）freopen 在由 stream 指定的流上打开一个指定的文件（其路径名由 pathname 指定），如若该流已经打开，则先关闭该流。此函数一般用于将一个指定的文件打开为一个预定义的标准流：标准输入、标准输出或标准错误输出。

（3）fdopen 取一个现存的文件描述符（可通过底层系统调用 open、dup、dup2、fcntl 或 pipe 等函数得到），并使一个标准的 I/O 流与该描述符相结合。此函数常用于由创建管道和网络通信通道函数获得的描述符。因为这些特殊类型的文件不能用标准 I/O 函数 fopen 打开，而必须先调用设备专用函数以获得一个文件描述符，然后用 fdopen 使一个标准 I/O 流与该描述符相结合。fdopen 函数不是 ANSI C 的标准函数，而是属于 POSIX.1 的标准。

这三个函数的各参数和返回值的含义如下。

1. path　　　　要打开或创建的文件的名字
2. mode　　　　对该 I/O 流的读、写方式，ANSI C 规定了 15 种不同的可能值

- r 或 rb　　　　　　　　以读方式打开
- w 或 wb　　　　　　　　以写方式打开或创建，并将文件长度截为 0
- a 或 ab　　　　　　　　以写方式打开，新内容追加在文件尾
- r+或 r+b 或 rb+　　　　以更新方式打开（读和写）
- w+或 w+b 或 wb+　　　　以更新方式打开，并将文件长度截为 0
- a+或 a+b 或 ab+　　　　以更新方式打开，新内容追加在文件尾

注意：① 字符 b 的作用是区分文本文件和二进制文件。但 Linux 内核并不对这两种文件进行区分，所以在 Linux 系统环境下字符 b 作为 mode 的一部分实际上并无作用。② 对于 fdopen，因为该描述符已被打开，即所引用的文件必已存在，所以 fdopen 以写方式打开并不会创建该文件或截短该文件。

3. fd　　　　　　　待关联的底层文件描述符
4. stream　　　　　待关联的流文件指针，若该流已打开则会被先关闭
5. 返回值

- 成功时返回流文件指针
- 失败时返回 NULL

能否成功打开文件流受打开方式的限制，如表 6-1 所示。另外，进程可打开的文件流的数量有一个上限，该上限值由 stdio.h 中定义的 FOPEN_MAX 常量指定。

表 6-1　　　　　　　　　打开一个标准 I/O 流的六种不同的方式的限制

限　　　制	r	w	a	r+	w+	a+
文件必须已存在	✓			✓		
擦除文件以前的内容		✓			✓	
流可以读	✓			✓		
流可以写		✓	✓	✓	✓	✓
流只可在尾端处写			✓			✓

在指定 w 或 a 类型创建一个新文件时，无法指定该文件的存取许可权位。POSIX.1 要求以这种方式创建的文件具有下列存取许可权。

S_IRUSR | S_IWUSR | S_IRGRP | S_IWGRP | S_IROTH | S_IWOTH

除非流引用终端设备，否则系统默认它被打开时是全缓存的。若流引用终端设备，则该流是行缓存的。

6.3.2　关闭流

在使用完流文件后，应调用 fclose 函数关闭流。fclose 函数的原型如下所示。

```
#include <stdio.h>
int fclose(FILE *fp);
```

fclose 唯一的参数 fp 就是由 fopen 系列函数返回的流文件指针。成功时函数返回 0，失败返回 EOF(-1)。

在文件流被关闭之前，fclose 会刷新缓存中的输出数据，但缓存中的输入数据被丢弃。如果标准 I/O 库已经为该流自动分配了一个缓存，则释放此缓存。

当一个进程正常终止时（直接调用 exit 函数，或从 main 函数返回），则所有带未写缓存数据的标准 I/O 流都被刷新，所有打开的标准 I/O 流都被关闭。

打开和关闭流的一般用法如下。

```
FILE *fp = NULL;                   /* 定义文件指针      */
fp = fopen("filename", "r")        /* 打开文件          */
if(fp == NULL)                     /* 判断是否成功打开 */
{
    printf("Cannot open file.\n");
    exit(-1);                      /* 打开失败则退出    */
}
......                             /* 读写文件          */
fclose(fp);                        /* 关闭文件          */
```

6.4　基于字符和行的 I/O

在打开一个流以后，可采用三种不同类型的非格式化 I/O 对其进行读、写操作。

（1）每次一个字符的 I/O。

（2）每次一行的 I/O。以换行符标示一行的终止。

（3）二进制 I/O。每次 I/O 操作读或写一定数量的对象，而每个对象具有指定的长度。

本节先介绍前两类 I/O。

6.4.1　字符 I/O

6.4.1.1　读字符

使用以下三个函数可一次读取一个字符。

```
#include <stdio.h>
```

```
int fgetc(FILE *stream);
int getc(FILE *stream);
int getchar(void);
```

函数 getchar 等同于 getc(stdin)。前两个函数的区别是 getc 可被实现为宏，而 fgetc 则一定是一个函数。这意味着调用 fgetc 所需时间很可能长于调用 getc。这些函数的每一次调用会使当前读写位置向文件尾部移动一个字符，即每次读取的是上次读取的位置之后的字符。

参数 stream 表示已打开并准备从其中读取数据的流。成功时，三个函数均返回所读取到的字符，出错或已到达文件尾端时返回 EOF。

应当注意，这三个函数以 unsignedchar 类型转换为 int 的方式返回下一个字符。说明为不带符号的理由是，即使所读字节的最高位为 1 也不会返回负数。要求整型返回值的理由是，这样就可以返回已发生错误或已到达文件尾端的指示值 EOF（其值一般是–1）。

在读一个输入流时，经常会用到回送字符操作。回送字符操作通常用于需要根据下一个字符的值来决定如何处理当前字符的情况。处理这种情况时，需要在读出下一个字符以后，能将其送回流缓冲区中，以便下一次输入时再返回该字符。标准 I/O 库提供了 ungetc 函数以支持字符回送操作。该函数的原型如下。

```
#include <stdio.h>
int ungetc(int c, FILE *stream);
```

参数 c 是要送回流中的字符，stream 是所操作的流。成功时返回 c，失败时返回 EOF。

送回到流中的字符以后又可从流中读出，但读出字符的顺序与送回的顺序相反。回送的字符，不一定必须是上一次读到的字符，但是不能回送 EOF。

当已经到达文件尾端时，仍可以回送一个字符。下次读将返回该字符，再次读才返回 EOF。之所以能这样做的原因是一次成功的 ungetc 调用会清除该流的文件结束指示。

6.4.1.2　判断流结束或出错

在大多数 FILE 对象的实现中都为每个流保持了两个标志：文件结束标志和出错标志。feof 和 ferror 函数分别根据这两个标志来判断流是否结束或流是否出错。因为到达文件尾端和出错时，三个字符读取函数的返回值都是 EOF，所以应当通过调用 feof 或 ferror 函数区分这两种情况。这两个函数的原型如下。

```
#include <stdio.h>
int feof(FILE *stream);
int ferror(FILE *stream);
```

参数 stream 为要判断是否已到文件尾或出错的流。当流已到文件尾时，feof 返回非 0（真），否则返回 0（假）。当流出错时，ferror 返回非 0（真），否则返回 0（假）。

调用 clearerr 函数可以清除 FILE 对象中的文件结束标志和出错标志。该函数原型如下。

```
#include <stdio.h>
void clearerr(FILE *stream);
```

参数 stream 为要清除标志的流，函数不带返回值。

6.4.1.3　写字符

使用以下三个函数可一次写入一个字符。

```
#include <stdio.h>
int fputc(int c, FILE *stream);
```

```
int putc(int c, FILE *stream);
int putchar(int c);
```

与字符输入函数一样，putchar(c)等同于 putc(c,stdout)。putc 可被实现为宏，而 fputc 则一定是函数。这些函数的每一次调用会使当前读写位置向文件尾部移动一个字符，即每次写入的位置是上次写入的位置之后的一个字节。

参数 stream 表示已打开并准备往其中写入数据的流。成功时，三个函数均返回所写入的字符，出错时返回 EOF。

程序清单 6-1 给出了一个字符 I/O 的示例。该示例程序反复从标准输入读取字符并将其保存于一个文本文件，直到用户按下 Ctrl+D 键为止。读取完用户输入后，程序最后读取并显示所保存的文件的内容。

程序清单 6-1　ex_io_char.c

```
1  #include <stdio.h>
2  #include <stdlib.h>
3
4  int main( )
5  {
6      FILE *fp;
7      int c;
8      char* filename = "1.txt";
9
10     if((fp = fopen(filename,"w")) == NULL)
11     {
12         printf("Can't open %s for writing.\n", filename);
13         exit(-1);
14     }
15     while ((c = getchar()) != EOF) /* 按 Ctrl-D 键产生 EOF 值 */
16         fputc(c, fp);
17     fclose(fp);
18
19     printf("Output file content:\n");
20     if((fp = fopen(filename,"r")) == NULL)
21     {
22         printf("Can't open %s\n for reading.", filename);
23         exit(-1);
24     }
25     while ((c = fgetc(fp)) != EOF)
26         putchar(c);
27     fclose(fp);
28
29     return 0;
30 }
```

程序第 10 行以写的方式在当前目录创建并打开 "1.txt" 文件，第 15 ~ 16 行循环调用 getchar() 从标准输入读取字符，并调用 fputc 将该字符写入到文件中。第 17 行关闭流。

程序第 20 行以读的方式打开当前目录下的 "1.txt" 文件，第 25 ~ 26 行循环调用 fgetc() 从文件中读取字符，并调用 putchar 将该字符输出到标准输出设备。第 27 行关闭流。

在命令行编译并运行该程序，结果如下。

```
jianglinmei@ubuntu:~/c$ gcc -o ex_io_char ex_io_char.c
```

```
jianglinmei@ubuntu:~/c$ ./ex_io_char
This is an example for character I/O
Good, over! [注: 在此回车后按下 Ctrl+D 终止输入]
Output file content:
This is an example for character I/O
Good, over!
jianglinmei@ubuntu:~/c$ ls 1.txt
1.txt
```

6.4.2 行 I/O

6.4.2.1 读行

使用以下两个函数可从流中一次读取一行文本。

```
#include <stdio.h>
char *fgets(char *s, int size, FILE *stream);
char *gets(char *s);
```

这两个函数的各参数和返回值的含义如下:

1. s　　　　输入缓存

2. size　　　输入缓存大小

3. stream　　流文件指针

4. 返回值

● 成功时返回指向缓存的指针

● 失败或处于文件尾端时返回 NULL，同时设置 errno

函数 fgets 从指定的流读，而 gets 从标准输入（即 stdin）读。每调用一次 fgets 会使当前读写位置向文件尾部移动所读取到的字符数，以保证每次读取的是上次读取之后的位置。

对于 fgets，必须指定缓存的长度 size。此函数一直读到下一个换行符（'\n'）为止，但是不超过 n-1 个字符，读入的字符被送入缓存。该缓存总是以 null 字符结尾。如果该行（包括最后一个换行符）的字符数超过 n-1，则只返回一个不完整的行，而且缓存仍以 null 字符结尾。对 fgets 的下一次调用会继续读取该行剩余的字符。

gets 是一个不推荐使用的函数。问题是调用者在使用 gets 时不能指定缓存的长度。这样就可能造成缓存越界（若该行长于缓存长度），从而产生不可预料的后果。这种缺陷曾被利用，造成1988 年的因特网蠕虫事件。

另外，fgets 会将读取到的换行符送入缓存，而 gets 并不保存换行符。

6.4.2.2 写行

使用以下两个函数可向流中一次写入一行文本。

```
#include <stdio.h>
int fputs(const char *s, FILE *stream);
int puts(const char *s);
```

这两个函数的各参数和返回值的含义如下。

1. s　　　　待输出的字符串，应以 null 终止

2. stream　　流文件指针

3. 返回值

● 成功时返回非负数

● 失败时返回 EOF(-1)，并设置 errno

函数 fgets 从指定的流读，而 gets 从标准输入（即 stdin）读。每调用一次 fgets 会使当前读写位置向文件尾部移动所读取到的字符数，以保证每次读取的是上次读之后的位置。

函数 fputs 将一个以 null 符终止的字符串写到指定的流，终止符 null 本身不写出。通常，在 null 符之前是一个换行符，但并不要求在 null 符之前一定是换行符。所以，fputs 并不一定每次输出一行。

函数 puts 将一个以 null 符终止的字符串写到标准输出，终止符本身不写出。但是，puts 在输出指定字符串后又附加地将一个换行符写到标准输出。

puts 并不像它所对应的 gets 那样不安全。但还是应避免使用它，以免需要记住它在最后又加上了一个换行符。如果总是使用 fgets 和 fputs，那么就会熟知在每行终止处必须自己加一个换行符。

程序清单 6-2 给出了一个行 I/O 的示例。该示例程序反复从标准输入读取行并将其保存于一个文本文件，直到用户输入 quit 为止。读取完用户输入后，程序最后读取并显示所保存的文件的内容。

程序清单 6-2　ex_io_line.c

```
 1 #include "stdio.h"
 2 #include "string.h"
 3 #include "stdlib.h"
 4 #define BUFSIZE    80
 5
 6 int main()
 7 {
 8     FILE *fp;
 9     char filename[BUFSIZE], str[BUFSIZE];
10     printf("Please input filename: ");
11     gets(filename);      /* 可用 fgets(filename, BUFSIZE, stdin); 代替 */
12
13     if ((fp = fopen(filename, "w")) == NULL)
14     {
15         printf("Can't open file [%s] for writing.\n", filename);
16         exit(-1);
17     }
18
19     printf("Please input filename content:\n");
20     /* 输入 quit 则结束 */
21     while (strcmp(gets(str),"quit") != 0)
22     {
23         fputs(str, fp);
24         fputc('\n', fp);
25     }
26     fclose(fp);
27
28     if ((fp = fopen(filename, "r")) == NULL)
29     {
30         printf("Can't open file [%s] for reading.\n", filename);
31         exit(-1);
32     }
33
```

```
34      printf("\nFilename content:\n");
35      /* 从文件读取字符串，返回 NULL 表示已读完 */
36      while ((fgets(str, BUFSIZE, fp)) != NULL)
37          puts(str);  /* 可试用 fputs(str, stdout); 代替 */
38      fclose(fp);
39
40      return 0;
41  }
```

程序第 11 行通过 gets() 函数读取用户输入的文件名，然后在第 13 行以写的方式打开该文件，第 21~25 行循环调用 gets() 从标准输入读取一行字符串，并调用 fputs 将该字符串写入到文件中。因为 gets() 读入的串不包行换行符，所以第 24 行调 fputc() 函数向文件补充写入一个换行符。程序第 26 行关闭文件输出流。

程序第 28 行以读的方式打开上面写入了数据的文件，第 36~37 行循环调用 fgets() 从文件中读取行，并调用 puts 将读取到的行输出到标准输出设备。第 38 行关闭文件输入流。

在命令行编译并运行该程序，结果如下。

```
jianglinmei@ubuntu:~/c$ gcc -o ex_io_line ex_io_line.c
jianglinmei@ubuntu:~/c$ ./ex_io_line
Please input filename: 1.txt
Please input filename content:
This is the first line.
This is the second line.
quit   [注：输入 quit 退出]

Filename content:
This is the first line.

This is the second line.
```

注意，因为 puts 会在输出结果末尾自动输出换行符，所以输出的文件内容行末都多了一个空行。读者可试用 fputs(str, stdout) 代替 puts(str)，以查看结果有何不同。

6.5 二进制 I/O

二进制 I/O 也称直接 I/O、一次一个对象 I/O、面向记录的 I/O 或面向结构的 I/O。每次 I/O 操作读或写一定数量的对象，而每个对象具有指定的长度。常用于从二进制文件中读或向二进制文件中写一个结构。

6.5.1 读二进制流

使用 fread 函数可以进行二进制数据块的输入。函数原型如下。

```
#include <stdio.h>
size_t fread(void *ptr, size_t size, size_t nitems, FILE *stream);
```

函数 fread 的各参数和返回值的含义如下。

1. ptr   输入缓存

2. size　　　数据块的大小

3. nitems　　数据块的个数

4. stream　　流文件指针

5. 返回值

返回实际读取到的数据块的个数。如果此数字小于 nitems，则表示出错或到达文件尾端，应调用 ferror 或 feof 以判断究竟是哪一种情况

这里出现的 size_t 类型实际上是对无符号整型或无符号长整型的 typedef。

6.5.2　写二进制流

使用 fwrite 函数可以进行二进制数据块的输出。函数原型如下。

```
#include <stdio.h>
size_t fwrite(const void *ptr, size_t size, size_t nitems,
              FILE *stream);
```

函数 fwrite 的各参数和返回值的含义如下。

1. ptr　　　待输出数据的首地址

2. size　　　数据块的大小

3. nitems　　数据块的个数

4. stream　　流文件指针

5. 返回值

● 返回实际输出的数据块的个数。如果此数字小于 nitems，则表示出错

6.5.3　二进制 I/O 的常见用法

二进制 I/O 有三种常见的用法。

（1）读或写一个二进制数组。此时，指定 size 为每个数组元素的长度，nitems 为欲写的元素个数。例如：

```
float    data[10];
...... /* 设置 data 各元素的值 */
if (fwrite(&data[2], sizeof(float), 4, fp) != 4)
    printf("fwrite error");
```

这段代码调用 fwrite 向文件流写入 data 数组从第 3 个（下标为 2）元素起的连续 4 个元素（数据块个数为 4），每个数据块的大小为一个元素（一个浮点数）的大小，如果写入的元素个数不为 4，则说明发生了错误。

（2）读或写一个结构。此时，指定 size 为结构体的大小，nitems 为 1。例如：

```
struct {
    short count;
    long total;
    char name[NAMESIZE]
} item;
...... /* 设置 item 值 */
if (fwrite(&item, sizeof(item), 1, fp) != 1)
    printf("fwrite error");
```

这段代码调用 fwrite 向文件流写入结构体变量 item，数据块个数为 1，返回值如果不为 1 则

说明发生了错误。

（3）以上二者的结合。例如：

```
struct {
    short count;
    long total;
    char name[NAMESIZE]
} item[10];
...... /* 设置 data 各元素的值 */
if (fwrite(item, sizeof(item), 10, fp) != 10)
    printf("fwrite error");
```

这段代码调用 fwrite 向文件流写入结构体类型的数组，每个数据块的大小为数组元素（一个结构体）的大小，数据块个数为 10，返回值如果不为 10 则说明发生了错误。

程序清单 6-3 给出了一个二进制 I/O 的示例。该示例程序实现了一个简单的文件复制功能。

程序清单 6-3　　ex_io_copy.c

```
 1 #include "stdio.h"
 2 #include "stdlib.h"
 3 #define BUFSIZE    80
 4
 5 int main(int argc, char* argv[])
 6 {
 7    FILE *fpIn, *fpOut;
 8    int nRead, nWrite;
 9    unsigned char buf[BUFSIZE];
10
11    if(argc != 3)
12    {
13        printf("Usage: %s <source_file> <destination_file>\n", argv[0]);
14        return -1;
15    }
16
17    if ((fpIn = fopen(argv[1], "r")) == NULL)
18    {
19        printf("Can't open file [%s] for reading.\n", argv[1]);
20        return -1;
21    }
22
23    if ((fpOut = fopen(argv[2], "w")) == NULL)
24    {
25        printf("Can't open file [%s] for writing.\n", argv[2]);
26        fclose(fpIn);
27        return -1;
28    }
29
30    while (!feof(fpIn))
31    {
32        nRead = fread(buf, sizeof(unsigned char), BUFSIZE, fpIn);
33        if(nRead < BUFSIZE)
34        {
35            if(ferror(fpIn))
36            {
37                printf("Copy failed.\n");
```

```
38              break;
39          }
40      }
41
42      if(nRead > 0)
43      {
44          nWrite = fwrite(buf, sizeof(unsigned char), nRead, fpOut);
45          if(nWrite != nRead)
46          {
47              printf("Copy failed.\n");
48              break;
49          }
50      }
51  }
52
53  fclose(fpOut);
54  fclose(fpIn);
55
56  return 0;
55 }
```

程序第 11～15 行判断用户提供的命令行参数的合法性，参数个数不为 3 则提示正确的使用方法。

程序第 17 行以读的方式打开源文件，第 23 行以写的方式打开目标文件。

程序第 30～51 行为一个 while 循环，反复读取源文件的内容并将读取到的内容写入目标文件，这个循环是程序实现文件复制的主体部分。第 32 行调用 fread()函数从源文件读取 BUFSIZE 个字节，第 33～40 行判断读取到的字节数是否少于 BUFSIZE。如果少于 BUFSIZE 则继续调用 ferror()函数判断流是否出错，如果出错则输出提示并退出循环。如果 fread()函数读取到的字节数大于 0，则在第 44 行调用 fwrite()函数将读取到的数据写入目标文件。第 45～49 行判断写入的字节数是否等于读取到的字节数。如果不等则说明写入出错，程序输出提示并退出循环。

在命令行编译并运行该程序，命令如下。

```
jianglinmei@ubuntu:~/c$ gcc -o ex_io_copy ex_io_copy.c
jianglinmei@ubuntu:~/c$ ./ex_io_copy a.txt a.txt.bak
```

6.6 定 位 流

可以调用 fseek 定位流文件的读写指针。该函数的原型如下。

```
#include <stdio.h>
int fseek(FILE *stream, long offset, int whence);
```

函数 fseek 的各参数和返回值的含义如下。

1. stream   流文件指针

2. offset   位移量

3. whence   指定位移量相对于何处开始。whence 可以取如下三个常量。

- SEEK_SET（值为 0）   文件开始位置

- SEEK_CUR（值为 1）   文件读写指针当前位置

- SEEK_END（值为 2）　　　文件结束位置

4．返回值

- 若成功返回 0
- 若出错返回–1，错误值记录在 errno

一次成功的 ftell() 调用会清除流结束标志，并会撤销已调用的 ungetc() 对流的影响。

调用函数 rewind() 可以将一个流的读写指针设置到文件的起始位置。其原型如下。

```
#include <stdio.h>
void rewind(FILE *stream);
```

函数 rewind 的唯一参数是已打开的流文件指针。调用 rewind(fp) 基本等同于调用 fseek(stream, 0L, SEEK_SET)。稍微不同的是，rewind 函数在将读写指针设置到文件的起始位置的同时会将错误指示器 errno 清 0。

调用 ftell() 函数可以获得一个流的读写指针的当前位置。该函数的原型如下。

```
#include <stdio.h>
long ftell(FILE *stream);
```

函数 ftell 的唯一参数是已打开的流文件指针。若成功，该函数返回读写指针当前相对于文件起始位置的位移量；若出错，则返回–1，错误值记录在 errno。

6.7　格式化 I/O

格式化 I/O 的作用是：从输入流读取字符串并以指定的格式转换成内存中的二进制数据，或者将内存中的二进制数据以指定的格式转换成字符串并将转换后的字符串写入输出流。学习格式化 I/O 的重点在于掌握格式化控制串的用法。

6.7.1　格式化输出

可用 printf 系列函数进行格式化输出处理，它们的原型如下。

```
#include <stdio.h>
int printf(const char *format, ...);
int fprintf(FILE *stream, const char *format, ...);
int sprintf(char *str, const char *format, ...);
int snprintf(char *str, size_t size, const char *format, ...);
```

格式化输出各函数的各参数和返回值的含义如下。

1．stream　　　流文件指针
2．format　　　格式输出控制串，下文将详细介绍
3．..　　　　　输出表项（项数根据 format 中的转换控制符可变）
4．str　　　　　字符串缓冲区
5．size　　　　字符串缓冲区的大小
6．返回值

- 若成功，返回格式化后的字符数（不包含'\0'）
- 若出错返回一个负数

　　函数 printf 将格式化数据写到标准输出，fprintf 写至指定的流，sprintf 和 snprintf 将格式化的字符送入 str 缓冲区中。sprintf 在该数组的尾端自动加一个 null 字节，但该字节不包括在返回值中。

　　snprintf 最多将 size 个字节（含'\0'）写入 str 缓冲区中，并且保证输出的最后一个字节是 null。snprintf 的返回值若大于或等于 size，则说明格式化的结果在输出时被截断了。例如：

```
char buf[5];
/* 以下语句执行后，n 的值为 7, buf = {'a', 'b', 'c', 'd', '\0'} */
int n = snprintf(buf, 5, "abcdefg");
```

　　由于 sprintf 不能指定缓冲区的大小，很容易造成缓冲区溢出，因此应优先使用 snprintf。

　　在格式化控制串中包含两类信息。

　　1．转换控制符：**%[修饰符]格式字符**　　　　—— 指定输出格式

　　2．普通字符或转义字符　　　　　　　　　　—— 原样输出

　　例如：

```
printf("%c => %d\n",65,65);    /* 结果为: A => 65 */
```

　　这里，"%c"和"%d"是转换控制符，" => "是普通字符，"\n"是转义字符。

　　应当注意，在调用格式化输出函数时，格式字符的个数应等于输出表项的个数。

　　常用的格式字符如表 6-2 所示。

表 6-2　　　　　　　　　　　　　　　常用的格式字符

格式字符	说　　明
c	输出一个字符
d 或 i	输出带符号的十进制整数（正数不输出符号）
o	以八进制无符号形式输出整数（不输出前导符 0）
x 或 X	以十六进制无符号形式输出整数（不输出前导符 0x 或 0X）。对于 0x 用 abcdef 输出；对于 0X，用 ABCDEF 输出
u	按无符号的十进制形式输出整数
f	以[-]mmm.ddd 带小数点的形式输出单精度和双精度数，d 的个数由精度指定。隐含的精度为 6，若指定的精度为 0，小数部分（包括小数点）都不输出
e 或 E	以[-]m.ddddde ± xx 或[-]m.dddddE ± xx 的形式输出单精度和双精度数。d 的个数由精度指定，隐含的精度为 6，若指定的精度为 0，小数部分（包括小数点）都不输出。用 E 时，指数以大写"E"表示
g 或 G	由系统决定采用%f 格式还是采用%e 格式，以使输出宽度最小。不输出无意义的 0。用 G 时，若以指数形式输出，则指数以大写表示
s	输出字符串中的字符，直到遇到'\0'，或者输出由精度指定的字符数

　　可用的格式化修饰符如表 6-3 所示。

表 6-3　　　　　　　　　　　　　　　格式化输出修饰符

格式字符	说　　明
m	宽度修饰（一个 10 进制数）用以指定数据的输出域宽（占几个字符）。如果指定宽度小于数据需要的实际宽度，则数据左边补空格（默认右对齐），补够指定的宽度

格式字符	说　　明
.n	精度修饰（点号后跟一个 10 进制数）。对浮点数以%f 或%e 格式输出，指定小数点后的位数（四舍五入）；对浮点数以%g 格式输出，指定尾数部分的有效位数（四舍五入）；对字符串，指定最多输出几个字符
-	在输出域宽内左对齐
+	在有符号正数前输出 "+" 号
0	输出数值时，若输出域宽不足，以 0 而不是空格填充
#	在八进制数前输出前导的 0，在十六进制数前输出前导的 0x 或 0X
l	用在 d、i、o、x、u 前，指定输出精度为 long 型。用在 f、e、g 前，指定输出精度为 double 型

下面以一些示例来说明格式化输出的具体使用方法。

1. 例 1

```
float f=123.456;
char ch= 'a';
printf("%f,%8f,%8.1f,%.2f,%.2e\n",f,f,f,f,f);
printf("%3c\n",ch);
```

输出结果为（这里为清晰起见，以 "□" 代替空格）：

```
123.456001,123.456001,□□□123.5,123.46,1.2e+02
□□a
```

2. 例 2

```
static char a[]="Hello,world!"
printf("%s\n%15s\n%10.5s\n%2.5s\n%.3s\n",a,a,a,a,a);
```

输出结果为：

```
Hello,world!
□□□Hello,world!
□□□□□Hello
Hello
Hel
```

3. 例 3

```
float f=123.456;
static char c[]="Hello,world!";
printf("%10.2f,%-10.1f\n",f,f);
printf("%10.5s,%-10.3s\n",c,c);
```

输出结果为：

```
□□□□□123.46,123.5□□□□□
□□□□□Hello,Hel□□□□□□□
```

4. 例 4

```
/* 假设在 16 位机上，int 为两个字节，long 为四个字节　*/
```

```
long a = 65536;
printf("%d, %8ld\n", a, a);
```

输出结果为：

```
0, □□□65536
```

5. 例 5

```
int a=1234;
float f=123.456;
printf("%010.2f\n",f);
printf("%0+8d\n",a);
printf("%0+10.2f\n",f);
```

输出结果为：

```
0000123.46
+0001234
+000123.46
```

6. 例 6

```
int a=123;
printf("%o, %#o, %X, %#X\n",a,a,a,a);
```

输出结果为：

```
173, 0173, 7B, 0X7B
```

6.7.2　格式化输入

可用 scanf 系列函数进行格式化输出处理，它们的原型如下。

```
#include <stdio.h>
int scanf(const char *format, ...);
int fscanf(FILE *stream, const char *format, ...);
int sscanf(const char *str, const char *format, ...);
```

格式化输入各函数的各参数和返回值的含义如下。

1. stream　　　流文件指针
2. format　　　格式输入控制串，下文将详细介绍
3. ..　　　　　输入地址表项（项数根据 format 中的转换控制符可变）
4. str　　　　　字符串缓冲区
5. 返回值
- 若成功，返回实际得到输入的项数
- 若出错返回 EOF，错误值记录在 errno

函数 scanf 将从标准输入读取格式化数据，fscanf 从指定的流读，sscanf 从 str 缓冲区中读取格式化数据。这里要注意和格式化输出函数不同的一点，以 "..." 表示的输入地址表项，应当指定内存的地址，如变量地址、数组名等。

和格式化输出函数一样，在格式化输入函数的格式化控制串中也包含两类信息。

1. 转换控制符：**%[修饰符]格式字符**　　　　—— 指定输入格式

2. 普通字符或转义字符 —— 需原样输入，但不被赋值

例如：

```
char a; int b;
sscanf("A => 65", "%c => %d",&a, &b);
/* 结果a被赋值为'A'，b被赋值为65 */
```

这里，"%c"和"%d"是转换控制符，" => "是普通字符。

格式化输入函数常用的格式字符同格式化输出，如表 6-2 所示。可用的格式化输入修饰符如表 6-4 所示。

表 6-4   格式化输入修饰符

格式字符	说　　明
h	用于 d、i、o、x、u 前，指定输入为 short 型或 unsigned short 型
l	用于 d、i、o、x、u 前，指定输入为 long 型或 unsigned long 型。用于 e、f、g 前，指定输入为 double 型
m	批定输入域宽（最大字符数）
*	抑制符，指定输入项读入后不赋值给变量

应当注意，在调用格式化输入函数时，格式字符的个数减去抑制符的个数应等于输入地址表项的个数。

下面的示例说明了格式化输入的具体使用方法。

```
scanf("%4d%2d%2d", &yy, &mm, &dd);
/* 输入:20031015，则yy = 2003, mm = 10, dd = 15 */
scanf("%3d%*4d%f",&k,&f);
/* 输入: 12345678765.43，则k = 123, f = 8765.43 */
scanf("%3c%2c",&c1,&c2);
/* 输入: abcde，则c1 = 'a', c2 = 'd' */
scanf("%c%c%c",&c1,&c2,&c3);
/* 输入：a□b□c，则c1 = 'a', c2 = '□', c3 = 'b' */
scanf("%d%c%f",&a,&b,&c);
/* 输入1234a123o.26，则a = 1234, b = 'a', c = 123 */
```

6.8　临　时　文　件

标准 I/O 库提供了两个函数以帮助创建临时文件，它们的原型如下。

```
#include <stdio.h>
char *tmpnam(char *s);
FILE *tmpfile(void);
```

函数 tmpnam 产生一个与现在文件名不同的一个有效路径名字符串。每次调用它时，它都产生一个不同的路径名，最多调用次数是 TMP_MAX。TMP_MAX 定义在<stdio.h>中。

如果 s 为 NULL，则所产生的路径名存放在一个静态区中，指向该静态区的指针作为函数值

返回。下一次再调用 tmpnam 时，会重写该静态区。

如果 s 不是 NULL，则认为它指向长度至少是 L_tmpnam 个字符的数组（常数 L_tmpnam 定义在头文件<stdio.h>中）。所产生的路径名存放在该数组中，s 也作为函数值返回。

tmpfile 创建并打开一个临时的二进制文件流（类型 wb+），在关闭该文件流或程序结束时将自动删除这个文件。tmpfile 函数的一般实现是先调用 tmpnam 产生一个唯一的路径名，然后在使用完后用 unlink 函数删除。

程序清单 6-4 说明了这两个函数的应用。

程序清单 6-4　ex_io_tmp.c

```
1  #include <stdio.h>
2
3  int main(void)
4  {
5      char    name[L_tmpnam], line[BUFSIZ];
6      FILE    *fp;
7
8      printf("%s\n", tmpnam(NULL));
9
10     tmpnam(name);
11     printf("%s\n", name);
12
13     if( (fp = tmpfile()) == NULL )
14     {
15         printf("Fail to create temp file.\n");
16         return -1;
17     }
18
19     fputs("one line of output\n", fp);
20     rewind(fp);
21     if( fgets(line, sizeof(line), fp) == NULL )
22     {
23         printf("Fail to read file.\n");
24         fclose(fp);
25         return -1;
26     }
27     fputs(line, stdout);
28
29     return 0;
30 }
```

程序第 8 行创建了第一个临时文件，并将文件名输出。

程序第 10 行创建了第二个临时文件，在第 11 行将产生的文件名输出。

程序第 13 行创建并打开了一个临时文件。第 19 行向该临时文件写入一行文本，第 20 行反卷文件读写指针到文件头，然后在第 21 行将前面写入的文本读出保存于 line 数组。第 27 行输出从临时文件读出的文本。

在命令行编译并运行该程序，命令如下。

```
jianglinmei@ubuntu:~/c$ vi ex_io_tmp.c
jianglinmei@ubuntu:~/c$ gcc -o ex_io_tmp ex_io_tmp.c
jianglinmei@ubuntu:~/c$ ./ex_io_tmp
/tmp/filerPJeuP
```

```
/tmp/fileFgsiUF
one line of output
```

6.9　文件流和文件描述符

每个文件流都和一个底层文件描述符相关联，可以通过调用 fileno 函数获得相关联的文件描述符。函数 fileno 的原型如下。

```
#include <stdio.h>
int fileno(FILE *stream);
```

函数 fileno 的唯一参数是已打开的文件流指针。函数执行成功时返回一个非负的文件描述符；失败时返回-1，并设置 errno 指示具体错误。

另外，如 6.3.1 小节所述，可以通过 fdopen 函数获取一个和已打开的文件描述符相关联的流文件指针。

6.10　小　　结

本章首先介绍了标准 I/O 库中流和文件指针的概念，以及流和底层文件描述符的关系。随后介绍了流操作时缓存的作用和分类。本章的主体部分是流的具体操作，包括流的打开、关闭、读、写和定位。流的读写又分基于字符和行的 I/O、二进制 I/O 和格式化 I/O，对这些类型的标准库 I/O 本章均以典型的示例给予了说明。本章最后介绍了临时文件的操作方法，以及文件流和文件描述符相互关联的方法。

6.11　习　　题

（1）请简述什么是文件指针，它和文件描述符有何关系。

（2）标准 I/O 提供了哪些类型的缓存？它们有何区别。

（3）请编写一个程序，使用标准 I/O 函数在用户的主目录下创建一个文件 "rect.txt"。然后用基于字符的 I/O 函数向该文件写入一个 n*n 的由 $1 \sim n^2$ 之间的数字组成的方形，如下所示。

```
1    2    3    4    5
6    7    8    9    10
11   12   13   14   15
16   17   18   19   20
21   22   23   24   25
```

文件写入成功之后，再用基于字符的 I/O 函数读取文件内容，并将内容输出到屏幕。

（4）请编写程序，分别用基于行的 I/O 函数和格式化 I/O 函数代替基于字符的 I/O 函数实现第 3 题的要求。

（5）程序清单 6-5 所示程序用于维护学生信息，学生信息在内存中用一个链表表示。请补充完成函数 toDate、insert、save、load 和 release，各函数的功能参见注释。

程序清单 6-5 list_student.c

```c
#include <stdio.h>
#include <stdlib.h>
#include <unistd.h>
#include <string.h>
#define TRUE            1
#define FALSE           0
#define MAX_ID_LEN      10
#define MAX_NAME_LEN    30
#define FILE_NAME       "data"

typedef int BOOL;

typedef struct _DATE{
    int year;                   // 年
    int month;                  // 月
    int day;                    // 日
}DATE_T;

typedef struct _STUDENT{
    char    id[MAX_ID_LEN];         // 学号
    char    name[MAX_NAME_LEN];     // 姓名
    DATE_T  birthday;               // 生日
    int height;                     // 身高
    struct _STUDENT * next;         // 链表指针
}STUDENT_T;

// 字符串转成日期，成功返回 TRUE，否则返回 FALSE
BOOL toDate(DATE_T * date, char * szBuf)
{

}

// 在链表中插入一个节点，保持学号从小到大的顺序
void insert(STUDENT_T ** head, STUDENT_T * data)
{

}

// 保存学生信息到宏 FILE_NAME 定义的文件中
void save(STUDENT_T * head)
{

}

// 从宏 FILE_NAME 定义的文件中读取学生信息
void load(STUDENT_T ** head)
{

}
```

```
// 输出学生信息
void output(STUDENT_T * head)
{

}

// 释放学生信息链表
void release(STUDENT_T * head)
{

}

// 创建学生信息链表
STUDENT_T * create()
{
    STUDENT_T *head = NULL, *p = NULL;
    char szBuf[1024];

    while(1)
    {
        p = (STUDENT_T *)malloc(sizeof(STUDENT_T));
        if(!p)
        {
            printf("Memory overflow!\n");
            break;
        }

        printf("Please input id (0 for exit): ");
        scanf("%s", p->id);
        if(strcmp(p->id, "0") == 0)
        {
            break;
        }
        printf("Please input name: ");
        scanf("%s", p->name);
        do
        {
            printf("Please input date (format of yyyy-mm-dd): ");
            scanf("%s", szBuf);
            if(toDate(&p->birthday, szBuf))
            {
                break;
            }
            else
            {
                printf("Invalid date format\n");
            }
        }while(1);
        printf("Please input height (unit of cm): ");
        scanf("%d", &p->height);

        if(!head)
        {
            head = p;
```

```
    }
    else
    {
        insert(&head, p);
    }
}

    return head;
}

int main()
{
    STUDENT_T * head = create();
    if(!head)
    {
        printf("Create list failed!\n");
        return -1;
    }

    printf("The student info created: \n");
    output(head);
    save(head);
    release(head);

    load(&head);
    printf("The student info loaded: \n");
    output(head);

    release(head);
}
```

第7章
进程和信号

进程是操作系统中最基本和重要的概念。进程是程序的一次执行，运行在自己的虚拟地址空间，是系统资源调度的基本单位。当执行程序时，系统创建进程，分配 CPU 和内存等资源。进程结束时，系统回收这些资源。本章将介绍进程的基本概念、Linux 进程环境和 Linux 进程控制，包括创建新进程、执行程序和进程终止。信号是软件中断，提供了一种处理异步事件的方法。很多比较重要的应用程序都需处理信号。本章先对信号机制进行综述，并说明每种信号的一般用法，然后介绍 Linux 程序中对信号的处理方法。本章内容包括：

- 进程的概念
- 进程环境
- 进程的结构
- 进程控制
- 信号的概念
- 信号的发送和捕获

7.1　进程的基本概念

7.1.1　什么是进程

进程的概念是 20 世纪 60 年代初首先由麻省理工学院的 MULTICS 系统和 IBM 公司的 CTSS/360 系统引入的。很难给进程下一个简单而明确的定义，有人认为进程是 "一个其中运行着一个或多个线程的地址空间和这些线程所需要的系统资源"，也有人认为进程就是 "正在运行的程序"。

进程是操作系统中最基本、重要的概念，是多道程序系统出现后，为了刻画系统内部出现的动态情况，描述系统内部各道程序的活动规律引进的一个概念，所有采用多道程序设计的操作系统都建立在进程的基础上。从理论角度看，进程是对正在运行的程序过程的抽象。从实现角度看，进程是一种数据结构，目的在于清晰地刻画动态系统的内在规律，有效管理和调度进入计算机系统主存储器运行的程序。

进程和程序是既联系又区别的。程序是指令的有序集合，其本身没有任何运行的含义，是一个静态的概念。而进程是一个具有独立功能的程序关于某个数据集合在处理机上的一次执行过程，它是一个动态的概念。

进程可以申请和拥有系统资源，是一个活动的实体。它不只是程序的代码，还包括当前的活动（通过程序计数器的值和寄存器的内容来表示）。进程由程序代码、数据、变量（占用着系统内存）、打开的文件（文件描述符）和环境组成。进程具有以下特征。

- 动态性：进程的实质是程序的一次执行过程，进程是动态产生、动态消亡的。
- 并发性：任何进程都可以同其他进程一起并发执行。
- 独立性：进程能够独立运行，是系统分配和调度资源的基本单位。
- 异步性：因进程的独立性，各进程按各自独立的、不可预知的速度向前推进。
- 结构性：从结构上看，进程大体上由程序段、数据段和进程控制块三部分组成。

7.1.2　Linux 进程环境

7.1.2.1　程序的入口

C 程序总是从 main 函数开始执行。main 函数的原型是如下。

```
int main(int argc, char *argv[]);
```

其中，argc 是命令行参数的数目，argv 是指向命令参数的各指针所构成的数组。

当内核启动 C 程序时，首先调用一个特殊的启动例程（编译连接程序将该例程设置为可执行程序的起始地址）。启动例程从内核取得命令行参数和环境变量值，然后调用 main 函数，并将命令行参数传递给它。

程序清单 7-1 所示程序将其所有命令行参数都回送到标准输出上。

程序清单 7-1　ex_main.c

```
1 #include <stdio.h>
2
3 int main(int argc, char *argv[])
4 {
5     int i;
6     for(i = 0; i < argc; i++)
7         printf("argv[%d]: %s\n", i, argv[i]);
8     return 0;
9 }
```

ANSIC 和 POSIX.1 都要求 argv[argc]是一个空指针。因此将程序清单 7-1 中的 for 循环改写为：for(i=0; argv[i] != NULL; i++)，程序具有相关的效果。

在命令行编译并运行该程序，相关命令和结果如下。

```
jianglinmei@ubuntu:~/c$ gcc -o ex_main ex_main.c
jianglinmei@ubuntu:~/c$ ./ex_main argument1 Alice LAST
argv[0]: ./ex_main
argv[1]: argument1
argv[2]: Alice
argv[3]: LAST
```

7.1.2.2　进程的终止

进程可能正常终止，也可能异常终止，共有以下 5 种方式。

（1）正常终止：① 从 main 返回；② 调用 exit；③ 调用_exit。

（2）异常终止：① 被一个系统信号终止；② 调用 abort，它产生 SIGABRT 信号，是上一种异常终止的特例。

上节提及的启动例程会在 main 函数返回后立即调用 exit 函数。如果将启动例程以 C 代码形式表示（实际上该例程常常用汇编语言编写），则它调用 main 函数的形式可能如下。

```
exit(main(argc,argv));
```

7.1.2.3 exit 和_exit 函数

exit 和_exit 函数用于正常终止一个程序：_exit 立即进入内核，exit 则先执行一些清除处理（包括调用执行各终止处理程序，关闭所有标准 I/O 流等），然后进入内核。exit 属于标准库函数，而_exit 是底层系统调用，它们的原型如下。

```
#include <stdlib.h>
void exit(int status);
#include <unistd.h>
void _exit(int status);
```

exit 函数会执行一个标准 I/O 库的清除关闭操作，即对所有打开的流调用 fclose 函数。exit 和_exit 都带一个整型参数，称之为退出状态（exit status）。大多数 Shell 都提供检查一个进程终止状态的方法。如果(a)调用这些函数时不带终止状态，或(b)main 执行了一个无返回值的 return 语句，或(c)main 执行隐式返回，则该进程的终止状态是未定义的。

7.1.2.4 atexit 函数

ANSI C 规定，一个进程可以登记多至 32 个由 exit 自动调用的函数，这些函数被称为终止处理程序（exit handler）。登记终止处理程序要使用 atexit 函数，它的函数原型如下。

```
#include <stdlib.h>
int atexit(void (*function)(void));
```

atexit 的参数是一个函数地址，atexit 函数成功返回 0，失败返回非 0 值。exit 函数以登记这些函数的相反顺序调用它们。同一函数如若登记多次，则也将被调用多次。

图 7-1 显示了 C 程序的启动/终止的方式和过程，注意图中 exit 和_exit 的区别。

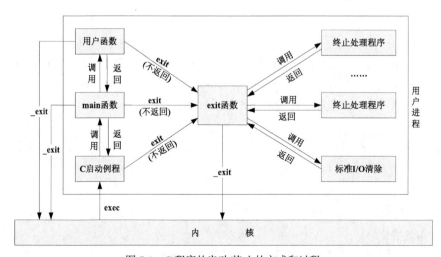

图 7-1　C 程序的启动/终止的方式和过程

内核使程序执行的唯一方法是调用一个 exec 函数（本章稍后介绍）。进程主动终止的唯一方法是显式或隐式地（调用 exit）调用_exit。进程也可能被一个系统信号异常终止（图 7-1 中没有显示）。

程序清单 7-2 说明了 atexit 函数的使用方式。

程序清单 7-2　ex_atexit.c

```
 1  #include <stdio.h>
 2
 3  static void my_exit1(void);
 4  static void my_exit2(void);
 5
 6  int main(void)
 7  {
 8      if(atexit(my_exit2) != 0)
 9      {
10          printf("register my_exit2 failed\n");
11          return -1;
12      }
13
14      if(atexit(my_exit1) != 0)
15      {
16          printf("register my_exit1 failed\n");
17          return -1;
18      }
19
20      printf("main is done\n");
21      return 0;
22  }
23
24  static void my_exit1(void)
25  {
26      printf("first exit handler\n");
27  }
28
29  static void my_exit2(void)
30  {
31      printf("second exit handler\n");
32  }
```

程序第 8 行和第 14 行先后登记了两个终止处理程序（函数），它们在 main 函数退出后被 exit 函数调用。

在命令行编译并运行该程序，结果如下。

```
jianglinmei@ubuntu:~/c$ gcc -o ex_atexit ex_atexit.c
jianglinmei@ubuntu:~/c$ ./ex_atexit
main is done
first exit handler
second exit handler
```

7.1.2.5　环境表

每个进程在启动时都能接收到一张环境表。与命令行参数表一样，环境表也是一个字符指针数组，其中每个指针包含一个以 null 结束的字符串的地址。全局变量 environ 记录了该指针数组的地址。

```
extern char **environ;
```

全局变量 environ 称为环境指针，其所指向的数组称为环境表，数组中的每个指针指向的字符串称为环境字符串。环境字符串具有约定的形如 "name=value" 的格式。例如，具有 5 个环境字符串的环境表形如图 7-2 所示。

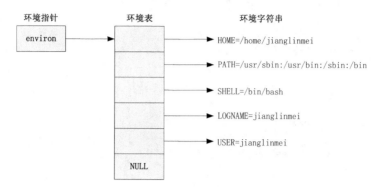

图 7-2　含 5 个环境字符串的环境表

7.1.2.6　C 程序的存储空间布局

C 程序的存储空间一般由下列几部分组成。

（1）正文段。由 CPU 执行的机器指令构成。通常，正文段共享的，所以同时启动一个程序的多个进程（如：运行两个 bash Shell），在内存中只有一个正文段的副本。另外，正文段常常是只读的，这可以防止程序由于意外事故而修改其自身的指令。

（2）初始化数据段。常称为数据段，由程序中已赋初值的静态变量构成。例如，如果有处于 C 程序中任何函数之外的定义：

```
int gNum = 100;
```

则此变量将以初值 100 存放在初始化数据段中。

（3）非初始化数据段。常称为 bss 段，这一名称来源于早期汇编程序的一个操作符，意思是 "block started by symbol（由符号开始的块）"。在程序开始执行之前，内核将此段初始化为 0。例如，如果有处于 C 程序中任何函数之外的定义：

```
char *gName[100];
```

则此变量将存放在非初始化数据段中。

（4）栈。自动变量以及每次函数调用时所需保存的场景信息（如返回地址、寄存器值）存放在此段中。另外，函数调用时也使用栈来传递参数，被调用的函数则在栈上为其自动变量和临时变量分配存储空间。

（5）堆。通常在堆中进行动态存储分配。堆位于非初始化数据段顶和栈底之间。

图 7-3 显示了这些段的一种典型布局方式。注意，这是程序的逻辑布局，并不要求一个具体实现一定以这种方式安排其存储空间。

从图 7-3 还可注意到未初始化数据段的内容并不存放在磁盘程序文件中。需要存放在磁盘程序文件中的段只有正文段和初始化数据段。

使用 size 命令可查看一个可执行程序的正文段、数据段和 bss 段的长度（字节数）。例如：

```
jianglinmei@ubuntu:~/c$ size /bin/bash
   text      data     bss      dec        hex      filename
 799889     18452   20232    838573      ccbad    /bin/bash
```

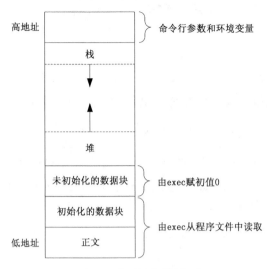

图 7-3　典型的存储空间布局

其中第 4 和第 5 列分别以十进制和十六进制显示各段的总长度。

7.1.2.7　静态库和共享库

所谓库，就是可复用的二进制可执行代码的有序集合。

Linux 下有两种类型的库，即静态库和共享库（又称动态库）。两者的一个重要区别在于其中的代码被载入的时刻不同：使用静态库的程序，在编译连接过程即载入静态库的代码并将静态库的代码置入编译出的可执行程序；而使用共享库的程序，在编译连接过程仅对共享库作简单引用，在程序运行时才将共享库的代码载入内存。

共享库的一个优点是，不同的应用程序如果调用相同的库，那么在内存里只需要有一份该共享库的副本。程序第一次执行或者第一次调用某个库函数时，用动态连接方法将程序与共享库函数相连接。这减少了每个可执行文件的长度，但增加了一些运行时间开销。共享库的另一个优点是可以用库函数的新版本代替老版本而无需对使用该库的程序重新编译和连接（假定参数的数目和类型都没有发生改变）。

在 Linux 下，库文件一般放在/usr/lib 和/lib 下。静态库的名字一般为 lib××××.a，其中××××是该库的名称。动态库的名字一般为 libxxxx.so.major.minor，其中××××是该库的名称，major 是主版本号，minor 是次版本号。

可使用 ar 命令将多个二进制目标代码文件打包成静态库。下面以一个示例来介绍静态库的建立和使用过程。先建立程序清单 7-3 至 7-5 所列静态库程序源文件。

程序清单 7-3　ex_static.h

```
1 extern int sum(int a, int b);
2 extern int average(int a, int b);
```

程序清单 7-4　ex_static1.c

```
1 int sum(int a, int b)
2 {
3    return a + b;
4 }
```

程序清单 7-5　ex_static2.c

```
1 int average(int a, int b)
2 {
3    return (a + b) / 2;
4 }
```

然后，在命令行编译生成目标代码并使用 ar 命令打包，如下所示。

```
jianglinmei@ubuntu:~/c$ gcc -c -o ex_static1.o ex_static1.c
jianglinmei@ubuntu:~/c$ gcc -c -o ex_static2.o ex_static2.c
jianglinmei@ubuntu:~/c$ ar rcs libmystatic.a ex_static1.o ex_static2.o
```

这样，即建立了一个静态库 mystatic，其库文件名为 libmystatic.a。可使用 Linux 下的 nm 命令来列出库中的符号清单，如下所示。

```
jianglinmei@ubuntu:~/c$ nm libmystatic.a

ex_static1.o:
00000000 T sum

ex_static2.o:
00000000 T average
```

对于每一个符号，nm 列出了它的值、类型和名称。这里的值 "00000000" 是符号在相应存储空间的段偏移，类型 "T" 表示正文段。

下面建立程序清单 7-6 所示代码，其中调用了上面建立的库文件中的函数。

程序清单 7-6　ex_test_static.c

```
1 #include <stdio.h>
2 #include "ex_static.h"
3
4 int main(void)
5 {
6    printf("3 + 5 = %d\n", sum(3, 5));
7    printf("average of 3 and 5 is: %d\n", average(3, 5));
8    return 0;
9 }
```

在命令行编译运行该程序，如下所示。

```
jianglinmei@ubuntu:~/c$ gcc -o ex_test_static ex_test_static.c -L. -lmystatic
jianglinmei@ubuntu:~/c$ ./ex_test_static
3 + 5 = 8
average of 3 and 5 is: 4
```

Linux 下可使用 gcc 的编译选项-shared 将使用 gcc –c –fPIC 命令生成的目标文件打包成共享库。

使用 Linux 命令 ldd 可以查看一个二进制可执行程序或共享库所依赖的共享库。例如：

```
jianglinmei@ubuntu:~/c$ ldd ex_test_static
    linux-gate.so.1 =>  (0x006c4000)
    libc.so.6 => /lib/i386-linux-gnu/libc.so.6 (0x0026d000)
    /lib/ld-linux.so.2 (0x00fa8000)
```

7.2　进程的结构

7.2.1　进程控制块和进程表

Linux 内核是通过一个称为**进程控制块**的数据结构来对并发执行的进程进行控制和管理的。进程控制块的英文缩写是 PCB（Process Control Block），在 Linux 内核中，PCB 由一个 task_struct 结构体定义。PCB 通常是系统内存占用区中的一个连续存区，它存放着内核用于描述进程情况及控制进程运行所需的全部信息。列举部分信息如下。

（1）进程标识符：每个进程都有一个唯一的标识符 PID。

（2）进程当前状态：说明进程当前所处的状态。为了管理的方便，系统设计时会将相同的状态的进程组成一个队列，如就绪进程队列，根据等待的事件不同组成的等待打印机队列、等待磁盘 I/O 完成队列，等等。

（3）进程的程序和数据地址：用于将 PCB 与其程序和数据联系起来。

（4）进程资源清单：列出所拥有的除 CPU 外的资源记录，如拥有的 I/O 设备，打开的文件列表等。

（5）进程优先级：进程的优先级反映进程的紧迫程度，通常由用户指定或系统设置。

（6）CPU 现场保护区：当进程因某种原因不能继续占用 CPU 时（如等待打印机），释放 CPU，这时就要将 CPU 的各种状态信息保护起来，以便将来再次得到 CPU 时恢复各种状态，继续运行。

（7）用于实现进程间通信所需的信息。

（8）其他信息：如父进程的 PID、有效用户 ID、有效组 ID、进程占用 CPU 的时间、进程退出码、当前目录节点、执行文件节点等。

Linux 内核将所有进程控制块组织成指针数组形式，形如：

```
struct task_struct *task[NR_TASK];
```

该指针数组即**进程表**，其中记录了指向各 PCB 的指针。NR_TASK 规定了最多可同时运行进程的个数。在近期 Linux 版本中的 PCB 组成一个环形结构，系统中实际存在的进程数由其定义的全局变量 nr_task 来动态记录。Linux 内核以 PID 作为进程表项（即进程控制块）的索引，以此来管理系统中的各进程。

7.2.2　进程标识

如上一小节所述，每个进程都有一个唯一进程标识 PID。在 Linux 中，PID 是一个非负整数。因为进程 ID 标识符总是唯一的，常将其用做其他标识符的一部分以保证其唯一性。

在 Linux 中，有三个进程具有其特殊性。

（1）PID 为 0 调度进程。该进程是内核的一部分，因此也被称为交换进程或系统进程。

（2）PID 为 1 的 init 进程。该进程在系统自举过程结束时由内核调用，其对应的程序文件是 /sbin/init。init 进程是由内核启动并运行的第一个用户进程（与交换进程不同，它不是内核中的系统进程），负责在内核自举后启动一个 Linux 系统，它通常读与系统有关的初始化文件（/etc/rc* 文件），并将系统引导到某一个状态（例如多用户）。init 进程决不会终止。它是一个普通的用户进程，但是它以超级用户特权运行。

（3）PID 为 2 的 kthreadd 内核进程。该进程也是一个内核线程。内核经常需要在后台执行一些操作，这种任务可以通过内核线程（kernel thread）完成。内核线程是独立运行在内核空间的标准进程，和普通的进程间的区别在于内核线程没有独立的地址空间，从来不切换到用户空间去。kthreadd 由内核从 init 进程产生，用于衍生出其他的内核线程。

一般进程都是由一个"父进程"创建的，被父进程创建的进程称为"子进程"。PID 为 0 的交换进程是其他所有进程的祖先进程。init 进程是所有其他用户进程的祖先进程。kthreadd 内核线程是其他所有内核线程的父进程。使用"pstree"命令和"ps ax -o pid,ppid,command"命令可以清楚地查看进程间的父子关系。例如：

```
jianglinmei@ubuntu:~$ ps ax -o pid,ppid,command
  PID  PPID COMMAND
   1     0 /sbin/init
   2     0 [kthreadd]
   3     2 [ksoftirqd/0]
   5     2 [kworker/u:0]
   6     2 [migration/0]
   7     2 [migration/1]
……
  644    1 /usr/sbin/sshd -D
  773    1 /usr/sbin/irqbalance
  774    1 cron
  775    1 atd
……
18408   644 sshd: jianglinmei [priv]
18573 18408 sshd: jianglinmei@pts/0
18574 18573 -bash
```

除了 PID 以外，每个进程还有一些其他标识符。下列函数可返回这些标识符。

```
#include <sys/types.h>
#include <unistd.h>
pid_t getpid(void);        /* 返回：调用进程的进程 ID        */
pid_t getppid(void);       /* 返回：调用进程的父进程 ID       */
uid_t getuid(void);        /* 返回：调用进程的实际用户 ID      */
uid_t geteuid(void);       /* 返回：调用进程的有效用户 ID      */
gid_t getgid(void);        /* 返回：调用进程的实际组 ID       */
gid_t getegid(void);       /* 返回：调用进程的有效组 ID       */
```

7.2.3 进程的状态

Linux 是一个多用户、多任务的分时操作系统，可以同时运行多个用户的多个程序，即多道程序同时运行。在多道程序系统中，进程在处理器上交替运行，状态也不断地发生变化。图 7-4 说明了 Linux 进程状态和各状态间的转换关系。

1. 运行状态

指正在 CPU 中运行或者就绪的状态，包括：内核运行态、用户运行态、就绪态。Linux 内核并不对此三种状态进行区分。

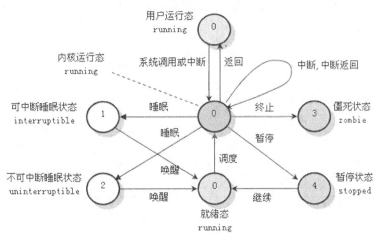

图 7-4　进程状态和转换关系

2. 可中断睡眠状态

当进程处于可中断等待状态时，系统不会调度该进程执行。当系统产生一个中断或者释放了进程正在等待的资源，或者进程收到一个信号，都可以唤醒进程转换到就绪状态。

3. 不可中断睡眠状态

不可中断，指的并不是 CPU 不响应外部硬件的中断，而是指进程不响应异步信号。处于该状态的进程不响应信号，只有使用 wake_up()函数明确唤醒才能转换到就绪状态。该状态被设计用于保护内核的某些处理流程不被打断，或者在进行某些 I/O 操作时避免进程与设备交互的过程被打断，造成设备陷入不可控的状态。

4. 暂停状态

当进程收到信号 SIGSTOP、SIGTSTP、SIGTTIN 或 SIGTTOU 时就会进入暂停状态。可向其发送 SIGCONT 信号让进程转换到可运行状态。

5. 僵死状态（TASK_ZOMBIE）

当进程已停止运行，但其父进程还没有询问其状态时，则称该进程处于僵死状态。

当一个进程的运行时间片用完后，系统调度程序就会切换到其他的进程去执行。而当进程在内核态运行时需要等待某个资源，该进程就会自愿放弃 CPU 的使用权，而让调度程序去执行其他进程，自己进入睡眠状态。

只有当进程从"内核运行态"转移到"睡眠状态"时，内核才会进行进程切换操作。在内核态下运行的进程不能被其他进程抢占，而且一个进程不能改变另一个进程的状态。为了避免进程切换时造成内核数据错误，内核在执行临界区代码时会禁止一切中断。

可在 Linuc 命令行下使用"ps ax -o pid,stat,command"命令查看进程所处的状态。例如：

```
jianglinmei@ubuntu:~$ ps ax -o pid,stat,command
PID STAT   COMMAND
   1 Ss     /sbin/init
  37 SN     [ksmd]
 892 Ssl    gdm-binary
2049 Ss+    bash
8204 S<     udevd --daemon
12682 R+    ps ax
```

其中，中间的 STAT 列显示了各进程的当前状态，该列的每一个字符代表一种状态。常见的状态字符的含义如表 7-1 所示。

表 7-1　　　　　　　　　　　　　　常见的进程状态字符

STAT 字符	说　　明
S	睡眠。通常是在等待某个事件的发生
R	运行/可运行，即在运行队列中，处于正在运行或即将运行状态
D	不可中断的睡眠（等待，不响应异步信号）。通常是在等待输入或输出完成
T	停止。通常是被 Shell 作业控制所停止，或处于调试器控制下
Z	僵尸（zombie）进程
N	低优先级任务
s	进程是会话期首进程
+	进程属于前台进程组
l	进程是多线程的
<	高优先级任务

7.3　进 程 控 制

7.3.1　system 函数

在进程中执行另一个程序的一个简单方法是调用标准库函数 system，其原型如下。

```
#include <stdlib.h>
int system(const char *command);
```

system 函数以一个命令字符串 command 作为其参数，该命令字符串的格式和 Shell 命令行中使用的命令一样。system 函数运行 command 命令并等待该命令完成，本质是执行 "/bin/sh -c command"。system 函数调用成功时返回相应命令的退出状态码，如果无法启动 Shell 则返回 127，发生其他错误时返回–1。

使用 system 函数并非启动其他进程的理想手段，因其必须先启动一个 Shell，再使用该 Shell 执行相应的命令。

下面以程序清单 7-7 所示程序来说明 system 函数的使用。

程序清单 7-7　　ex_system.c

```
 1 #include <stdlib.h>
 2 #include <stdio.h>
 3
 4 int main()
 5 {
 6     printf("Running ps with system\n");
 7     system("ps -ef");
 8     printf("Done.\n");
 9     exit(0);
10 }
```

程序第 7 行调用了 system 函数，执行"ps –ef"命令列出当前系统的进程。

在命令行编译并运行该程序，命令如下。

```
jianglinmei@ubuntu:~/c$ gcc -o ex_system ex_system.c
jianglinmei@ubuntu:~/c$ ./ex_system
Running ps with system
UID       PID PPID C STIME TTY          TIME CMD
root        1    0 0 Nov16 ?        00:00:01 /sbin/init
....
1001    20397 20396 0 18:53 pts/1   00:00:01 -bash
1001    20706 20397 0 19:13 pts/1   00:00:00 ./ex_system
1001    20707 20706 0 19:13 pts/1   00:00:00 sh -c ps -ef
1001    20708 20707 0 19:13 pts/1   00:00:00 ps -ef
Done.
```

从显示结果中可以看出，bash 创建 ex_system 进程，ex_system 进程创建了 sh 进程，然后 sh 进程创建最终的 ps 进程。

7.3.2   exec 函数

和 system 函数类似，可以调用 exec 系列函数以执行另外一个程序。这些函数的原型如下。

```
#include <unistd.h>
extern char **environ;
int execl(const char *path, const char *arg, ...);
int execlp(const char *file, const char *arg, ...);
int execle(const char *path, const char *arg, ...,
                  char * const envp[]);
int execv(const char *path, char *const argv[]);
int execvp(const char *file, char *const argv[]);
int execvpe(const char *file, char *const argv[],
             char *const envp[]);
int execve(const char *path, char *const argv[],
                  char *const envp[]);
```

和 system 函数需启动一个 Shell 来执行运行新的进程不同，当一个进程调用一种 exec 函数时，该进程将完全由新程序替换，新程序从其 main 函数开始执行。因为调用 exec 并不创建新进程，只是用另一个新程序替换了当前进程的正文、数据、堆和栈段，所以调用 exec 前后进程 ID 并未改变。

exec 系列函数各参数和返回值的含义如下。

1. path   待运行的程序全路径名（命令字符串）

2. file   待运行的程序名，通过 PATH 环境变量搜索其路径

3. arg   命令参数

4. ...   可选的一到多个命令参数，要求最后一个必须是 NULL

5. argv   命令参数指针数组

6. envp   传递给待运行程序的环境变量指针数组

7. 返回值

● 成功时不返回（原程序不再执行）

● 出错时返回–1，并设置 errno 变量

这些函数之间的第一个区别是，函数名包含字母 p（表示 "path"）的 execlp、execvp 和 execvpe 函数取文件名 file 作为第一个参数，其他函数则取路径名 path 作为第一个参数。当指定 file 作为参数时：如果 file 中包含/，则就将其视为路径名，否则就按 PATH 环境变量的设定，在相关目录中搜寻可执行文件。如果 execlp、execvp 和 execvpe 在 PATH 所设路径中找到了一个可执行文件，但是该文件不是由编译连接程序产生的机器可执行代码文件，则认为该文件是一个 Shell 脚本，于是会试着调用/bin/sh，并以该 filename 作为 Shell 的输入。

第二个区别与参数表的传递有关。函数名中包含字母 l（表示 "list"）的 execl、execlp 和 execle 要求将新程序的每个命令行参数都作为一个单独的参数，然后在最后一个命令行参数后附加一个空指针参数结尾。函数名中包含字母 v（表示 "vector"）的另外三个函数 execv、execvp 和 execve) 则要求先构造一个指向各参数的指针数组，数组的最后一个元素也必须是空指针，然后以该数组地址作为这三个函数的参数。

最后一个区别与向新程序传递环境表相关。函数名以字母 e（表示 "evironment"）结尾的三个函数 execle、execvpe 和 execve 可以传递一个指向环境字符串指针数组的指针，该指针数组也必须以空指针作为其最后一个元素。其他四个函数则无法传递环境变量，只能使用调用进程中的全局 environ 变量为新程序复制现存的环境。

这些函数中，前 6 个函数是通过 execve 函数实现的，称为 execve 函数的前端。execvpe 函数是 GNU 的扩展。

程序清单 7-8 说明各个 exec 函数的基本用法。

程序清单 7-8　exec 函数的基本用法

```
#include <unistd.h>
/* 命令行参数指针数组范例，注意数组应以命令名本身（即 argv[0]）作为第一个元素 */
char *const ps_argv[] = {"ps", "ax", 0};

/* 环境变量指针数组范例 */
char *const ps_envp[] = {"PATH=/bin:/usr/bin", "TERM=console", 0};

/* 各个 exec 函数的调用方法范例，以下函数不可能同时成功调用，
 * 因一旦一个调用成功就不会返回，其后的语句将不再有机会得到执行。 */
execl("/bin/ps", "ps", "ax", 0);              /* 假设 ps 命令在/bin 目录下 */
execlp("ps", "ps", "ax", 0);                  /* 假设/bin 目录在 PATH 环境变量中 */
execle("/bin/ps", "ps", "ax", 0, ps_envp);
execv("/bin/ps", ps_argv);
execvp("ps", ps_argv);
execvpe("ps", ps_argv, ps_envp);
execve("/bin/ps", ps_argv, ps_envp);
```

前面曾提及在执行 exec 后，进程 ID 没有改变。除此之外，执行新程序的进程还保持了原进程的下列特征。

（1）进程 ID 和父进程 ID。

（2）实际用户 ID 和实际组 ID。

（3）添加组 ID。

（4）进程组 ID。

（5）会话期 ID。

（6）控制终端。

（7）闹钟尚余留的时间。

（8）当前工作目录。

（9）根目录。

（10）文件权限创建屏蔽字。

（11）文件锁。

（12）进程信号屏蔽。

（13）未决信号。

（14）资源限制。

（15）用户态运行时间、内核态运行时间、子进程用户态运行时间和子进程内核态运行时间。

对打开文件的处理与每个描述符的 exec 关闭标志值有关。进程中每个打开的描述符都有一个 exec 关闭标志（FD_CLOEXEC）。若此标志设置，则在执行 exec 时关闭该描述符，否则该描述符仍打开。除非特地用 fcntl 设置了该标志，否则系统的默认操作是在 exec 后仍保持这种描述符打开。

POSIX.1 标准明确要求在 exec 时关闭打开的目录流。通常在 opendir 函数内部调用即调用了 fcntl 函数为对应于打开目录流的描述符设置 exec 关闭标志。

注意，在 exec 前后实际用户 ID 和实际组 ID 保持不变，而有效 ID 是否改变则取决于所执行程序的文件 SUID 位和 SGID 位是否设置。如果新程序的 SUID 位已设置，则有效用户 ID 变成程序文件所有者的 ID，否则有效用户 ID 不变。对组 ID 的处理方式与此相同。

程序清单 7-9 说明 exec 函数的效用。

程序清单 7-9 ex_exec.c

```
 1 #include <unistd.h>
 2 #include <stdio.h>
 3 #include <stdlib.h>
 4 int main()
 5 {
 6    printf("Running ps with execlp\n");
 7    execlp("ps", "ps", "ax", NULL);
 8    printf("Done.\n");
 9    exit(0);
10 }
```

程序清单 7-9 中的代码和程序清单 7-7 的代码基本一样，只是在第 7 行用 execlp 函数代替了 system 函数。

在命令行编译并运行该程序，命令如下。

```
jianglinmei@ubuntu:~/c$ gcc -o ex_exec ex_exec.c
jianglinmei@ubuntu:~/c$ ./ex_exec
Running ps with execlp
UID        PID  PPID C STIME TTY        TIME CMD
root         1    0  0 Nov16 ?       00:00:01 /sbin/init
......
1001     21758 21757 1 22:28 pts/2    00:00:01 -bash
1001     21874 21758 0 22:29 pts/2    00:00:00 ps -ef
```

从显示结果中可以看出，并不存在原始的 ex_exec 进程，bash 进程就是 ps 进程的父进程。

7.3.3 fork 函数

一个现存进程创建一个新进程的唯一方法是调用 fork 或 vfork 函数（7.2.2 节介绍的三个特殊进程除外，vfork 函数在下一小节介绍）。fork 函数的原型如下。

```
#include <unistd.h>
pid_t fork(void);
```

由 fork 创建的新进程被称为子进程（child process）。该函数被调用一次，但返回两次。两次返回的区别是子进程的返回值是 0，而父进程的返回值则是子进程的 PID（因交换进程的 PID 为 0，所以一个子进程的进程 ID 不可能为 0）。在子进程中可以调用 getppid 函数获得父进程的 PID。当 fork 失败时，将返回-1，并设置全局变量 errno。fork 典型错误为：

（1）E_AGAIN —— 子进程超过 CHILD_MAX 限制。

（2）ENOMEM —— 进程表无足够空间。

在调用 fork 函数之后，子进程和父进程继续执行 fork 之后的指令。

一般来说，在 fork 之后是父进程先执行还是子进程先执行是不确定的，父进程和子进程是完全独立运行的。如果要求父、子进程之间相互同步，则要求采用某种形式的进程间通信机制。

子进程是父进程的复制品。例如，子进程获得父进程数据空间、堆和栈的复制品。注意，这是子进程所拥有的拷贝，父、子进程并不共享这些存储空间。如果正文段是只读的，则父、子进程共享正文段。

但是，Linux 下的 fork 函数并不对父进程的数据段、堆和栈进行完全拷贝，而是使用了写时复制（Copy-On-Write,COW）的技术，让由父、子进程共享这些区域，而且内核将它们的存取许可权改变为只读的。当有进程试图修改这些区域时，才由内核为有关部分做一个拷贝。

fork 创建的子进程继承了父进程的以下属性。

（1）已打开的文件描述符。

（2）实际用户 ID、实际组 ID、有效用户 ID、有效组 ID。

（3）添加组 ID。

（4）进程组 ID。

（5）对话期 ID。

（6）控制终端。

（7）SUID 标志和 SGID 标志。

（8）当前工作目录。

（9）根目录。

（10）文件方式创建屏蔽字。

（11）信号屏蔽和排列。

（12）已打开的文件描述符的执行时关闭标志。

（13）环境。

（14）连接的共享存储段。

（15）资源限制。

父、子进程之间的区别是：

（1）fork 的返回值。

（2）进程 ID。

（3）不同的父进程 ID。

（4）子进程的用户态运行时间、内核态运行时间、子进程用户态运行时间和子进程内核态运行时间被设置为 0。

（5）父进程设置的锁，子进程不继承。

（6）子进程的未决告警被清除。

（7）子进程的未决信号集设置为空集。

fork 有以下两种用法。

（1）一个父进程希望复制自己，使父、子进程同时执行不同的代码段。这在网络服务进程中是常见的——父进程等待委托者的服务请求，当请求到达时，父进程调用 fork，使子进程处理此请求，父进程则继续等待下一个服务请求。

（2）一个进程要执行一个不同的程序。这对 Shell 是常见的情况。在这种情况下，子进程在从 fork 返回后立即调用 exec。当然，子进程在 fork 和 exec 之间可以更改自己的属性，如 I/O 重新定向、用户 ID、信号排列等。

程序清单 7-10 说明了 fork 函数的用法。

程序清单 7-10　ex_fork.c

```
 1  #include <sys/types.h>
 2  #include <unistd.h>
 3  #include <stdio.h>
 4  #include <stdlib.h>
 5  int main()
 6  {
 7      pid_t pid;          /* 用于保存 PID */
 8      char *message;      /* 用于保存消息字符串 */
 9      int n = 2;          /* 计数变量 */
10
11      printf("fork program starting\n");
12      pid = fork();       /* 创建子进程 */
13      switch(pid)
14      {
15      case -1:            /* 出错 */
16          perror("fork failed");
17          exit(1);
18      case 0:             /* 子进程 */
19          message = "This is the child";
20          n = 5;
21          break;
22      default:            /* 父进程 */
23          message = "This is the parent";
24          n++;
25          break;
26      }
27
28      for(; n > 0; n--) {
29          puts(message);
30          sleep(1);
31      }
```

```
32
33    exit(0);
34 }
```

程序第 12 行调用 fork 函数创建子进程，返回值保存于变量 pid。第 13 ~ 26 行间的 switch 语句根据 fork 的返回值对出错情况、父进程和子进程作不同的处理。第 28 ~ 31 行的 for 循环根据父、子进程设置的计数值不同分别多次输出各自的消息字符串，该循环在父进程中循环 3 次，在子进程中循环 5 次，其中的 puts 语句总共执行了 8 次。

在命令行编译并运行该程序，命令和结果如下。

```
jianglinmei@ubuntu:~/c$ ./ex_fork
fork program starting
This is the parent
This is the child
This is the parent
This is the child
This is the parent
This is the child
jianglinmei@ubuntu:~/c$ This is the child
This is the child
```

注意，程序运行结果中，有两条"This is the child"出现在了命令行提示符"$"之后，这是因为父进程比子进程更早退出，回到了 Shell。

7.3.4　vfork 函数

vfork 是另一个可以创建子进程的函数，与 fork 函数最大的一个区别是，vfork 函数创建子进程后会阻塞父进程，其原型如下。

```
#include<sys/types.h>
#include<unistd.h>
pid_t vfork(void);
```

vfork 函数被调用一次，也会返回两次，返回值的含义也和 fork 完全一样。vfork 创建的新进程的目的是 exec 另一个程序。

vfork 与 fork 一样都创建一个子进程，但是它并不将父进程的地址空间完全复制到子进程中，因为子进程会立即调用 exec 或 exit，于是也就不会存访该地址空间。但在子进程调用 exec 或 exit 之前，它在父进程的空间中运行。这种工作方式在一定程度上提高了效率。

vfork 和 fork 之间的另一个区别是：vfork 保证子进程先运行，在子进程调用 exec 或 exit 之后父进程才可能被调度运行。

程序清单 7-11 说明了 vfork 函数的效用。

程序清单 7-11　ex_vfork.c

```
1 #include <sys/types.h>
2 #include <unistd.h>
3 #include <stdio.h>
4 #include <stdlib.h>
5 int main()
6 {
7    pid_t pid;        /* 用于保存 PID */
```

```
 8    char *message;        /* 用于保存消息字符串 */
 9    int n = 2;            /* 计数变量 */
10
11    printf("fork program starting\n");
12    pid = vfork();        /* 用 vfork 创建子进程 */
13    switch(pid)
14    {
15    case -1:              /* 出错 */
16       perror("fork failed");
17       exit(1);
18    case 0:               /* 子进程 */
19       message = "This is the child";
20       n = 5;
21       break;
22    default:              /* 父进程 */
23       message = "This is the parent";
24       n++;
25       break;
26    }
27
28    for(; n > 0; n--) {
29       puts(message);
30       sleep(1);
31    }
32
33    exit(0);
34  }
```

除第 12 行使用 vfork 代替 fork 以外，本程序其他代码与程序清单 7-10 中的代码完全一致。在命令行编译并运行该程序，命令如下。

```
jianglinmei@ubuntu:~/c$ gcc -o ex_vfork ex_vfork.c
jianglinmei@ubuntu:~/c$ ./ex_vfork
fork program starting
This is the child
This is the child
This is the child
This is the child
This is the parent
```

从程序的运行结果可以看到，子进程的信息完全输出运行完毕之后，父进程才得到运行并输出自己的信息。另外，子进程中的 for 循环执行了 5 次，而父进程中的 for 循环只执行了 1 次，为什么？如上所述，在子进程调用 exec 或 exit 之前，它在父进程的空间中运行，即子进程共享了父进程的变量。子进程运行完之后，变量 n 的值为 0。这时开始运行父进程在 vfork 之后的代码。父进程在第 24 行代码处将 n 的值增加了 1，因此其后的 for 循环执行 1 次。

7.3.5　进程的终止状态

在 7.1.2.2 小节曾描述，进程有 3 种正常终止方式和两种异常终止方式。不管进程如何终止，最后都会执行内核中的同一段代码。这段代码为相应进程关闭所有已打开的文件描述符，释放它所使用的内存等。

对任意一种终止情形，父进程都应当得到通知，知道子进程是如何终止的。对于正常终止的情况，传向 exit 或_exit 的参数，或 main 函数的返回值，指明了它们的退出状态（exits tatus），内核以该"退出状态"作为进程的"终止状态"。在异常终止情况下，内核（不是进程本身）会产生一个指示其异常终止原因的终止状态（termination status）。终止进程的父进程可使用 wait 或 waitpid 函数（在下一节介绍）取得其终止状态。

上面介绍了子进程将其终止状态返回给父进程。但是如果父进程在子进程之前终止，会发生什么情况呢？答案是，对于父进程已经终止的所有进程，它们的父进程都改变为 init 进程，称这些进程被 init 进程领养。这种处理方法保证了每个进程都有一个父进程。

另外，如果子进程在父进程之前终止，那么父进程如何得到子进程的终止状态呢？答案是，进程终止的时候，内核并未马上释放其进程控制块（PCB），而是在其中保留了一定量的信息，所以当终止进程的父进程调用 wait 或 waitpid 时，可以得到这些信息。这些信息至少包括进程 ID、该进程的终止状态、以及该进程使用的 CPU 时间总量。

一个已经终止、但是其父进程尚未对其进行善后处理（获取终止子进程的有关信息、释放它仍占用的资源）的进程被称为僵尸进程（zombie）。

7.3.6 wait 和 waitpid 函数

父进程可以调用 wait 或 waitpid 函数等待子进程的结束。这两个函数的原型如下。

```
#include <sys/types.h>
#include <sys/wait.h>
pid_t wait(int *status);
pid_t waitpid(pid_t pid, int *status, int options);
```

wait 函数等待任一子进程的结束，waitpid 函数则可等待指定的子进程的结束。这两个函数各参数和返回值的含义如下。

1. status　　输出参数，用于获取子进程的退出状态。如果调用者不关心终止状态，则可将该参数指定为空指针
2. pid　　　要等待的子进程的 PID，值为–1 时意为任一子进程
3. options　常见的选项为 WNOHANG，意为不阻塞调用者进程
4. 返回值

● 成功时，返回已结束子进程的 PID；对于 waitpid，若指定了 WNOHANG 选项，但没有子进程终止，则返回 0

● 出错时返回–1，并设置 errno 变量

在父进程中调用 wait 或 waitpid 可能发生以下情况。

（1）阻塞（如果其所有子进程都还在运行）。

（2）带子进程的终止状态立即返回（如果一个子进程已终止，正等待父进程获取其终止状态）。

（3）出错立即返回（如果它没有任何子进程）。

当一个进程终止（正常或异常）时，内核会向其父进程发送 SIGCHLD 信号。父进程的默认处理是忽略该信号，但也可以设置一个信号发生时即被调用执行的回调函数以捕获该信号（关于信号处理在 7.4 节介绍）。如果父进程在捕获 SIGCHLD 信号的回调函数中调用 wait，则可期望 wait 会立即返回。但是如果在一个任意时刻调用 wait，则进程可能会阻塞。

waitpid 和 wait 区别如下。

（1）在一个子进程终止前，wait 的调用者一定阻塞；而 waitpid 可使用 WNOHANG 选项让调用者不阻塞。

（2）waitpid 可等待任一个子进程的终止，也可以等待指定子进程的终止。这和传递给 pid 参数的值有关。

① pid ==−1   等待任一子进程。

② pid > 0   等待其进程 ID 与 pid 相等的子进程。

③ pid == 0   等待其组 ID 等于调用进程的组 ID 的任一子进程。

④ pid <−1   等待其组 ID 等于 pid 的绝对值的任一子进程。

POSIX.1 规定终止状态用定义在<sys/wait.h>中的各个宏来查看。有三个互斥的宏可用来取得进程终止的原因，它们的名字都以 WIF 开始。基于这三个宏中哪一个值是真，就可选用其他宏来取得终止状态、信号编号等。表 7-2 列出了这些宏的含义。

表 7-2   用于解释进程退出状态的宏

宏	说　　明
WIFEXITED(status)	如果子进程正常结束，则取非零值
WEXITSTATUS(status)	如果 WIFEXITED 非零，得到子进程的退出码
WIFSIGNALED(status)	如果子进程因未捕获的信号而终止，则取非零值
WTERMSIG(status)	如果 WIFSIGNALED 非零，得到引起子进程终止的信号代码
WIFSTOPPED(status)	如果子进程已意外终止，则取非零值
WSTOPSIG(status)	如果 WIFSTOPPED 非零，则得到引起子进程终止的信号代码

程序清单 7-12 说明了 wait 函数的使用方法。

程序清单 7-12   ex_wait.c

```
 1  #include <sys/types.h>
 2  #include <sys/wait.h>
 3  #include <unistd.h>
 4  #include <stdio.h>
 5  #include <stdlib.h>
 6
 7  int main()
 8  {
 9      pid_t pid;          /* 用于保存 PID */
10      char *message;      /* 用于保存消息字符串 */
11      int n = 2;          /* 计数变量 */
12      int exit_code;      /* 退出状态 */
13
14      printf("fork program starting\n");
15      pid = fork();       /* 创建子进程 */
16
17      switch(pid)
18      {
19      case -1:
20          perror("fork failed");
21          exit(1);
22      case 0:
```

```
23        message = "This is the child";
24        n = 5;
25        exit_code = 37; /* 子进程退出状态设为 37 */
26        break;
27    default:
28        message = "This is the parent";
29        n++;
30        exit_code = 0;  /* 父进程退出状态设为 0 */
31        break;
32    }
33
34    for(; n > 0; n--)
35    {
36        puts(message);
37        sleep(1);
38    }
39
40    if (pid != 0)        /* 父进程 */
41    {
42        int stat_val;
43        pid_t child_pid;
44
45        child_pid = wait(&stat_val); /* 等待子进程退出并获取其退出状态 */
46
47        printf("Child has finished: PID = %d\n", child_pid);
48        if(WIFEXITED(stat_val))        /* 判断是否正常退出 */
49            printf("Child exited with code %d\n", WEXITSTATUS(stat_val));
50        else
51            printf("Child terminated abnormally\n");
52    }
53
54    exit(exit_code);
55 }
```

本程序在程序清单 7-10 的基础上作了一些改动。在第 25 行和第 30 行分别设置了子进程和父进程的退出状态。第 40～52 行代码的作用是，在父进程中等待子进程的退出并获取其退出状态，输出退出的子进程的 PID，若正常退出则一并输出其退出状态值。

在命令行编译并运行该程序，命令和运行结果如下。

```
jianglinmei@ubuntu:~/c$ gcc -o ex_wait ex_wait.c
jianglinmei@ubuntu:~/c$ ./ex_wait
fork program starting
This is the parent
This is the child
This is the parent
This is the child
This is the parent
This is the child
This is the child
This is the child
Child has finished: PID = 24664
Child exited with code 37
```

7.4 信 号

7.4.1 简介

信号是软件中断，是 Linux 系统为响应某些条件而产生的一个事件。信号提供了一种处理异步事件的方法，可作为进程间通信的一种机制，由一个进程发送给另一个进程。

每个信号都有一个以 SIG 开头名称，例如 SIGINT、SIGALRM 等。这些信号名称在系统的头文件中（包含 signal.h 可引用）以宏的形式定义，对应一个正整数（信号编号）。

有以下情形可以产生一个信号。

（1）当用户在终端键入某些组合键时产生信号。例如：在终端上按 Ctrl+C 组合键通常产生中断信号（SIGINT），这是一种常用的终止一个已失去控制的进程的方法。

（2）硬件异常产生信号。例如：除数为 0、非法的内存访问等。这类异常一般由硬件检测到并将其通知内核，然后内核产生适当的信号发送给正在运行的进程。例如，向执行了非法的内存访问的进程发送一个 SIGSEGV 信号。

（3）进程调用 kill 函数将信号发送给另一个进程或进程组。

（4）用户在 Shell 命令行，使用 kill 命令将信号发送给其他进程。实际上 kill 命令只是 kill 函数的一个命令行接口，两者本质上是同一种情形。在命令行使用 "kill -<信号名> <PID>" 命令可向指定进程发送指定信号，使用 "killall -<信号名> <命令名>" 可向所有运行<命令名>的进程发送指定信号。

（5）当检测到某种软件异常时产生信号。例如：在网络连接中接收到与约定的波特率不符的数据时产生 SIGURG 信号、向管道写数据时没有与之对应的读进程时产生 SIGPIPE 信号、设置的闹钟时间已经超时时产生 SIGALRM 信号等。

信号是一种典型的异步事件，产生信号的事件对进程而言是随机出现的。当信号产生时，可有三种处理方式：忽略、捕获或执行默认操作。

（1）忽略信号。大多数信号都可使用这种方式进行处理。但 SIGKILL 和 SIGSTOP 这两种信号决不能被忽略，因为它们为超级用户提供了一种使进程终止或停止的可靠方法。另外，某些由硬件异常产生的信号（例如非法的内存访问或除以 0）也不应被忽略，如果忽略则进程的行为是未定义的。

（2）捕获信号。为此进程必须事先设置响应信号的回调函数，让内核在信号产生时调用该函数。

（3）执行系统默认动作。对表 7-3 所列的信号，系统采取的默认动作是立即终止该进程。表 7-4 则列出了 Linux 环境下一些其他常见的信号。

表 7-3 未捕获时会引起进程终止的信号

信号名称	说　明
SIGABORT	调用 abort 函数时产生，进程将异常终止
SIGALRM	超时。一般由 alarm 设置的定时器产生
SIGFPE	浮点运算异常，如除以 0 和浮点溢出

续表

信号名称	说　明
SIGHUP	终端关闭或断开连接。由处于非连接状态的终端发给控制进程或由控制进程在自身结束时发给每个前台进程
SIGILL	非法指令。通常由一个崩溃的程序或无效的共享内存模块引起
SIGINT	程序终止，一般由从终端敲入的中断字符（Ctrl + C）产生
SIGKILL	终止进程(此信号不能被捕获或忽略)，一般在 Shell 中用它来强制终止异常进程
SIGPIPE	向管道写数据时没有与之对应的读进程时产生
SIGQUIT	程序退出。一般由终端敲入的退出字符（Ctrl + \）产生
SIGSEGV	无效内存段访问。一般是因为对内存中的无效地址进行读写引起，如数组越界、解引用无效指针
SIGTERM	kill 命令默认发送的信号，要求进程结束运行。UNIX 在关机时也用此信号要求服务停止运行
SIGUSR1	用户定义信号 1，用于进程间通信
SIGUSR2	用户定义信号 2，用于进程间通信

表 7-4　　　　　　　　　　未捕获时不会引起进程终止的常见信号

信号名称	说　明
SIGCHLD	子进程停止或退出时产生，默认被忽略
SIGCONT	如果进程被暂停则继续执行
SIGSTOP	停止执行（此信号不能被捕获或忽略）
SIGTSTP	终端挂起。通常因按下 Ctrl + Z 组合键而产生
SIGTTIN	后台进程尝试读操作。Shell 用以表明后台进程因需要从终端读取输入而暂停运行
SIGTTOU	后台进程尝试写操作。Shell 用以表明后台进程因需要产生输出而暂停运行

7.4.2　捕获信号

最简单的捕获信号的方式是调用 signal 函数。该函数的原型如下。

```
#include <signal.h>
typedef void (*sighandler_t)(int);
sighandler_t signal(int signum, sighandler_t handler);
```

signal 函数各参数和返回值的含义如下。

1. signum　　准备捕获或忽略的信号

2. handler　　捕获到信号后由系统调用的回调函数。可以设为以下特殊值：

- SIG_IGN　忽略信号
- SIG_DFL　恢复默认行为

3. 返回值

- 成功时返回原先定义信号处理函数，如果原先未定义则返回 SIG_ERR，并设置 errno 为一正数值

- 出错时，如果给出的是一个无效的信号、不可捕获或不可忽略的信号，则返回 SIG_ERR，并设置 errno 为 EINVAL

进程启动时，所有信号的状态都为系统默认或忽略。调用 exec 函数会将原先设置为要捕捉的

信号都更改为默认动作。这很容易理解：一个进程原先要捕捉的信号，当其执行一个新程序后，就自然地不能再捕捉了，因为原先设定的信号捕捉函数的地址新程序中已无意义。当一个进程调用 fork 创建子进程时，其子进程继承了父进程的信号处理方式。因为子进程在开始时复制了父进程存储映像，所以信号捕捉函数的地址在子进程中是有意义的。

Shell 程序对信号的处理有其特殊性，它会自动将后台进程中对中断和退出信号的处理方式设置为忽略。这样，当用户在命令行按 Ctrl+C 或 Ctrl+\组合键时就不会影响到后台进程。否则的话，使用 Ctrl+C 或 Ctrl+\组合键将不但会终止前台进程，也会终止所有后台进程。

交互式程序通常会采用下列形式的代码来捕获 SIGINT 信号（对应 Ctrl+C）和 SIGQUIT 信号（对应 Ctrl+\）。

```
int sig_int(), sig_quit();
if(signal(SIGINT, SIG_IGN) != SIG_IGN)
    signal(SIGINT, sig_int);
if(signal(SIGQUIT, SIG_IGN) != SIG_IGN)
    signal(SIGQUIT, sig_quit);
```

这样处理后，仅当不忽略 SIGINT 和 SIGQUIT 时，进程才捕获它们。从 signal 的这两个调用中可以看到 signal 函数的限制：不改变信号的处理方式就无法确定信号的当前处理方式。

程序清单 7-13 说明了 signal 函数的使用方法。

程序清单 7-13　ex_signal.c

```
 1 #include <signal.h>
 2 #include <stdio.h>
 3 #include <unistd.h>
 4
 5 void gotit(int sig)                   /* 定义信号回调函数 */
 6 {
 7     printf("signal %d is captured.\n", sig);
 8     signal(SIGINT, SIG_DFL);          /* 设置回默认动作 */
 9 }
10
11 int main()
12 {
13     signal(SIGINT, gotit);            /* 设置 SIGINT 信号的回调函数 */
14     while(1)
15     {
16         printf("Hello World!\n");
17         sleep(1);
18     }
19 }
```

本程序非常简短，首先在第 5 行定义了一个函数 gotit，然后在主函数 main 中（第 13 行）将其设置为 SIGINT 信号（由用户在终端按 Ctrl+C 组合键产生）的回调函数。第 14 ~ 18 行的 while 循环是一个死循环没有退出条件，因此该程序只能通过信号来终止。

在命令行编译并运行该程序，命令及结果如下。

```
jianglinmei@ubuntu:~/c$ gcc -o ex_signal ex_signal.c
jianglinmei@ubuntu:~/c$ ./ex_signal
Hello World!
Hello World!
```

```
^Csignal 2 is captured.
Hello World!
Hello World!
^C
```

从程序执行结果可见，用户第一次按下 Ctrl+C 组合键时，输出了程序清单 7-13 第 7 行打印的信息，说明程序捕获到了 SIGINT 信号。用户第二次按下 Ctrl+C 组合键时，程序终止。这是因为程序清单 7-13 第 8 行将对 SIGINT 信号的处理设置回了默认动作。

7.4.3 发送信号

7.4.3.1 kill 函数

一个进程可以调用 kill 函数给自己或其他进程发送信号。kill 函数的原型如下。

```
#include <sys/types.h>
#include <signal.h>
int kill(pid_t pid, int sig);
```

kill 函数各参数和返回值的含义如下。

1. pid   接收信号的进程 PID
2. sig   要发送的信号
3. 返回值   成功时返回 0；失败时返回−1，并设置 errno 全局变量。常见的 errno 值为：
- EINVAL   给定的信号无效
- EPERM   发送进程权限不够
- ESRCH   目标进程不存在

使用 kill 发送信号时，发送方进程应具有相应的权限，必须满足以下两个条件之一：

（1）接收信号进程和发送信号进程的所有者相同。

（2）发送信号的进程的所有者是超级用户。

程序清单 7-14 说明了 kill 函数的使用方法。

程序清单 7-14   ex_kill.c

```
 1 #include <sys/types.h>
 2 #include <sys/wait.h>
 3 #include <unistd.h>
 4 #include <stdio.h>
 5 #include <stdlib.h>
 6
 7 int main()
 8 {
 9    pid_t pid;
10    char *message;
11    int n = 2;
12
13    printf("fork program starting\n");
14    pid = fork();          /* 创建子进程 */
15
16    switch(pid)
17    {
18    case -1:
19       perror("fork failed");
```

```
20        exit(1);
21    case 0:
22        message = "This is the child";
23        n = 5;
24        break;
25    default:
26        message = "This is the parent";
27        n++;
28        break;
29    }
30
31    for(; n > 0; n--)
32    {
33        puts(message);
34        sleep(1);
35    }
36
37    if (pid != 0)
38    {
39        kill(pid, SIGINT);   /* 向子进程发送 SIGINT 信号 */
40    }
41
42    return 0;
43 }
```

本程序在程序清单 7-10 的基础上添加了第 37 ~ 40 行的代码。这段代码的作用是在父进程中向子进程发送 SIGINT 信号。

在命令行编译并运行该程序，命令及结果如下。

```
jianglinmei@ubuntu:~/c$ gcc -o ex_kill ex_kill.c
jianglinmei@ubuntu:~/c$ ./ex_kill
fork program starting
This is the parent
This is the child
This is the parent
This is the child
This is the parent
This is the child
```

比较程序清单 7-10 的输出结果可以看出，子进程的 for 循环只循环了 3 次（比设定的 n=5 次少了 2 次），这是因为父进程发送的 SIGINT 信号使子进程中途终止了。

7.4.3.2　alarm、pause 和 sleep 函数

使用 alarm 函数可以为进程设置一个定时器，在设定的时间到达时，产生 SIGALRM 信号。如果不忽略也不捕获此信号，其默认动作是终止进程。alarm 函数的原型如下。

```
#include <unistd.h>
unsigned int alarm(unsigned int seconds);
```

alarm 函数的参数和返回值的含义如下。

1．seconds　　指定几秒后产生 SIGALRM 信号，0 表示取消设置

2．返回值　　成功时返回以前设置的定时器时间的余留秒数；失败时返回 0

每个进程只能有一个定时器。在进程内再次调用 alarm 时，原定时器时间的余留秒数作为本

次 alarm 函数调用的值返回。以前登记的定时器时间则被新值取代。另外，alarm 设置的定时器并非周期性的定时器，即调用一次只产生一次 SIGALRM 信号。如果要实现每隔一定时间都周期性地产生 SIGALRM 的功能，必须在其信号处理程序中再次调用 alarm 函数。

应注意，经过指定秒后，内核产生 SIGALRM 信号，但由于进程调度的延迟，进程真正处理该信号还需一段额外的时间，即，alarm 函数设置的定时器并不能精确定时执行用户设定的操作。

调用 pause 函数可使调用进程挂起直至捕捉到一个信号，其原型如下。

```
#include <unistd.h>
int pause(void);
```

调用 pause 函数将使用进程挂起，直到进程捕获到一个信号并从该信号的信号处理程序中返回时，pause 函数才返回。在此情况下 pause 的返回–1，并设置全局变量 errno 的值为 EINTR。

使用 alarm 和 pause，进程可使自己睡眠一段指定的时间。程序清单 7-14 中的 mysleep 函数实现了这一功能。

程序清单 7-15 说明了 kill 函数的使用方法。

程序清单 7-15　ex_alarm_pause.c

```
 1  #include <unistd.h>
 2  #include <signal.h>
 3  #include <stdio.h>
 4  #include <stdlib.h>
 5
 6  static void onTimer(int sig)              /* SIGALRM 信号处理程序 */
 7  {
 8      printf("The timer is timeout.\n");
 9  }
10
11  static unsigned int mysleep(unsigned int seconds)
12  {
13      if (signal(SIGALRM, onTimer) == SIG_ERR)
14      {
15          printf("Fail to call signal()\n");
16          return seconds;
17      }
18
19      alarm(seconds);                      /* 设置定时器时间 */
20      pause();                             /* 暂停，等待信号的产生 */
21
22      return alarm(0);                     /* 关闭定时器，返回定时器余留秒数 */
23  }
24
25  int main()
26  {
27      printf("Begin...\n");
28      mysleep(10);
29      printf("End...\n");
30
31      return 0;
32  }
```

程序 6～9 行定义了 SIGALRM 信号的信号处理程序（回调函数）。

　　程序第 11 行 ~ 第 23 行定义了一个睡眠函数。在第 13 行设置 onTimer 为 SIGALRM 信号的信号处理程序，第 19 行设置定时器，第 20 行调用 pause 函数使用进程暂停。当定时时间到达时，onTimer 函数被执行。当进程从 onTimer 函数中返回时，pause 函数即返回，进程继续往下执行。最后第 22 行关闭定时器并返回定时器余留秒数。

　　在命令行编译并运行该程序，命令及结果如下。

```
jianglinmei@ubuntu:~/c$ gcc -o ex_alarm_pause ex_alarm_pause.c
jianglinmei@ubuntu:~/c$ ./ex_alarm_pause
Begin...
The timer is timeout.
End...
```

　　观察程序输出结果的过程，可以发现在输出 "Begin..." 之后，程序暂停了 10 秒左右，然后继续输出其他信息并退出。

　　程序清单 7-15 所示的 mysleep 函数虽能实现让进程睡眠若干秒的功能，但还存在以下缺陷。

　　（1）如果调用者已设置了定时器，则它会被 mysleep 函数中的第一次 alarm 调用消除。

　　（2）mysleep 函数中修改了对 SIGALRM 的设置。作为一个公用函数应在该函数被调用时先保存原设置，并在该函数返回前恢复其设置。

　　（3）在调用 alarm 和 pause 之间有一个竞态条件。在一个繁忙的系统中，alarm 可能在调用 pause 之前超时，并调用了信号处理程序。如果发生了这种情况，而在调用 pause 后，再没有捕捉到其他信号，调用者将永远被挂起。

　　Linux 提供了一个更严谨的 sleep 函数实现了睡眠若干秒的功能。sleep 函数的原型如下。

```
#include <unistd.h>
unsigned int sleep(unsigned int seconds);
```

　　sleep 函数使调用进程挂起直到：已经过了 seconds 所指定秒数，或者捕捉到一个信号并从信号处理程序返回。

　　如同 alarm 函数一样，sleep 函数的返回值为所设时间的余留秒数。

7.4.3.3　abort 函数

　　abort 函数的功能是使程序异常终止，其原型如下。

```
#include <stdlib.h>
void abort(void);
```

　　abort 函数将 SIGABRT 信号发送给调用进程。进程不应忽略此信号。进程捕捉 SIGABRT 后可在进程终止之前执行必要的清理操作。当信号处理程序返回时，abort 即终止进程。

7.4.4　信号集

　　POSIX.1 标准定义了数据类型 sigset_t 以存放一个信号集（由多个信号构成的集合），并且定义了五个处理信号集的函数。在 Linux 中，包含头文件 signal.h 头文件即可引用 sigset_t 和这五个信号集处理函数。这些函数的原型如下。

```
#include <signal.h>
int sigemptyset(sigset_t *set);
int sigfillset(sigset_t *set);
int sigaddset(sigset_t *set, int sig);
```

```
int sigdelset(sigset_t *set, int sig);
int sigismember(const sigset_t *set, int sig);
```

各函数的参数和返回值的含义如下。

1. set   信号集

2. sig   信号

3. 返回值

- 成功时, sigismeber 函数返回 1 (表示"是") 或 0 (表示"否"); 其他函数返回 0

- 失败时返回-1, 并设置 errno 变量, 只有一个可能的错误代码 EINVAL, 表示给定的信号无效

函数 sigemptyset 初始化由 set 指向的信号集, 使其排除所有信号。函数 sigfillset 初始化由 set 指向的信号集, 使其包括所有信号。所有应用程序在使用信号集前, 应该对该信号集调用 sigemptyset 或 sigfillset 一次。

一旦已经初始化了一个信号集, 就可在该信号集中增、删特定的信号。函数 sigaddset 将一个信号添加到信号集中, sigdelset 则从信号集中删除一个信号。sigismember 则用于判断一个信号是否为信号集中的一员。

7.4.5   sigaction 函数

sigaction 是一个比 signal 更健壮的用于捕获信号的编程接口, 其原型如下。

```
#include <signal.h>
int sigaction(int sig, const struct sigaction *act,
              struct sigaction *oldact);
```

sigaction 函数的参数和返回值的含义如下。

1. sig   准备捕获或忽略的信号

2. act   将要设置的信号处理动作

3. oldact   用于取回原先的信号处理动作

4. 返回值   成功时返回 0; 失败时返回-1, 并设置 errno 变量。如果给出的是一个无效的
              信号或不可捕获或不可忽略的信号, errno 为 EINVAL

sigaction 函数的 act 和 oldact 参数是一个结构体指针, 该结构体具有如下形式的定义。

```
struct sigaction {
    void (*sa_handler)(int);   /* 信号处理函数, 同 signal        */
    sigset_t sa_mask;          /* 回调过程中将被屏蔽的信号集     */
    int sa_flags;              /* 可决定回调行为的位标志值        */
    .....                      /* 未列出的其他不重要的成员        */
}
```

如果 act 指针非空, 则表示要修改 sig 信号的处理动作。如果 oldact 指针非空, 则系统在其中返回该信号的原先动作。

当要更改信号动作时, 如果 act 参数的 sa_handler 指向一个信号捕捉函数(不是常数 SIG_IGN 或 SIG_DFL), 则 sa_mask 字段说明了一个信号集。在调用信号捕捉函数之前, 该信号集被加入到进程的信号屏蔽字中。仅当从信号捕获函数(也称"信号处理程序")中返回时才将进程的信号屏蔽字恢复为原先值。这样, 在调用信号处理程序时就能阻塞某些信号。在信号处理程序被调用

时，系统建立的新信号屏蔽字会自动包括正被递送的信号。因此保证了在处理一个给定的信号时，如果这种信号再次发生，那么它会被阻塞到对前一个信号的处理结束为止。系统在同一种信号产生多次的情况下，通常并不将它们排队，所以如果在某种信号被阻塞时，它产生了五次，那么对这种信号解除阻塞后，其信号处理函数通常只会被调用一次。

一旦对给定的信号设置了一个动作，那么在用 sigaction 改变它之前，该设置就一直有效。sigaction 结构的 sa_flags 字段用于设置对信号进行处理的可选项。常用选项及其含义如下。

1. SA_NOCLDSTOP　　　子进程停止时不产生 SIGCHLD 信号
2. SA_RESETHAND　　　在信号处理函数入口处将对此信号的处理方式重置为 SIG_DFL
3. SA_RESTART　　　　重启可中断的函数而不是给出 EINTR 错误
4. SA_NODEFER　　　　捕获到信号时不将它添加到信号屏蔽字中，即不自动阻塞当前捕获到的信号

使用 SA_RESTART 标志的理由是，程序中使用的许多系统调用都是可中断的，当接收到一个信号时，它们将返回一个错误并将 errno 设置为 EINTR，以此表明函数是因为一个信号而返回的。在设置了 SA_RESTART 标志的情况下，在信号处理函数执行完后被中断的系统调用将被重启。

下面对程序清单 7-13 的程序进行改写，用 sigaction 代替 signal 完成相似的功能，改写后的代码如程序清单 7-16 所示。

程序清单 7-16　ex_sigaction.c

```
 1 #include <signal.h>
 2 #include <stdio.h>
 3 #include <unistd.h>
 4
 5 void gotit(int sig)                 /* 定义信号回调函数 */
 6 {
 7     printf("signal %d is captured.\n", sig);
 8
 9     sleep(20);                      /* 睡眠 20 秒 */
10 }
11
12 int main()
13 {
14     struct sigaction act;
15
16     act.sa_handler = gotit;
17     sigemptyset(&act.sa_mask);
18     sigaddset(&act.sa_mask, SIGQUIT);    /* 在信号回调函数中屏蔽 SIGQUIT 员*/
19     act.sa_flags = 0;
20
21     sigaction(SIGINT, &act, 0);          /* 设置 SIGINT 信号的回调函数 */
22     while(1) {
23         printf("Hello World!\n");
24         sleep(1);
25     }
26 }
```

相比于 signal 稍为复杂的是，为了将 gotit 函数设置为信号处理程序，在第 14 行先定义了一个 struct sigaction 结构体类型的变量 act，然后在第 16 行将 gotit 函数指针设置为 act 变量的

sa_handler 成员的值。

在第 18 行调用 sigaddset 函数将 SIGQUIT 信号（按 Ctrl+\组合键时产生）添加到 SIGINT 信号回调函数的屏蔽信号集中，当进程因捕获到 SIGINT 信号而进入信号回调函数 gotit 中时，进程将暂不响应 SIGQUIT 信号，而是在退出 gotit 函数时才响应。为了清晰地观察到这种效果，在 gotit 函数中（第 9 行）调用了 sleep 函数让进程睡眠 20 秒。

在第 21 行调用 sigaction 函数时，第三个参数值设为 0，意为不关心信号原先的处理动作是什么。

在命令行编译并运行该程序，命令及结果如下。

```
jianglinmei@ubuntu:~/c$ ./ex_sigaction
Hello World!
Hello World!
^Csignal 2 is captured.
^\退出
```

从程序执行结果可见，当按下 Ctrl+C 组合键时，输出了程序清单 7-16 第 7 行打印的信息，说明程序捕获到了 SIGINT 信号。此时，按下 Ctrl+\时，程序不会马上终止，这是因为程序清单 7-16 第 18 行将 SIGQUIT 信号添加到了屏蔽信号集中。

7.5　小　　结

本章首先介绍了进程的基本概念，较为详细地描述了 Linux 进程运行的相关环境，包括程序的入口、出口、环境表以及程序的存储空间布局等。随后介绍了进程的数据结构，在 Linux 环境下，进程采用了 PCB 结构组成的进程表来管理，其中 PID 是进程的唯一标识。进程可能处于不同的状态，进程在一定条件下可在不同的状态之间转换。在本章中间部分，重点介绍了 Linux 中用于进程控制的相关函数，掌握这些函数的使用方法是学习多进程编程技术的基础功课。对初学者而言，应深入理解 fork 函数一次调用两次返回的特点。本章最后部分较为详细地介绍了 Linux 中信号的概念和操作方法。对于这部分的知识，应注意掌握信号的机制重于掌握信号处理函数的使用。

7.6　习　　题

（1）请简述什么是进程，它和程序的关系如何？进程具有哪些特征？

（2）请编写程序，逆向输出用户从命令行传递给进程的参数。

（3）请简述 exit 和_exit 函数的区别。

（4）请编写程序，在程序中用 atexit 函数登记一个终止处理程序。在主函数中打开一个文件流指针，然后在终止处理程序中关闭该文件流指针。

（5）请编写程序，输出进程的所有环境字符串。

（6）请简述 C 程序的存储空间一般由哪些部分组成。

（7）Linux 静态库和共享库有哪些区别？请试建立一个自己的静态库。

（8）Linux 中的进程控制块是什么？有何作用？

（9）请简述 Linux 环境下 PID 分别为 0、1、2 的特殊进程的作用。

（10）Linux 中的进程有哪些可能的状态？这些状态之间如何转换？

（11）请编写程序，在程序中调用 system 函数执行第 3 章习题第 17 小题所要求编写的脚本程序。

（12）请编写程序 mysh.c，在其主函数中读取"命令字符串"（由第 2 个参数开始的所有命令行参数构成），在程序中创建一子进程，然后在子进程中用 exec 函数执行该命令字符串。例如，用户输入"mysh ls -l"，则在子进程中执行"ls -l"命令。最后，父进程等待子进程执行完毕后以子进程的退出状态退出。

（13）请简述什么是信号，有哪些情形可以产生信号。

（14）请编程实现：每隔 2 秒钟向标准输出打印一个字符串"Hello, linux!"。

（15）请编写程序，在程序中捕获 SIGINT 和 SIGQUIT 信号，并循环等待信号的到来。在捕获到 SIGINT 时输出"You press Ctrl + C"，在捕获到 SIGQUIT 时输出"You press Ctrl + \"。最后在收到第 10 个 SIGINT 信号或第 3 个 SIGQUIT 信号时退出进程。

（16）请编写程序，在程序中捕获 SIGUSR1 信号，并屏蔽 SIGINT 和 SIGQUIT 信号，然后循环等待信号的到来。在第 10 次收到 SIGUSR1 信号时，调用 abort 函数退出进程。

第8章
进程间通信

上一章介绍了如何创建进程和控制进程，以及如何在进程发送信号。采用信号机制可以通知进程有某个事件发生，但是无法给进程传递数据。也就是说，进程之间尚无法进行有效的信息交换。本章将介绍进程之间相互通信的其他技术，介绍如何在进程间交换信息，以及如何对多进程的数据访问进行同步。本章内容包括：

- IPC 简介
- 管道
- 命名管道（FIFO）
- 信号量
- 共享内存
- 消息队列

8.1　IPC 简介

关于进程间通信，类 UNIX 系统有一个专门的术语：IPC（Inter Process Communication）。

进程间通信就是在不同进程之间传递或交换信息。因此，要实现进程间通信，必须要有某个不同进程都能访问的存放数据的"公共场所"，即数据存放介质。

那么，不同进程之间存在着什么双方都可以访问的介质呢？

进程的用户空间是互相独立的，一般而言是不能互相访问的，唯一的例外是共享存储区。系统空间是公用，但是只有内核具有访问权限。除此以外，就只有外设了。在这个意义上，两个进程可以通过磁盘上的普通文件、或者通过"注册表"（Windows 系统）、或者通过第三方数据库进行信息的相互交换。广义上，通过外设进行的这种进程间的信息交换也是进程间通信的手段，但是术语 IPC 不以此为"进程间通信"。

Linux 环境下常用的 IPC 技术主要分三种：管道、System V IPC 和套接字。

管道有两种类型。① （普通）管道，通常有两个局限：一是半双工，只能单向传送数据，二是只能在同源进程（在进程创建上具有亲缘关系）间使用；② 命名管道，又称 FIFO 队列，它去除了普通管道的第二种限制，即可以在不相关的进程之间进行通信。

有三种类型的 System V IPC（后文将简称为 SysV IPC）通信技术。它们是消息队列、信号量和共享内存。这三种 IPC 在实现上具有很大的相似性。之所以称它们为 System V IPC，是因为它们最初是在 AT&T 公司的 System V.2 UNIX 版本中引入的。

套接字主要用于网络通信，可以在不同主机的进程间相互交换信息。因篇幅所限，本书对其不作专门介绍。

在上述的所有 IPC 通信技术中，管道、命名管道（FIFO）、消息队列、信号量和共享内存这五种技术是只能用于同一台主机的各个进程间的 IPC，也是一般意义上所指的 IPC。

8.2　管　　道

管道是出现最早的一种 IPC 技术，而且所有的类 UNIX 系统都提供这种进程间通信机制。如上一小节所述，管道有两个局限：

（1）管道实现的是半双工通信，即数据只能在一个方向上流动。

（2）只能在具有公共祖先的进程之间使用管道进行通信。通常，由一个进程创建管道，然后调用 fork 创建子进程，随后在父、子进程应用该管道进行通信。

8.2.1　pipe 函数

在 Linux 下，通过调用 pipe 函数来创建一个管道。该函数的原型如下。

```
#include <unistd.h>
int pipe(int filedes[2]);
```

pipe 函数参数和返回值的含义如下。

1．filedes　用于返回文件描述符的数组

2．返回值

● 成功时返回 0

● 出错时返回–1，并设置 errno 变量

pipe 函数通过参数 filedes 返回两个文件描述符。其中，filedes[0]为读而打开，filedes[1]为写而打开。filedes[1] 的输出将作为 filedes[0]的输入。

通常，调用 pipe 函数的进程会接着调用 fork，这样就创建了一个父进程与子进程之间 IPC 通道，如图 8-1 所示。

fork 之后有两个操作选择，这取决于所需建立的管道的数据流向。对于从父进程到子进程的管道，父进程关闭管道的读端（fd[0]），子进程则关闭写端（fd[1]），如图 8-2 所示。反之，对于从子进程到父进程的管道，父进程关闭管道的写端（fd[1]），子进程则关闭读端（fd[0]）。

在父、子进程各关闭管道的一端之后，双方即可分别调用 read（对于读进程）或 write（对于写进程）函数对未关闭的文件描述符进行读、写操作，从而实现 IPC 通信。在通信过程中应注意以下读、写规则。

（1）当读一个写端已被关闭的管道时，在所有数据都被读取后，read 返回 0，以指示到了文件结束处。

（2）如果写一个读端已被关闭的管道，则产生 SIGPIPE 信号。如果忽略该信号或者捕获该信号并从其处理程序返回，则 write 出错返回，errno 设置为 EPIPE。

在写管道时，已写但尚未被读走的字节数应小于或等于 PIPE_BUF（Linux 中一般是 4096 字节）所规定的缓存的大小。

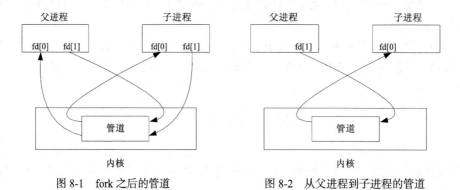

图 8-1 fork 之后的管道　　　　　图 8-2 从父进程到子进程的管道

程序清单 8-1 说明了利用管道进行 IPC 通信的基本方法。

程序清单 8-1 ex_pipe.c

```
1  #include <sys/wait.h>
2  #include <stdio.h>
3  #include <stdlib.h>
4  #include <unistd.h>
5  #include <string.h>
6
7  int main(int argc, char *argv[])
8  {
9      int pipefd[2];
10     pid_t cpid;
11     char buf;
12
13     if (argc != 2) {
14         fprintf(stderr, "Usage: %s <string>\n", argv[0]);
15         exit(EXIT_FAILURE);
16     }
17
18     if (pipe(pipefd) == -1) {   /* 创建管道 */
19         perror("pipe");
20         exit(EXIT_FAILURE);
21     }
22
23     cpid = fork();             /* 创建子进程 */
24     if (cpid == -1) {
25         perror("fork");
26         exit(EXIT_FAILURE);
27     }
28
29     if (cpid == 0) {           /* 子进程读管道 */
30         close(pipefd[1]);      /* 关闭写端 */
31
32         while (read(pipefd[0], &buf, 1) > 0)
33             write(STDOUT_FILENO, &buf, 1);
34
35         write(STDOUT_FILENO, "\n", 1);
36         close(pipefd[0]);
37         exit(EXIT_SUCCESS);
```

```
38    } else {                          /* 父进程将 argv[1]写到管道 */
39      close(pipefd[0]);               /* 关闭读端 */
40      write(pipefd[1], argv[1], strlen(argv[1]));
41      close(pipefd[1]);               /* 关闭写端,读端将读到 EOF */
42      wait(NULL);                     /* 等待子进程退出 */
43      exit(EXIT_SUCCESS);
44    }
45 }
```

本程序实现了基本的管道 IPC 功能,父进程将用户从命令行传入的参数字符串传送给子进程,然后子进程将收到的字符串输出到标准输出。

在程序的第 41 行,父进程关闭了写文件描述符之后,在程序的第 32 条,子进程的 read 函数将返回 0,从而退出相应的 while 循环。

在命令行编译并运行本程序,命令和运行结果如下。

```
jianglinmei@ubuntu:~/c$ gcc -o ex_pipe ex_pipe.c
jianglinmei@ubuntu:~/c$ ./ex_pipe "this is a string from father"
this is a string from father
```

8.2.2　popen 和 pcolse 函数

如同 Shell 中使用的管道线"|"的作用一样,在程序中常用管道实现将一个进程的输出连接到另一个进程的输入的操作。为此,标准 I/O 库操作提供了两个函数 popen 和 pclose 以实现此功能。

popen 和 pclose 函数所实现的操作是:创建一个管道,fork 一个子进程,然后关闭管道的不使用端,在子进程中 exec 一个 Shell 以执行一条命令,然后等待命令的终止。它们的原型如下。

```
#include <stdio.h>
FILE *popen(const char *command, const char *type);
int pclose(FILE *stream);
```

这两个函数的各参数和返回值的含义如下。

1. command　将在子进程中执行的命令行字符串
2. type　　　打开方式,应为"r"或"w"二者之一
3. 返回值
- 成功时,popen 返回一个文件流指针,pclose 返回 command 的终止状态
- 出错时,popen 返回 NULL,pclose 返回-1

函数 popen 先调用 fork 函数创建子进程,然后调用 exec 函数以执行 command,最后返回一个标准 I/O 文件指针。如果 type 是"r",表示本进程可通过返回的文件指针读,该文件指针连接到 command 的标准输出。如果 type 是"w",表示本进程可通过返回的文件指针写,该文件指针连接到 command 的标准输入。也即,type 参数的含义和与 fopen 函数的表示打开方式的参数的含义是一样的。另外,默认情况下,由 popen 打开的文件流是全缓存的。

函数 pclose 关闭标准 I/O 流,并等待 command 命令执行结束,最后返回 Shell 的终止状态(如果无法启动 Shell 则返回 127,否则返回 command 命令的终止状态)。注意,不应使用 fclose 来关闭 popen 打开的文件流。

popen 函数执行 command 的方式和 system 函数执行 command 的方式是一样的,即相当于在

Shell 下执行 "sh –c command"。

程序清单 8-2 是一个简单的过滤程序，其功能是将从标准输入读取的所有字符转换成小写后写入标准输出。

程序清单 8-2　ex_popen_filter.c

```
1  #include <ctype.h>
2  #include <stdio.h>
3  #include <stdlib.h>
4
5  int main(void)
6  {
7      int c;
8      while( (c = getchar()) != EOF ) {
9          if( isupper(c) )
10             c = tolower(c);
11         if( putchar(c) == EOF ) {
12             printf("fail in putchar()!\n");
13             exit(-1);
14         }
15         if(c == '\n')
16             fflush(stdout);
17     }
18     exit(0);
19 }
```

程序第 8 行，循环读取标准输入的字符，直到读取到 EOF（用户按下 Ctrl+D 组合键）为止。第 9 行判断所读取的字符是否是大写字母，如果是则在第 10 行将其转换为小写字母，随后在第 11 行将转换后的字符输出到标准输出。第 15～16 行，在读取到换行符时刷新缓存。

在命令行编译该程序，命令如下。

```
jianglinmei@ubuntu:~/c$ gcc -o ex_popen_filter ex_popen_filter.c
```

程序清单 8-3 调用程序清单 8-2 编译后的可执行程序 ex_popen_filter，用以说明通过 popen 和 pclose 函数使用管道进行 IPC 通信的基本方法。

程序清单 8-3　ex_popen.c

```
1  #include <sys/wait.h>
2  #include <stdio.h>
3  #include <stdlib.h>
4
5  int main(void)
6  {
7      char    line[BUFSIZ];
8      FILE*   fpRead;
9
10     if( (fpRead = popen("./ex_popen_filter", "r")) == NULL ) {
11         printf("Fail to call popen()!\n");
12         exit(-1);
13     }
14
15     for( ; ; ) {
16         fputs("PipeIn> ", stdout);
17         fflush(stdout);
```

```
18        if( fgets(line, BUFSIZ, fpRead) == NULL ) /* 读管道 */
19            break;
20        if( fputs(line, stdout) == EOF ) {
21            printf("Fail to call fputs()!\n");
22            exit(-1);
23        }
24    }
25
26    if(pclose(fpRead) == -1) {
27        printf("Fail to call pclose()!\n");
28        exit(-1);
29    }
30
31    putchar('\n');
32    exit(0);
33 }
```

　　程序第 10 行调用 popen 打开管道，在子进程中执行程序 ex_popen_filter。第 15 ~ 24 行的 for 循环反复从管道读取数据并将读取到的数据写入标准输出。第 16 行输出一条提示，因为标准输出通常是按行进行缓存的，而此处输出的提示并不包含换行符，所以要在第 17 行调用 fflush 将其立即输出。注意，在程序清单 8-2 的第 16 行调用 fflush 是因为 popen 实施的是全缓存，所以在读取到换行符时要刷新缓存，以便将数据及时送入管道。

　　在命令行编译本程序，命令和运行结果如下。

```
jianglinmei@ubuntu:~/c$ gcc -o ex_popen ex_popen.c
jianglinmei@ubuntu:~/c$ ./ex_popen
PipeIn> Hello, world!
hello, world!
PipeIn> Data from FILTER.
data from filter.
PipeIn>                 [注：按下 Ctrl + D]
```

8.3　命名管道（FIFO）

　　命名管道又称 FIFO（First Input First Output），即先入先出队列。如前所述，普通管道只能由相关进程使用，由它们共同的祖先进程创建管道。命名管道则克服了这个缺点，不相关的进程也能通过命名管道进行数据交换。

　　本书第 1.3.2.3 小节提到过，FIFO 也是一种文件类型。使用 stat 结构（见 5.2.5.1 小节）的 st_mode 成员的可判断文件是否是 FIFO 类型。

　　FIFO 的路径名存在于文件系统中，创建命名管道类似于创建文件。程序中应调用 mkfifo 函数来创建一个命名管道，该函数的原型如下。

```
#include <sys/types.h>
#include <sys/stat.h>
int mkfifo(const char *pathname, mode_t mode);
```

函数的各参数和返回值的含义如下。

1. pathname　要打开或创建的文件的名字

2. mode　　　存取访问权限，同 open 函数的 mode 参数（见 5.2.2.1 小节）

3. 返回值　　　成功时返回 0，出错时返回−1 并设置 errno

使用 mkfifo 创建的 FIFO 文件的所有者是当前进程的有效用户，文件的所属组是当前进程的有效组或父目录的所属组（与文件系统的类型和挂载选项有关）。

一旦用 mkfifo 创建了一个 FIFO 文件，就可用 open 函数打开它。此外，一般的文件 I/O 函数，比如 close、read、write、unlink 等，均可用于 FIFO。

当用 open 函数打开一个 FIFO 时，是否使用非阻塞标志（O_NONBLOCK）有以下影响。

（1）未指定 O_NONBLOCK，则以读方式打开 FIFO 将阻塞到某个其他进程以写方式打开该 FIFO。反之，以写方式打开 FIFO 将阻塞到某个其他进程以读方式打开它。

（2）指定了 O_NONBLOCK，则以读方式打开 FIFO 会立即返回。但是，如果在没有进程已经以读方式打开一个 FIFO 的情况下，就以写的方式打开该 FIFO，则相应的 open 函数将以失败返回，并设置 errno 为 ENXIO。

另外，与普通管道相同，如果向一个读端已关闭的 FIFO 写数据将产生信号 SIGPIPE。反之，如果某个 FIFO 的最后一个写进程关闭了该 FIFO，则读取该 FIFO 将得到一个文件结束标志。

当有多个写进程对应一个 FIFO 时（这是常见情况），需考虑原子写操作，已写但尚未被读走的字节数应小于或等于 PIPE_BUF。

程序清单 8-4 和 8-5 说明了 FIFO 的基本使用方法。

程序清单 8-4　ex_fifo.c

```c
1  #include <sys/types.h>
2  #include <sys/stat.h>
3  #include <unistd.h>
4  #include <fcntl.h>
5  #include <stdio.h>
6  #include <stdlib.h>
7
8  int main(void)
9  {
10     int fd;
11     char buf;
12     char *fifofile = "/tmp/myfifo1234";
13
14     if(access(fifofile, F_OK) != 0) {          /* 文件不存在 */
15        if(mkfifo(fifofile, 0744) == -1) {      /* 创建 FIFO */
16           printf("Fail to create fifo.\n");
17           exit(EXIT_FAILURE);
18        }
19     }
20
21     if( (fd = open(fifofile, O_RDONLY)) == -1) {
22        printf("Fail to open fifo.\n");
23        exit(EXIT_FAILURE);
24     }
25
26     while (read(fd, &buf, 1) > 0)               /* 读 FIFO */
27        write(STDOUT_FILENO, &buf, 1);
28     write(STDOUT_FILENO, "\n", 1);
29
```

```
30    close(fd);
31    unlink(fifofile);                          /* 删除 FIFO 文件 */
32    exit(EXIT_SUCCESS);
33 }
```

　　程序第 12 行定义了一个 FIFO 文件名字符串，第 14 行调用 access 函数判断管道文件是否存在，如不存在则在第 15 行创建管道文件。第 21 行，以读方式打开 FIFO 文件，然后在第 26 行循环读取 FIFO 中的字符，并在第 27 行将读取到的字符写入标准输出。

　　上面是读取 FIFO 的程序，下面来看写 FIFO 的程序。

程序清单 8-5　ex_fifo_writer.c

```
 1 #include <sys/types.h>
 2 #include <sys/stat.h>
 3 #include <unistd.h>
 4 #include <fcntl.h>
 5 #include <stdio.h>
 6 #include <stdlib.h>
 7 #include <string.h>
 8
 9 int main(int argc, char* argv[])
10 {
11    int fd;
12    char *fifofile = "/tmp/myfifo1234";
13
14    if (argc != 2) {
15        fprintf(stderr, "Usage: %s <string>\n", argv[0]);
16        exit(EXIT_FAILURE);
17    }
18
19    if( (fd = open(fifofile, O_WRONLY)) == -1) {
20        printf("Fail to open fifo.\n");
21        exit(EXIT_FAILURE);
22    }
23
24    write(fd, argv[1], strlen(argv[1])); /* 写 FIFO */
25
26    close(fd);                           /* 关闭写端,读端将读到 EOF */
27    exit(EXIT_SUCCESS);
28 }
```

　　程序第 19 行调用 open 以写方式打开 FIFO，第 24 行将命令行参数字符串写入 FIFO。当程序运行到第 26 行关闭了写 FIFO 的文件描述符后，读 FIFO 的进程中 read 函数将返回 EOF（程序清单 8-4 第 26 行）。

　　在命令行编译并运行以上两个程序，命令和运行结果如下。

```
jianglinmei@ubuntu:~/c$ gcc -o ex_fifo ex_fifo.c
jianglinmei@ubuntu:~/c$ gcc -o ex_fifo_writer ex_fifo_writer.c
jianglinmei@ubuntu:~/c$ ./ex_fifo &                    [注: 在后台运行 ex_fifo]
[1] 31381
jianglinmei@ubuntu:~/c$ ./ex_fifo_writer "Hello, FIFO."
Hello, FIFO.
[1]+  完成                ./ex_fifo
```

8.4　SysV IPC

本小节介绍三种 SysV IPC（信号量、共享内存和消息队列）之间的共同特性。

- 标识符和关键字

对每种 SysV IPC 结构，内核都有一个标识符（非负整数）予以标识和引用。与文件描述符不同的是，SysV IPC 标识符是进程无关并连续递增的。当一个 IPC 结构被创建以后，与这种结构相关的标识符就加 1，直至达到一个整型数的最大正值后才回转到 0。即使在 IPC 结构被删除后该值也不会丢失。为此，Linux 提供了 ipcs 命令和 ipcrm 命令分别用以查看系统中的 SysV IPC 和删除系统中遗留的 SysV IPC。

无论何时创建 SysV IPC 结构（调用 semget、shmget 或 msgget），都必须指定一个关键字（key），关键字的数据类型由系统规定为 key_t，通常在头文件<sys/types.h>中规定为长整型。关键字由内核变换成标识符。

三个 get 函数（semget、shmget 和 msgget）都带两个的参数：一个 ket_t 型的 key 和一个整型的 flag。如果要创建一个新的 IPC 结构，则必须指定 key 为 IPC_PRIVATE（一个特殊的键值，它总是用于创建一个新队列），或在 flag 中设置 IPC_CREAT 位。如果要访问现存的 IPC 结构，key 必须与创建该 IPC 时所指定的关键字一致，并且不应指定 IPC_CREAT。

一般采用以下两种方法在进程间共用一个 SysV IPC 结构。

（1）创建一个 IPC 结构时以 IPC_PRIVATE 作为参数，然后将返回的标识符存放在某处（例如一个文件）以便其他进程取用。或者在父进程指定 IPC_PRIVATE 创建一个新 IPC 结构，所返回的标识符在 fork 后可由子进程使用，然后子进程可将此标识符作为 exec 函数的一个参数传给一个新进程。

（2）指定一个具体的关键字。这种方法的问题是该关键字可能已与一个 IPC 结构相结合。在此情况下，如果在 get 函数（semget、shmget 和 msgget）的 flag 参数中同时指定 IPC_CREAT 和 IPC_EXCL 位，则返回 EEXIST。此时应删除已存在的 IPC 结构，然后再创建它。

- 访问权限结构

SysV IPC 为每一个 IPC 结构都设置了一个 ipc_perm 结构。该结构规定了访问权限和所有者。

```
struct ipc_perm {
    key_t         __key;        /* 键 */
    uid_t         uid;          /* 所有者有效用户 ID */
    gid_t         gid;          /* 所有者有效组 ID */
    uid_t         cuid;         /* 创建者有效用户 ID */
    gid_t         cgid;         /* 创建者有效组 ID */
    unsigned short mode;        /* 访问权限 */
    unsigned short __seq;       /* 序列号 */
};
```

在创建 IPC 结构时，除 seq 以外的所有字段都会被赋初值。IPC 结构的创建进程或超级用户的进程可以调用 ctl 函数（semctl、shmctl 或 msgctl）修改 uid、gid 和 mode 字段。mode 字段的值类似于 open 函数的 mode 参数（见 5.2.2.1 节），但是对于任何 IPC 结构都不存在执行权限。

8.5　信　号　量

8.5.1　简介

信号量是一个计数器，用于多进程存取共享资源时的同步操作。使用信号量执行共享资源的访问控制应遵循"获取"和"释放"规则。

需获取共享资源时，测试控制该资源的信号量。若信号量的值为正，则进程可以使用该资源，将信号量值减 1，表示它使用了一个资源单位；若此信号量的值为 0，则进程进入睡眠状态，直至信号量值大于 0 时被唤醒，返回测试。

使用完共享资源时，使该信号量值增 1。如果有进程正在睡眠并等待此信号量，则唤醒它们。

以上获取和释放信号量的操作分别被称为"P 操作"和"V 操作"。为了正确地实现信息量，信号量的测试、增 1 和减 1 操作应当是原子操作。为此，信号量通常是在内核中实现的。

最常用的信号量是二值信号量，它控制单个资源，初始值为 1。但是，一般而言，信号量的初值可以是任一正值，该值说明有多少个共享资源单位可供使用。

但是，SysV 的信号量比上述的要复杂得多，因为：① SysV 以信号量集（多个信号量组成的集合）而非单一的信号量来处理信号量；② 创建信息量（semget）与对其赋初值（semctl）分开；③ 即使已没有进程在使用某个信号量集，它仍然存在于系统，因此必须在使用完后，手动清除已创建的信号量集。

8.5.2　semget 函数

semget 函数创建一个新的信号量集或是获得一个已存在的信号量集，其原型如下。

```
#include <sys/types.h>
#include <sys/ipc.h>
#include <sys/sem.h>
int semget(key_t key, int nsems, int semflg);
```

函数各参数和返回值的含义如下。

1．key　　　用于标识一个信号量集的键，通常为一整数

2．nsems　　信号量的数目

3．semflg　　标志位，指定 IPC_CREAT 表示创建信号量集，此时可与 IPC_EXCL 按位或（含义见 8.4 节）。在创建新的信号量集时其低 9 位用于指定访问权限

4．返回值　　成功时，返回信号量集的标识符（一个非负整数）。出错时，返回–1 并设置 errno。常见的错误值如下：

- EACCES　　无访问权限
- EEXIST　　在同时指定 IPC_CREAT 和 IPC_EXCL 时，具有指定键的信号量集已存在
- EINVAL　　nsems < 0 或大于信号量数的极限值 SEMMSL
- ENOENT　　键不存在

8.5.3　semop 函数

semop 函数用来改变信号量的值，其原型如下。

```
#include <sys/types.h>
#include <sys/ipc.h>
#include <sys/sem.h>
int semop(int semid, struct sembuf *sops, unsigned nsops);
```

函数各参数和返回值的含义如下。

1. semid　　　由 semget 返回的标识符
2. sops　　　指向一个结构体数组首元素的指针。该数组的每个元素指示了要对信号量集中的哪个信号量做何操作
3. nsops　　　结构体数组的元素个数
4. 返回值　　成功时，返回 0。出错时，返回–1 并设置 errno

其中，sops 所指示的结构数组的每一个结构至少包含下列成员。

```
struct sembuf {
    short sem_num;           /* 信号量在信号量集中的序号     */
    short sem_op;            /* 要做的操作                 */
    short sem_flg;           /* 选项标志                   */
}
```

成员 sem_num 用于指定对信号量集中的哪个信号量进行操作，通常为 0，除非在使用一个信号量数组。

成员 sem_op 指定要对信号量做何操作，即信号量的变化量值。通常情况下中使用两个值：–1 表示执行 P 操作，用来等待一个信号量变为可用；+1 是表示执行 V 操作，用来通知一个信号量可在用。

成员 sem_flg 通常设置为 SEM_UNDO。该标志让操作系统跟踪当前进程对信号量所做的改变，如果占有信号量的进程终止时没有将其释放，操作系统将自动释放该信号量。

sops 所指示的所有动作会按数组元素的顺序全部"原子性"地执行，从而可以避免多个信号量的同时使用所引起的竞争条件。

8.5.4　semctl 函数

semctl 函数允许对信号量集进行多种类型的控制，其原型如下。

```
#include <sys/types.h>
#include <sys/ipc.h>
#include <sys/sem.h>
int semctl(int semid, int semnum, int cmd, ...);
```

函数各参数和返回值的含义如下。

1. semid　　　由 semget 返回的标识符
2. semnum　　信号量在信号量集中的序号，当 cmd 为 IPC_RMID 时无效
3. cmd　　　　要执行的动作
4. …　　　　依赖于 cmd 参数的可选参数

5. 返回值 成功时，返回一个非负数。出错时，返回–1 并设置 errno

当使用 "..." 所指示的参数时，用户必须自己定义一个如下形式的联合体并以该类型的变量作为第四个参数。

```
union semun {
    int                 val;     /* cmd 为 SETVAL 时，指定设定值          */
    struct semid_ds *buf;        /* cmd 为 IPC_STAT 或 IPC_SET 时有效 */
    unsigned short  *array;      /* cmd 为 GETALL 或 SETALL 时有效     */
    struct seminfo  *_buf;       /* cmd 为 IPC_INFO 时有效               */
};
```

semctl 函数可用的 cmd 值很多，但最为常用的 cmd 值是：SETVAL 和 IPC_RMID。① SETVAL 用于初始化信号量的值（该值表示可用共享资源的数量），应通过第四个参数 semun 联合体的 val 成员来传递该值，并且应在第一次使用信号量集之前设置。② IPC_RMID 用于删除一个信号量集，信号量集的所有者或创建才有权删除。如果没有显示删除信号量集，它会一直存在于系统中。信号量集是有限资源，所以及时删除是十分必要的。

8.5.5 信号量的应用

最常用的信号量是最简单的二值信号量。本小节以程序清单 8-6 所示的二值信号量的例子来说明信号量的使用方法。

程序清单 8-6   ex_semaphore.c

```c
1  #include <stdio.h>
2  #include <stdlib.h>
3  #include <unistd.h>
4  #include <sys/types.h>
5  #include <sys/ipc.h>
6  #include <sys/sem.h>
7
8  static int set_semvalue(void);
9  static int semaphore_p(void);
10 static int semaphore_v(void);
11 static void del_sem_set(void);
12
13 /* 定义自己的 semun 联合体 */
14 union semun {
15     int              val;
16     struct semid_ds  *buf;
17     unsigned short   *array;
18     struct seminfo   *_buf;
19 };
20
21 /* 定义全局变量 sem_id 保存信号量集的标识符 */
22 static int sem_id;
23
24 int main()
25 {
26     int i;
27     pid_t pid;
28     char ch;
```

```
29
30      /* 创建信号量集 */
31      sem_id = semget(IPC_PRIVATE, 1, 0666 | IPC_CREAT);
32      if(sem_id == -1) {
33          fprintf(stderr, "Failed to create semaphore set. \n");
34          exit(EXIT_FAILURE);
35      }
36      if(!set_semvalue()) {              /* 设置信号量的值 */
37          fprintf(stderr, "Failed to initialize semaphore\n");
38          exit(EXIT_FAILURE);
39      }
40
41      pid = fork();                      /* 创建子进程 */
42      switch(pid)
43      {
44      case -1:
45          del_sem_set();                 /* 删除信号量集 */
46          exit(EXIT_FAILURE);
47      case 0:                            /* 子进程 */
48          ch = 'O';
49          break;
50      default:                           /* 父进程 */
51          ch = 'X';
52          break;
53      }
54
55      srand((unsigned int)getpid());     /* 为随机数播种 */
56
57      for(i=0; i < 10; i++){             /* 使用信号量控制临界区 */
58          semaphore_p();                 /* P 操作，获取信号量 */
59          printf("%c", ch);              /* 在父进程中输出 X，在子进程中输出 O */
60          fflush(stdout);
61          sleep(rand() % 4);
62
63          printf("%c", ch);
64          fflush(stdout);
65          sleep(1);
66          semaphore_v();                 /* V 操作，释放信号量 */
67      }
68
69      if(pid > 0) {                      /* 父进程 */
70          wait(NULL);                    /* 等待子进程退出 */
71          del_sem_set();                 /* 删除信号量集 */
72      }
73
74      printf("\n%d - finished\n", getpid());
75      exit(EXIT_SUCCESS);
76 }
77
78 /* 设置信号量的值 */
79 static int set_semvalue(void)
80 {
```

```
 81     union semun sem_union;
 82
 83     sem_union.val = 1;
 84     if(semctl(sem_id, 0, SETVAL, sem_union) == -1)
 85         return 0;
 86
 87     return 1;
 88 }
 89
 90 /* P操作，获取信号量*/
 91 static int semaphore_p(void)
 92 {
 93     struct sembuf sem_b;
 94
 95     sem_b.sem_num = 0;
 96     sem_b.sem_op  = -1;
 97     sem_b.sem_flg = SEM_UNDO;
 98     if(semop(sem_id, &sem_b, 1) == -1) {
 99         fprintf(stderr, "semaphore_p failed/n");
100         return 0;
101     }
102
103     return 1;
104 }
105
106 /* V操作，释放信号量 */
107 static int semaphore_v(void)
108 {
109     struct sembuf sem_b;
110
111     sem_b.sem_num  = 0;
112     sem_b.sem_op   = 1;
113     sem_b.sem_flg = SEM_UNDO;
114     if(semop(sem_id, &sem_b, 1) == -1) {
115         fprintf(stderr, "semaphore_v failed/n");
116         return 0;
117     }
118
119     return 1;
120 }
121
122 /* 删除信号量集 */
123 static void del_sem_set(void)
124 {
125     union semun sem_union;
126
127     if(semctl(sem_id, 0, IPC_RMID, sem_union) == -1)
128         fprintf(stderr, "Failed to delete semaphore/n");
129 }
```

这是本书到目前为止最长的一个程序。本程序首先创建一个信号量集（第 31 行），并对信号量集中的信号量值进行初始化（第 36 行）。然后调用 fork 创建子进程（第 41 行）。接下来，在父进程中设置待输出字符为'X'（第 51 行），在子进程中设置待输出字符为'O'（第 48 行）。在随后的 for 循环中（第 57～67 行）使用信号量保证每次循环的原子性，先执行 P 操作（第 58 行）申请资源，输出字符，然后等待随机的 0~4 秒，再输出字符，等待 1 秒后执行 V 操作（第 66 行）释放资源，再进行下一次循环。最后，在父进程中，等待子进程退出并删除信号量集（第 71 行）。

程序中：设置信号量的值的功能封装于函数 set_semvalue 中；获取信号量的功能封装于函数 semaphore_p 中；释放信号量的功能封装于函数 semaphore_v 中；删除信号量集的功能封装于函数 del_sem_set 中。这使得代码清晰且易于复用。

在命令行编译并运行本程序，命令及运行结果如下。

```
jianglinmei@ubuntu:~/c$ gcc -o ex_semaphore ex_semaphore.c
jianglinmei@ubuntu:~/c$ ./ex_semaphore
XXOOXXOOXXOOXXXXOOXXOOXXOOXXOOXXOOXXOOOO
2707 - finished

2706 - finished
```

从运行结果可见，X 和 O 总是成对出现，这说明处于 P/V 之间的临界区代码是以原子的方式运行的。读者可以试将第 58 和第 66 行注释后再编译运行，比较运行结果有何不同。

8.6 共 享 内 存

8.6.1 简介

共享内存允许两个或多个进程访问同一块存储区，就如同 malloc() 函数向不同进程返回了指向同一块内存区域的指针。当一个进程改变了这块地址中的内容的时候，其他进程都会察觉到这个更改。

访问共享内存区域和访问进程独有的内存区域一样快，并不需要通过系统调用或者其他需要切入内核的过程来完成。同时它也避免了对数据的各种不必要的复制。所以这是最快的一种 IPC。

使用共享内存必须注意多个进程之间对同一内存段的同步存取。由于系统内核没有对访问共享内存进行同步，所以程序员必须提供自己的同步措施。例如，在数据被写入之前不允许进程从共享内存中读取信息、不允许两个进程同时向同一个共享内存地址写入数据等。解决这个问题的常用方法是使用上一节介绍的信号量进行互斥访问。

要使用一块共享内存，进程必须首先分配它。随后需要访问这个共享内存段的每一个进程都必须将这个共享内存绑定到自己的地址空间中。在完成通信后，所有进程则将共享内存与自己的地址空间分离开来，并且由一个进程释放该共享内存段。

在 Linux 系统中，每个进程都有自己独立的虚拟内存空间。物理内存和虚拟内存均以分页的形式进行管理，系统页面的大小一般是固定的（Linux 下为 4KB，该值可通过 getpagesize 函数得到）。每个进程都维护一个从物理页面地址到虚拟页面地址之间的映射。分配共享内存其实就是由内核分配一个或多个新的内存页面（因此，共享内存段的大小都必须是系统页面大小的整数倍）。一个进程如需使用这个共享内存段，则必须建立进程本身的虚拟地址到共享内存页面地址之间的映射，该过程称为绑定。当对共享内存的使用结束之后，解除这个映射关系，该过程称为分离。最后，在共享内存段使用完毕时，必须有一个（且只能是一个）进程负责释放这些被共享的内存页面。

内核为每个共享内存段设置了一个 shmid_ds 结构用以管理共享内存。该结构的定义如下。

```
struct shmid_ds {
    struct ipc_perm shm_perm;      /* 所有者和权限标识 */
    size_t          shm_segsz;     /* 以字节为单位的段的长度 */
    time_t          shm_atime;     /* 最后绑定时间 */
    time_t          shm_dtime;     /* 最后分离时间 */
    time_t          shm_ctime;     /* 最后更改时间 */
    pid_t           shm_cpid;      /* 创建者进程的 PID */
    pid_t           shm_lpid;      /* 最后绑定或分离进程的 PID */
    shmatt_t        shm_nattch;    /* 绑定数 */
    ...
};
```

8.6.2 shmget 函数

shmget 函数分配一个共享内存段，其原型如下。

```
#include <sys/ipc.h>
#include <sys/shm.h>
int shmget(key_t key, size_t size, int shmflg);
```

函数各参数和返回值的含义如下。

1. key   用于标识一个共享内存的键，通常为一整数
2. size   共享内存的字节数
3. shmflg   标志位，指定 IPC_CREAT 表示创建信号量集，此时可与 IPC_EXCL 按位或（含义见 8.4 节）。在创建新的共享内存时其低 9 位用于指定访问权限
4. 返回值   成功时，返回共享内存的标识符（一个非负整数）。出错时，返回-1 并设置 errno。常见的错误值如下：
- EACCES   无访问权限
- EEXIST   在同时指定 IPC_CREAT 和 IPC_EXCL 时，具有指定键的信号量集已存在
- EINVAL   size 小于 SHMMIN 或大于 SHMMAX，或 key 所指共享内存已存在，但 size 比已存在的共享内存更大
- ENOENT   键不存在

8.6.3 shmat 和 shmdt 函数

shmat 函数将共享内存绑定到当前进程的内存空间，shmdt 函数将已绑定的共享内存与当前进程的内存空间相分离。它们的原型如下。

```
#include <sys/types.h>
#include <sys/shm.h>
void *shmat(int shmid, const void *shmaddr, int shmflg);
int shmdt(const void *shmaddr);
```

函数各参数和返回值的含义如下。

1. shmid   由 shmget 返回的标识符
2. shmaddr   绑定的地址（本进程地址空间的地址）

3. shmflg　　　标志位，常用的值为 SHM_RND 和 SHM_RDONLY

4. 返回值　　　对于 shmat，成功时返回共享内存的地址；出错时，返回(void*)–1 并设置 errno；

对于 shmdt，成功时返回 0，失败时返回-1 并设置 errno

如果 shmaddr 指定为 NULL，系统将选择一个合适的地址来绑定共享内存。

如果 shmaddr 不为 NULL，shmflg 指定了 SHM_RND，则实际绑定地址为 shmaddr 向下舍入
到最近的 SHMLBA（Segment low boundary address）的倍数的位置。目前，Linux 下 SHMLBA 等
于 PAGE_SIZE（内存页面大小）。否则，shmaddr 必须为一页对齐（即页面大小的整数倍）的地址。

如果 shmflg 指定了 SHM_RDONLY，则共享内存以只读的方式绑定到本进程的地址空间，进
程应对该共享内存具有读的权限。否则共享内存以读、写的方式绑定到本进程的地址空间，进程
应对该共享内存具有读和写的权限。没有只写的绑定方式。

shmat 如果成功会更改与共享内存关联的 shmid_ds 结构，将其 shm_atime 成员 设置为当前
时间，shm_lpid 成员设置为当前进程的 PID，shm_nattch 成员的值则增 1。

传递给 shmdt 函数的 shmaddr 参数必须是本进程的由 shmat 函数返回的地址。shmdt 如果成功
也会更改与共享内存关联的 shmid_ds 结构，将其 shm_dtime 成员设置为当前时间，shm_lpid 成员
设置为当前进程的 PID，shm_nattch 成员的值则减 1。如果 shm_nattch 的值变成了 0，且共享内存
段标记为删除，则相应的共享内存段被删除。

在调用 fork 创建一个子进程的情况下，子进程将继承已绑定的共享内存段。而在调用 exec
系列函数后，所有已绑定的共享内存段会与新进程分离。当进程调用_exit 函数退出的时候，所有
已绑定的共享内存段也会自动从进程分离出去。

8.6.4　shmctl 函数

shmctl 函数允许对共享内存进行多种类型的控制，其原型如下。

```
#include <sys/ipc.h>
#include <sys/shm.h>
int shmctl(int shmid, int cmd, struct shmid_ds *buf);
```

函数各参数和返回值的含义如下。

1. shmid　　　由 shmget 返回的标识符

2. cmd　　　　要执行的动作

3. buf　　　　用于设置（cmd 为 IPC_SET）或获取（cmd 为 IPC_STAT）共享内存段的信息

4. 返回值　　　成功时返回非负数，失败时返回–1 并设置 errno

shmctl 常用的 cmd 命令是 IPC_RMID，用于删除一个共享内存段。在进程中调用 exit 和 exec
会使进程分离共享内存段，但不会删除这个内存段。因此，在结束使用每个共享内存段的时候都
应当使用 shmctl 的 IPC_RMID 命令进行释放，以免以后再申请内享内存时超过系统所允许的共
享内存段的总数限制。

8.6.5　共享内存的应用

因为系统内核没有对共享内存的访问进行同步，所以共享内存常结合信号量一起使用。程序
清单 8-7 的基本功能是父进程循环随机产生大写字母，并将其通过共享内存传递给子进程，子进
程读取到该字母后将其转换为相应的小写字母并将该小写字母传递给父进程，最后父进程输出读
取到的小写字母。该程序说明了共享内存结合信号量的基本使用方法。

程序清单 8-7　ex_sharememory.c

```
 1  #include <stdio.h>
 2  #include <stdlib.h>
 3  #include <unistd.h>
 4  #include <sys/types.h>
 5  #include <sys/ipc.h>
 6  #include <sys/sem.h>
 7
 8  static int set_semvalue(void);
 9  static int semaphore_p(void);
10  static int semaphore_v(void);
11  static void del_sem_set(void);
12
13  /* 定义自己的 semun 联合体 */
14  union semun {
15      int                val;
16      struct semid_ds    *buf;
17      unsigned short     *array;
18      struct seminfo     *__buf;
19  };
20
21  /* 定义全局变量 sem_id 保存信号量集的标识符 */
22  static int sem_id;
23  /* 定义全局变量 shm_id 保存共享内存的标识符 */
24  static int shm_id;
25
26  int main()
27  {
28      int i;
29      pid_t pid;
30      char ch1, ch2;
31      char* pData = NULL;
32
33      /* 创建信号量集 */
34      sem_id = semget(IPC_PRIVATE, 1, 0666 | IPC_CREAT);
35      if(sem_id == -1) {
36          fprintf(stderr, "Failed to create semaphore set. \n");
37          exit(EXIT_FAILURE);
38      }
39      if(!set_semvalue()) {                  /* 设置信号量的值 */
40          fprintf(stderr, "Failed to initialize semaphore\n");
41          exit(EXIT_FAILURE);
42      }
43      shm_id = shmget(IPC_PRIVATE, 4096, 0666 | IPC_CREAT);
44      if(shm_id == -1) {
45          fprintf(stderr, "Failed to create sharememory. \n");
46          del_sem_set();
47          exit(EXIT_FAILURE);
48      }
49
50      pid = fork();                          /* 创建子进程 */
51      if(pid == -1) {
52          perror("fork failed");
```

```
53        shmctl(shm_id, IPC_RMID, 0);              /* 删除共享内存 */
54        del_sem_set();
55        exit(EXIT_FAILURE);
56    }
57    else {
58        srand((unsigned int)getpid());            /* 为随机数播种 */
59        pData = (char*)shmat(shm_id, 0, 0);        /* 绑定 */
60
61        if (pid == 0) {                           /* 子进程 */
62            do {
63                semaphore_p();
64                ch1 = *pData;                      /* 读 */
65                ch2 = *(pData + 1);
66                if(ch2 == '@') {
67                    *pData = tolower(ch1);         /* 写 */
68                    *(pData + 1) = '#';
69                }
70                if(ch1 == 'Z') break;
71                semaphore_v();
72
73                sleep(1);
74            }while(1);
75        }
76        else {                                     /* 父进程 */
77            for(i=0; i < 26; i++){
78                semaphore_p();
79                *pData = 'A' + rand() % 26;        /* 写 */
80                if(i == 25) *pData = 'Z';
81                printf("%c", *pData);
82                *(pData + 1) = '@';
83                semaphore_v();
84                sleep(1);
85
86                do {
87                    semaphore_p();
88                    ch1 = *pData;                  /* 读 */
89                    ch2 = *(pData + 1);
90                    if(ch2 == '#') {
91                        printf("%c", ch1);
92                        fflush(stdout);
93                        semaphore_v();
94                        break;
95                    }
96                    semaphore_v();
97                }while(1);
98            }
99        }
100
101       shmdt(pData);                              /* 分离 */
102    }
103
104    if(pid > 0) {                                  /* 父进程 */
```

```
105         wait(NULL);                          /* 等待子进程退出 */
106         shmctl(shm_id, IPC_RMID, 0);         /* 删除共享内存 */
107         del_sem_set();                       /* 删除信号量集 */
108     }
109
110     printf("\n%d - finished\n", getpid());
111     exit(EXIT_SUCCESS);
112 }
113 ...... /* main 函数后面的代码与程序清单 8-6 的代码完全一样, 故略去! */
```

程序第 43 行创建共享内存, 指定内存大小为 4096 (一个内存页), 权限为 0666 (所有用户可读写)。第 53 行和第 106 行删除已创建的共享内存, 第 53 行是因为 fork 失败中途退出而删除共享内存, 第 106 行是所有操作成功后在父进程中删除共享内存。

程序第 59 行将共享内存分别绑定到父子进程的地址空间,该绑定地址由指针变量 pData 指向。

父子进程使用共享内存的第 1 和第 2 个字节进行通信。第 1 个字节存放相互传递的数据 (大、小写字母)。第 2 个字节为通信的 "旗语", 父进程以字符'@'说明自己向共享内存写入的数据, 子进程以字符'#'说明自己向共享内存写入的数据。

程序第 62 ~ 74 行的 do...while 循环为子进程中的代码。在该循环中, 子进程获取信号量, 然后反复读取共享内存的第 1 个和第 2 个字节分别保存于变量 ch1 和 ch2。如果读到的第 2 字节为'@'符号, 说明父进程已向共享内存写入的数据, 即将第 1 个字节的字母转换为小写然后写入共享内存的第 1 个字节, 同时将字符'#'写入共享内存的第 2 个字节以通知父进程转换完毕。第 72 行判断如果读取到了字母'Z', 则退出循环。最后在第 71 行释放信号量。

程序第 77 ~ 98 行的 for 循环为父进程中的代码。在该循环中, 父进程获取信号量, 然后随机产生一个大写字母, 保存到共享内存的第 1 个字节, 如果是最后一次循环则将字母'Z'保存到共享内存的第 1 个字节, 同时将字符'@'写入共享内存的第 2 个字节以通知子进程产生了新的字母, 然后释放信号量以便子进程获取信号量进行转换操作。随后, 在第 86 ~ 97 行的 do...while 循环中等待子进程的返回, 一旦读取共享内存的第 2 个字节的值为'#'即输出共享内存的第 1 个字节所存的字符并退出等待。

程序第 101 行, 在所有转换均完成后, 将共享内存从父子进程中分离出去。

在命令行编译并运行本程序, 命令及运行结果如下。

```
jianglinmei@ubuntu:~/c$ gcc -o ex_sharememory ex_sharememory.c
jianglinmei@ubuntu:~/c$ ./ex_sharememory
QqUuXxVvTtCcEeKkLlBbCcQqQqRrEeYyYyKkOoGgMmOoLlRrXx
1808 - finished
Zz
1807 - finished
```

8.7 消 息 队 列

8.7.1 简介

消息队列提供了一种在两个不相关的进程间传递数据的有效方法。使用消息队列可以从一个进程向另一个进程发送数据块。每个数据块有一个最大长度的限制（由宏 MSGMAX 定义），系统中所有队列所包含的全部数据块的总长度也有一个上限值（由宏 MSGMNB 定义）。

消息队列独立于发送和接收进程而存在。如果没有在程序中删除消息队列，即使所有使用消息队列的进程都退出了，该消息队列和队列中的内容都不会被删除。它们余留在系统中直至有某个进程调用 msgrcv 读消息或调用 msgctl 删除消息队列，或者由用户执行 ipcrm 命令删除消息队列。这种行为和普通管道不同，当最后一个访问管道的进程终止时，管道就被完全删除了。和 FIFO 也有所不同，虽然当最后一个引用 FIFO 的进程终止时其名字仍保留在系统中，直至显式地删除它，但是留在 FIFO 中的数据却会在进程终止时全部删除。

消息队列是消息的链接表，存放在内核中并由消息队列标识符标识。

与共享内存相似，内核为每个消息队列设置了一个 shmid_ds 结构用以管理消息队列。该结构的定义如下。

```
struct msqid_ds {
    struct ipc_perm msg_perm;        /* 所有者和权限标识       */
    time_t          msg_stime;       /* 最后一次发送消息的时间    */
    time_t          msg_rtime;       /* 最后一次接收消息的时间    */
    time_t          msg_ctime;       /* 最后改变时间          */
    unsigned long   _msg_cbytes;     /* 队列中当前数据字节数     */
    msgqnum_t       msg_qnum;        /* 队列中当前消息数      */
    msglen_t        msg_qbytes;      /* 队列允许的最大字节数   */
    pid_t           msg_lspid;       /* 最后发送消息的进程的 PID  */
    pid_t           msg_lrpid;       /* 最后接收消息的进程的 PID  */
};
```

8.7.2 msgget 函数

msgget 函数创建或获取一个消息队列，其原型如下。

```
#include <sys/types.h>
#include <sys/ipc.h>
#include <sys/msg.h>
int msgget(key_t key, int msgflg);
```

函数各参数和返回值的含义如下。

1. key   用于标识一个消息队列的键，通常为一整数
2. shmflg   标志位，指定 IPC_CREAT 表示创建信号量集，此时可与 IPC_EXCL 按位或（含义见 8.4 节）。在创建新的消息队列时其低 9 位用于指定访问权限
3. 返回值   成功时，返回消息队列的标识符（一个非负整数）。出错时，返回−1 并设置 errno。常见的错误值如下：

- EACCES   无访问权限
- EEXIST   在同时指定 IPC_CREAT 和 IPC_EXCL 时，具有指定键的消息队列已存在
- ENOENT   键不存在

调用 msgget 函数时，参数 msgflg 指定 IPC_CREAT 而未指定 IPC_EXCL，如果具有指定键的消息队列已存在，则只是忽略创建动作，而不会出错。

8.7.3　msgsnd 函数

msgsnd 函数把一条消息添加到消息队列中，其原型如下。

```
#include <sys/types.h>
#include <sys/ipc.h>
#include <sys/msg.h>
int msgsnd(int msqid, const void *msgp, size_t msgsz, int msgflg);
```

函数各参数和返回值的含义如下。

1. msgid 　　由 msgget 返回的消息队列标识符
2. msgp 　　指向要发送的消息的缓冲区的指针
3. msgsz 　　消息长度。这个长度不包括长整型成员变量的长度（见下面的说明）
4. msgflg 　　标志。指定 IPC_NOWAIT 时，表示当队列满或达到系统限制时，函数立即返回（返回值为-1），不发送消息
5. 返回值 　　成功时返回 0；失败时返回-1，并设置 errno 变量

应当说明的是，msgsnd 所发送的消息受两方面的约束：① 长度必须小于系统规定的上限；② 必须以一个长整型成员变量开始，接收函数以此成员来确定消息的类型。一般以下列形式来定义一个消息结构及该结构类型的变量。

```
struct my_message {
    long int message_type;      /* 消息类型 */
    <anydatatype> data;         /* 要发送的数据,可为任意数据类型 */
} msg;
```

在这样定义一个消息结构变量后，msgsnd 的 msgp 参数要指定为&msg，msgsz 参数指定为 msg.data 的长度（字节数）。

8.7.4　msgrcv 函数

msgrcv 函数从一个消息队列获取消息，其原型如下。

```
#include <sys/types.h>
#include <sys/ipc.h>
#include <sys/msg.h>
ssize_t msgrcv(int msqid, void *msgp, size_t msgsz, long msgtyp,
               int msgflg);
```

函数各参数和返回值的含义如下。

1. msgid 　　由 msgget 返回的消息队列标识符
2. msgp 　　指向准备接收消息的缓冲区的指针
3. msgsz 　　消息长度。这个长度不包括长整形成员变量的长度。msgp 所指向的缓冲区应大于或等于此长度
4. msgtyp 　　一个长整数。若值为 0，获取队列中的第一个可用消息；若值大于 0，获取具有相同类型的第一个消息；若小于 0，获取消息类型小于或等于其绝对值的第一个消息
5. msgflg标志。指定 IPC_NOWAIT 时，表示当没有相应类型消息时，函数立即返回

（返回值为-1 ），不接收消息

6. 返回值　　成功时返回 0；失败时返回-1，并设置 errno 变量

8.7.5　msgctl 函数

msgctl 函数直接控制消息队列，可对消息队列做多种操作，其原型如下。

```
#include <sys/types.h>
#include <sys/ipc.h>
#include <sys/msg.h>
int msgctl(int msqid, int cmd, struct msqid_ds *buf);
```

函数各参数和返回值的含义如下。

1. msgid　　　由 msgget 返回的消息队列标识符

2. cmd　　　　要采取的动作

- IPC_STAT 将内核所管理的消息队列的当前属性值复制到 buf（msqid_ds 结构）中

- IPC_SET　如果进程有足够的权限，就把内核所管理的消息队列的当前属性值设置为 buf（msgqid_ds 结构）各成员的值

- IPC_RMID 删除消息队列

3. buf　　　　缓冲区，作用视 cmd 而定

4. 返回值　　成功时返回 0；失败时返回-1，并设置 errno 变量。如果在进程正阻塞于 msgsnd 或 msgrcv 中等待时删除消息队列，则这两个函数将以失败返回

8.7.6　消息队列的应用

本小节以程序清单 8-8 和程序清单 8-9 所示的例子来说明消息队列的使用方法。其中程序清单 8-8 的功能是从消息队列中接收一个字符串，程序清单 8-9 的功能是将字符串发送到消息队列中。

程序清单 8-8　ex_msgrcv.c

```
 1 #include <stdlib.h>
 2 #include <stdio.h>
 3 #include <string.h>
 4 #include <errno.h>
 5 #include <unistd.h>
 6 #include <sys/msg.h>
 7 /* 定义消息结构 */
 8 struct my_msg_st {
 9     long int my_msg_type;    /* 长整型的消息类型 */
10     char some_text[BUFSIZ]; /* 接收的数据 */
11 };
12
13 int main()
14 {
15     int running = 1;
16     int msgid;
17     struct my_msg_st some_data;
18     long int msg_to_receive = 0;
19
20     /* 获取或建立消息队列 */
21     msgid = msgget((key_t)1234, 0666 | IPC_CREAT);
```

```
22      if (msgid == -1) {
23          fprintf(stderr, "msgget failed with error: %d\n", errno);
24          exit(EXIT_FAILURE);
25      }
26
27      while(running) {
28          /*接收消息*/
29          if (msgrcv(msgid, (void *)&some_data, BUFSIZ,
30                  msg_to_receive, 0) == -1) {
31              fprintf(stderr, "msgrcv failed with error: %d\n", errno);
32              exit(EXIT_FAILURE);
33          }
34          printf("You wrote: %s", some_data.some_text);
35          if (strncmp(some_data.some_text, "end", 3) == 0) {
36              running = 0;
37          }
38      }
39      /*删除消息队列*/
40      if (msgctl(msgid, IPC_RMID, 0) == -1) {
41          fprintf(stderr, "msgctl(IPC_RMID) failed\n");
42          exit(EXIT_FAILURE);
43      }
44      exit(EXIT_SUCCESS);
45  }
```

程序第 8~11 行定义了消息结构。成员 my_msg_type 表示消息类型，该成员是必须的而且类型固定要求为长整型；成员 some_text 则用于保存实际接收到的数据。

程序第 21 行获取或创建消息队列，固定键为 1234，权限为所有用户可读、写。

程序第 27~38 行的 while 循环反复从消息队列接收消息，直到接到 "end" 字符串则退出循环。其中第 29 行调用 msgrcv 接收任意消息（第 4 个参数 msg_to_receive 的值为 0）。第 35 行判断接收到的是否是 "end"。

程序第 40 行，删除用完的消息队列，及时回收资源。

程序清单 8-9　ex_msgsnd.c

```
1  #include <stdlib.h>
2  #include <stdio.h>
3  #include <string.h>
4  #include <errno.h>
5  #include <unistd.h>
6  #include <sys/msg.h>
7
8  #define MAX_TEXT 512
9  /* 定义消息结构 */
10 struct my_msg_st {
11     long int my_msg_type;         /* 长整型的消息类型 */
12     char some_text[MAX_TEXT];     /* 传送的数据 */
13 };
14
15 int main()
16 {
17     int running = 1;
18     struct my_msg_st some_data;
```

```
19      int msgid;
20      char buffer[BUFSIZ];
21      msgid = msgget((key_t)1234, 0666 | IPC_CREAT);
22      if (msgid == -1) {
23          fprintf(stderr, "msgget failed with error: %d\n", errno);
24          exit(EXIT_FAILURE);
25      }
26
27      while(running) {
28          printf("Enter some text: ");
29          fgets(buffer, BUFSIZ, stdin);
30          some_data.my_msg_type = 1;
31          strcpy(some_data.some_text, buffer);
32          /* 发送消息 */
33          if (msgsnd(msgid, (void *)&some_data, MAX_TEXT, 0) == -1) {
34              fprintf(stderr, "msgsnd failed\n");
35              exit(EXIT_FAILURE);
36          }
37          if (strncmp(buffer, "end", 3) == 0) {
38              running = 0;
39          }
40      }
41
42      exit(EXIT_SUCCESS);
43  }
```

程序第 10 ~ 13 行定义了消息结构，各成员的含义和程序清单 8-8 所示相同。

程序第 21 行获取或创建消息队列，固定键为 1234，权限为所有用户可读、写。

程序第 27 ~ 49 行的 while 循环反复读取用户从键盘输入的字符串，直到用户输入"end"为止，然后将读取到的字符串发送到消息队列。其中第 33 行调用 msgrcv 发送消息，指定消息类型为 1。第 37 行判断用户输入的字符串是否是"end"。

在命令行编译并运行以上两个程序，命令及运行结果如下。

```
jianglinmei@ubuntu:~/c$ ./ex_msgrcv &         [在后台运行接收程序]
[1] 2408
jianglinmei@ubuntu:~/c$ ./ex_msgsnd
Enter some text: Hello, message queue.
You wrote: Hello, message queue.
Enter some text: It's very easy to use it to
You wrote: It's very easy to use it to
Enter some text: transfer message between process.
You wrote: transfer message between process.
Enter some text: end
You wrote: end
[1]+  完成                    ./ex_msgrcv
```

8.8　小　结

本章首先介绍了进程间通信的相关概念和术语，简要说明了 Linux 中常见的 IPC 的种类和各自的特点。随后介绍了最为通用的 IPC 机制——普通管道的两种创建和使用方法，一种是直接用

pipe 函数创建并用 read/write 读写，另一种则是采用 popen 打开管道文件流并以文件流的方式进行读写。FIFO 管道是对普通管道的一种改进，本章以实例介绍了在不相关的进程之间使用 FIFO 进行通信的方法。随后，本章介绍了 SysV 的几种 IPC 机制的特点，先后介绍了 SysV IPC 中的信号量、共享内存和消息队列的特点和相关函数的使用方法，并一一举例说明了各种 IPC 的具体应用。

8.9　习　　题

（1）简述 Linux 环境下有哪些常用的 IPC 技术。

（2）是不是所有的 IPC 技术都只能用于同一主机的进程之间相互关换信息？

（3）请简述管道和命名管道有何区别。

（4）请简述 SysV IPC 有何特点，使用 SysV IPC 应注意哪些事项？

（5）什么是原子操作？使用信号量时，哪些动作应当是原子操作？

（6）使用共享内存进行 IPC 通信时，可采用什么方法进行同步？为何要进行同步？

（7）当所有使用消息队列的进程都退出以后，消息队列中的数据会自动清除吗？有哪些方法可以从系统中删除消息队列？

（8）请编写程序，在程序中调用 fork 创建子进程，然后在父进程中读取 argv[1]所指的文本文件，将文件内容通过管道传送给子进程，再由子进程将收到的文件内容的各行按字典序排序后输出到屏幕。

（9）分别使用 FIFO、共享内存和消息队列代替管道来实现第（8）题的要求。

第9章
Gtk+编程基础

Gtk+是一个软件开发工具包，其设计目的是支持在 X Window 系统下开发图形界面的应用程序。GNU 所认定的标准桌面环境 GNOME 就是用 Gtk+开发的。Gtk+可免费注册使用，所以用来开发自由软件或商业软件均可避免版权问题，降低成本。另外，相比于 Shell，图形界面的应用程序在易操作性上具有巨大的优势。因此掌握 Gtk+编程是极有必要的。本章介绍使用 Gtk+进行编程的基础知识，下一章将介绍 Gtk+中的构件。本章内容包括：

- Gtk+简介
- glib 库
- Gtk+程序结构
- 响应 Gtk+的信号
- 构件的基本概念
- 构件的排列

9.1 Gtk+简介

Gtk+最初是由美国加利福尼亚大学伯克利分校的两名学生 Spencer Kimball 和 Peter Mattis 开发而成的。目前已有成千上万的采用 Gtk+编写的程序。

Gtk+是一个可免费注册使用的图形界面开发工具包。Gtk+采用 LGPL 许可证发行，由开源组织（http://www.gtk.org/）维护。使用 Gtk+开发的 GNOME 桌面环境是 GNU 的标准桌面环境。Gtk+提供多种语言的开发接口（如：C 接口、PHP 接口），而且是以面向对象的思想进行设计的。目前，大多数的 Linux 发行版都集成了 Gtk+工具包或提供了快速获取该工具包的方法。

值得一提的是 Linux 环境常用的另一个图形界面开发工具包——QT。Linux 环境下另一个常用桌面环境 KDE 就是采用 QT 开发的。QT 完全采用面向对象方式设计，提供 C++开发接口，而且 QT 对 C++的语法进行了扩充，有自己的元对象系统。QT 是由挪威的商业公司 Trolltech（奇趣）维护的，有商业版和 GPL 版。

因此，Gtk+和 QT 是同样优秀的图形界面开发工具包。但相比于 QT，Gtk+更具开源精神。

Gtk+的全称是 GIMP Toolkit，即 GIMP 工具集。Gtk+因最初用于开发 GIMP（GNU Image Manipulation Project，类似于 Photoshop 的软件）而得名，也是为开发 GIMP 而研制的一套图形界面库。它为应用软件提供了一套平台无关的、简单易用的图形界面接口，几乎包括所有基本的图形界面元素，比如窗口、容器、标签、按钮、编辑框、列表框等。

GTK+是建立于 GDK 基础上的构件库。GDK 是 Gtk+的底层图形库，GDK 封装了与平台相关的函数和系统调用，为 Gtk+提供一套与平台无关的开发接口。因此只需为不同系统平台编写相应的 GDK 层，Gtk+就能够具备跨平台的移植能力。目前 GDK、Gtk+已经支持 X Window、Windows 等多种系统平台。

此外，Gtk+库和 Gnome 均构建于 GNU 的重要函数库（glib 库）的基础之上。glib 库是 Linux 平台下最常用的 C 语言函数库，它具有很好的可移植性和实用性。glib 包含了一些标准应用的新扩展用来提高 Gtk+的兼容性。glib 为许多标准的、常用的 C 语言结构提供了相应的替代物。

最后，X Window 的底层函数库（xlib 库）为 Gtk+和 GDK 提供了图形接口支持。Gtk+应用程序与各相关函数库的层次结构关系如图 9-1 所示。

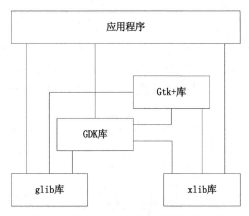

图 9-1　Gtk+编程相关函数库的层次结构

截至笔者书写本章时，Gtk+的最新稳定版本为 GTK+ 3.6.2。使用 Gtk+开发图形界面应用程序必须在开发主机上安装 Gtk+开发包。在 Ubuntu Linux 环境下，可在命令行输入以下命令安装 Gtk+开发包。

```
jianglinmei@ubuntu:~$ sudo apt-get install libgtk-3-dev
```

安装完毕后，可使用 pkg-config 命令查看所安装包的编译选项信息，如下所示。

```
jianglinmei@ubuntu:~$ pkg-config --cflags --libs gtk+-3.0
```

在进行 Gtk+编程的过程中，不可避免地需要查找 Gtk+库相关的编程资料。Gtk+库中的数据类型和函数说明均不在 Linux 的 man 手册页中。为此，需要另外安装一个名为 DevHelp 的参考手册。安装 DevHelp 的命令如下。

```
jianglinmei@ubuntu:~$ sudo apt-get install DevHelp
```

安装完毕后，运行 devhelp 即可启动：

```
jianglinmei@ubuntu:~$ devhelp
```

9.2　glib 库

glib 是 Gtk+和 GDK 所依赖的基础函数库。glib 库的编码风格是半面向对象的，即以面向对象的思想设计，以面向过程的语言（C 语言）实现。glib 库为许多标准的、常用的 C 语言结构提供了相应的替代物，glib 库的标识符使用一个前缀 "g"，这是一种通行的命名约定。

glib 具有一套自己的类型系统，与 C 语言标准类型对照如表 9-1 所示。

表 9-1　　　　　　　　　　　　　　　glib 类型与 C 语言类型对照表

C 类型	GLIB 类型	C 类型	GLIB 类型
char	gchar	unsigned char	guchar
short	gshort	unsigned short	gushort
long	glong	unsigned long	gulong
int	gint	unsigned int	guint
int	gboolean	void *	gpointer
float	gfloat	const void *	gconstpointer
double	gdouble		

除了类型定义外，glib 还提供了一些宏的定义。这些宏可分为两类，一类是常用宏，这些宏提供了一些常见的常量定义或表达式定义或执行一些类型转换。部分常见宏如表 9-2 所示。

表 9-2　　　　　　　　　　　　　　　　glib 中的通用宏

宏　　名	说　　明
TRUE	gboolean 类型，逻辑真
FALSE	gboolean 类型，逻辑假
NULL	一般用于表示空指针，值为 0
MAX(a, b)	返回两者较大值
MIN(a, b)	返回两者较小值
ABS(x)	返回绝对值
CLAMP(x, low, high)	返回[low, high]范围内的值，x 在范围内返回 x，比 low 小返回 low，比 high 大返回 high
GINT_TO_POINTER(p)	整数转指针
GPOINTER_TO_INT(p)	指针转整数
GUINT_TO_POINTER(p)	无符号整数转指针
GPOINTER_TO_UINT(p)	指针转无符号整数

另一类是调试宏，在代码中使用这些宏可以强制执行不变式和前置条件。这些宏很稳定，也容易使用，因而 Gtk+大量使用了它们。使用这些调试宏能够快速发现程序中的错误。而且，可以通过定义编译开关宏 G_DISABLE_CHECKS 或 G_DISABLE_ASSERT 来关闭这些宏的功能，也就是编译时不产生这些宏的相关机器指令，所以在软件代码中使用它们不会有性能损失。一般在编译软件发行版时定义 G_DISABLE_CHECKS 或 G_DISABLE_ASSERT 宏。调试宏可分两种：前提条件检查宏和断言。

- 前提条件检查宏

```
#include <glib.h>
g_return_if_fail(condition)
g_return_value_if_fail(condition, retval)
```

前提条件检查宏的作用是，在指定条件不成立时输出一个警告信息，并立即从当前函数返回。这两个宏的区别在于，g_return_value_if_fail 在条件不成立时将第二个参数作为返回值返回，而 g_return_if_fail 以 void 返回。程序清单 9-1 是一个使用 glib 前提条件检查宏的简单示例。

程序清单 9-1　glib 前提条件检查宏

```
void getPoint(gint index)
{
  g_return_if_fail(index >= 0);
  return;
}

int main()
{
  getPoint(-1);          // 输出: ** (process:2565): CRITICAL **:
                         // void getPoint(gint): assertion `index >= 0' failed
  return 0;
}
```

这里，getPoint 函数的首条语句使用 g_return_if_fail 检查传入的参数的合法性，这可以帮助程序员尽快发现函数调用的错误。

● 断言

```
#include <glib.h>
g_assert(condition)
g_assert_not_reached()
```

断言宏的作用是，在指定条件不成立时输出一个警告信息，并终止程序的执行。g_assert()基本上与 assert()一样，但是 g_assert 对 G_DISABLE_ASSERT 响应（如果定义了 G_DISABLE_ASSERT，则这些语句在编译时不编译进去）。程序清单 9-2 是一个使用 glib 断言宏的简单示例。

程序清单 9-2　g_assert 宏

```
int main()
{
  gint *pPoint;
  g_assert(pPoint == NULL);
        // 输出: ERROR:../src/test.:38:
        // int main(): assertion failed: (pIndex == NULL)
  return 0;
}
```

如果执行到 g_assert_not_reached()语句，它会调用 abort()退出程序并且（如果环境支持）转储一个可用于调试的 core 文件。g_assert_not_reached()用于标识"不可能"的情况，通常用于检测枚举值的 switch 语句。程序清单 9-3 是一个使用 g_assert_not_reached()的简单示例。

程序清单 9-3　ex_g_assert_not_reached.c 宏

```
1 #include <glib.h>
2 #include <stdio.h>
3
4 typedef enum COLOR {RED, GREEN, BLUE};
5 int main()
6 {
7     enum COLOR clr;
```

```
8      switch(clr)
9      {
10     case RED:
11         printf("red\n");
12         break;
13     case GREEN:
14         printf("green\n");
15         break;
16     case BLUE:
17         printf("blue\n");
18         break;
19     default:
20         g_assert_not_reached();
21         break;
22     }
23
24     return 0;
25 }
```

因 clr 未经初始化，其值为一随机数，程序极大可能运行到 default 分支，执行 g_assert_not_reached()语句。在命令行编译运行本程序，命令及运行结果如下。

```
jianglinmei@ubuntu:~/c$ gcc -w -o ex_g_assert_not_reached ex_g_assert_not_reached.c
`pkg-config --cflags --libs glib-2.0`
jianglinmei@ubuntu:~/c$ ./ex_g_assert_not_reached
**
ERROR:ex_g_assert_not_reached.c:20:main: code should not be reached
已放弃
```

因 glib 库的头文件和库文件均不在标准目录下，编译时应当使用反引号将"pkg-config --cflags --libs glib-2.0"命令的执行结果替换到编译命令行。

一般使用前提条件检查来保证传递到程序模块的公用接口的值的合法性，用断言来检查函数或库内部的一致性。遵循调试宏的这一使用规范，如果前提条件检查失败，应该在调用这个模块的代码中查找错误，如果断言条件失败，应该在包含断言的模块中查找错误。

使用 glib 库的程序应直接或间接包含 glib 的头文件"glib.h"。而编写 Gtk+程序时，需要包含 gtk.h 或 gnome.h，这两个头文件中已包含了 glib.h。

除了上述的类型和宏定义以外，glib 库中定义了大量常用的函数。其中，g_printf 函数用以向终端输出一条消息，其语法格式与 C 语言标准库的 printf 函数相似，原型如下。

```
gint g_printf(gchar * format, …);
```

除上述内容以外，glib 库中还定义了单向链表（GSList）、双向链表（SList）、树（GTree）和哈希表（GHashTable）等数据结构。限于篇幅，本书不作详细介绍。

9.3　Gtk+程序结构

9.3.1　第一个 Gtk+程序

下面以程序实例来介绍 Gtk+程序的基本结构。程序清单 9-4 给出了一个最简单的 Gtk+程序。

程序清单 9-4　ex_first_gtk.c

```
1  #include <gtk/gtk.h>   // 包含 Gtk+程序必须的头文件
2  int main( int argc, char *argv[] )
3  {
4      // 声明一个窗口构件
5      GtkWidget *window;
6      // 初始化 Gtk+
7      gtk_init(&argc, &argv);
8      // 创建主窗口
9      window = gtk_window_new(GTK_WINDOW_TOPLEVEL);
10     // 显示主窗口
11     gtk_widget_show(window);
12     // 进入 GTK+循环
13     gtk_main ();
14
15     return 0;
16 }
```

因 gtk 库的头文件和库文件均不在标准目录下，编译时应当使用反引号将 "pkg-config --cflags --libs gtk+-3.0" 命令的执行结果替换到编译命令行。具体编译和运行命令如下。

```
jianglinmei@ubuntu:~/c$ gcc -o ex_first_gtk ex_first_gtk.c `pkg-config --cflags --libs gtk+-3.0`
jianglinmei@ubuntu:~/c$ ./ex_first_gtk
^C
```

本例的运行结果是一个空白窗口，如图 9-2 所示。单击窗口的关闭按钮将关闭窗口，但应用程序并未终止，原因是尚未处理 Gtk 的事件（下文将详细介绍）。按 Ctrl+C 终止程序的运行。

9.3.2　Gtk+的数据类型

Gtk+的设计是面向对象的，一个构件就是一个对象。这里的"构件"指的是 Gtk+图形界面上的一个可视组件或容器，是 Gtk+图形界面的组成。容器是容纳其他组件的组件，大多数容器占有一块区域但不具有可视外观。窗口、复选框、按钮、输入框等都属于构件。

图 9-2　第一个 Gtk+程序

Gtk+用 GtkWidget 类型表示一个构件，即，GtkWidget 是可用于所有构件的通用数据类型。程序清单 9-4 第 5 行就定义了一个 GtkWidget 类型的指针变量 window，用以引用第 9 行创建出来的窗口构件。

从面向对象的角度看，GtkWidget 是所有构件类的祖先类，即所有构件的数据类型均派生自 GtkWidget。例如：铵钮构件（GtkButton）由容器构件（GtkContainer）派生；容器构件又由通用构件（GtkWidget）派生；GtkWidget 则继承自 GtkObject。GtkObject 是所有 Gtk+类型的祖先类，用以方便地表示任何类型的 Gtk+对象。

所有创建构件的函数均返回指向 GtkWidget 的指针，比如 gtk_window_new 返回的是 GtkWidget * 而不是 GtkWindow *。这使得通用函数（如：gtk_widget_show）可以对所有的构件进行操作。

正确的 Gtk+编程要求——在调用具体的构件函数之前对构件分配正确的类型。例如，用于为窗口设置标题的 gtk_window_set_title 函数，它的第一个参数为 GtkWindow *类型，其原型为：

```
void gtk_window_set_title(GtkWindow * window, const gchar * title);
```

每一种构件都有一个转换宏可将 GtkWidget*转换为相应构件类型。例如，GTK_WINDOW 宏将 GtkWidget*转换为 GtkWindow*，如下所示。

```
gtk_window_set_title(GTK_WINDOW(window), "第一个 gtk+程序");
```

Gtk+会在运行期检查构件的类型。子类可以安全转换为父类，但父类一般不能转换为子类。在将一个父类指针转换为子类指针时应确保该父类指针指向的是一个子类对象。

9.3.3　初始化 Gtk+

程序清单 9-4 第 7 行调用 gtk_init 函数对 Gtk+库进行了初始化。这是任何使用 Gtk+库的程序所必须做的，只有在初始化之后方可调用其他 GTK+库函数。gtk_init 函数的原型如下。

```
#include <gtk/gtk.h>
void gtk_init(int *argc, char ***argv);
```

gtk_init 函数的两个参数分别是指向主函数参数 argc 的指针和指向主函数参数 argv 的指针。调用 gtk_init 函数时应将 main 函数的参数的地址传递给它，gtk_init 可以改变一些不满足 GTK+函数要求的命令行参数。

gtk_init 函数没有返回值。如果在初始化过程中发生错误，程序会立即退出。

9.3.4　创建和显示窗口/构件

在初始化 Gtk+库后，就可以调用 Gtk+库的相关函数创建窗口或其他构件了。通常将构件定义为指向 GtkWidget 类型的指针。

初始化 Gtk+库后，大多数 Gtk+应用程序都需要建立一个主窗口。主窗口也称为顶层窗口。程序清单 9-4 第 9 行调用以 GTK_WINDOW_TOPLEVEL 为参数的 gtk_window_new 函数建立了一个新的顶层窗口。gtk_window_new 函数的原型如下。

```
GtkWidget * gtk_window_new(GtkWindowType type);
```

函数唯一的参数 type 是一个枚举类型，定义如下。

```
typedef enum {
  GTK_WINDOW_TOPLEVEL,
  GTK_WINDOW_POPUP
} GtkWindowType;
```

参数 type 一般取值为 GTK_WINDOW_TOPLEVEL，表示创建一个顶层窗口。gtk_window_new 函数返回指向 GtkWidget 结构的指针，该指针指向新创建的窗口。

和 gtk_window_new 函数一样，创建各种构件的函数具有一致的命名规则，即，以"gtk_"开头，后跟构件类型名，再以"_new"结尾。例如：gtk_label_new 创建标签、gtk_button_new 创建按钮、gtk_entry_new 创建输入框、gtk_menu_new 创建菜单，等等。

刚创建的构件是不可见的，必须调用 gtk_widget_show 函数使之可见。程序清单 9-4 第 11 行调用该函数显示顶层窗口。gtk_widget_show 函数的原型如下。

```
void gtk_widget_show(GtkWidget *widget);
```

构件具有父子关系，其中父构件是容器，子构件是包含在容器中的构件。顶层窗口没有父构件，但可能是其他构件的容器。当窗口中容纳了子构件，子构件又容纳了更多的子构件的时候，要一一显示各个构件较为麻烦。为此，可用 gtk_widget_show_all 来递归地显示一个容器构件以及其所有的子孙构件。该函数的原型如下。

```
void gtk_widget_show_all(GtkWidget *widget);
```

9.3.5　Gtk+的主循环

每一个 Gtk+程序在初始化及创建了主窗口之后都要调用 gtk_main 函数进入 Gtk+主循环(main loop)。程序清单 9-4 第 13 行，在 main 函数退出之前，调用了 gtk_main 函数。gtk_main 函数不带参数也没有返回值，原型如下。

```
void gtk_main(void);
```

GUI 应用程序都是事件驱动的。这些事件大部分都来自于用户，比如键盘事件和鼠标事件。还有一些事件来自于系统内部，比如定时事件、socket 事件和其他 I/O 事件等。在没有任何事件发生的情况下，应用程序处于睡眠状态。

在 Gtk+主循环中，Gtk+会睡眠并等待 x-window 事件（如鼠标单击、键盘按键等）、定时器或文件 I/O 等事件的发生。

进入 Gtk+主循环后，gtk_main 函数并不会自动返回，需要调用 gtk_main_quit 函数来终止 Gtk+主循环。这也是第一个 Gtk+程序在关闭主窗口后并不会退出的原因。gtk_main_quit 函数同样不带参数也没有返回值，原型如下。

```
void gtk_main_quit(void);
```

显然，gtk_main_quit 函数的最佳调用时机是在关闭主窗口的时候。为此，在调用 gtk_main 函数进入主循环之前应该为主窗口建立窗口关闭事件的处理函数，在信号处理函数中调用 gtk_main_quit。在下一节将详细介绍如何响应 Gtk+事件。

9.4　响应 Gtk+的信号

9.4.1　完善第一个 Gtk+程序

第一个 Gtk+程序简单但不完善，最大的缺点是不能正常退出。程序清单 9-5 对其进行了扩展。

程序清单 9-5　ex_gtk.c

```
1 #include <gtk/gtk.h>
2
3 static void hello( GtkWidget *widget, gpointer data )
4 {
5     g_printf ("Hello World\n");      // 输出信息
6 }
7
8 static gboolean delete_event( GtkWidget *widget,
9                     GdkEvent *event, gpointer data )
```

```
10 {
11     g_printf ("delete event occurred\n");
12     // 如果返回 FALSE，GTK+会发出一个"destroy"信号
13     return TRUE;
14 }
15 static void destroy( GtkWidget *widget, gpointer data )
16 {   // 输出构件名称
17     g_printf("%s : exit!\n", gtk_widget_get_name(widget));
18     // 退出主循环
19     gtk_main_quit ();
20 }
21
22 int main( int argc, char *argv[] )
23 {
24     GtkWidget *window;
25     GtkWidget *button;
26
27     gtk_init (&argc, &argv);
28
29     window = gtk_window_new (GTK_WINDOW_TOPLEVEL);
30     // 注册回调函数
31     g_signal_connect (window, "delete-event",
32             G_CALLBACK (delete_event), NULL);
33     g_signal_connect (window, "destroy",
34             G_CALLBACK (destroy), NULL);
35
36     // 设置窗口边距
37     gtk_container_set_border_width (GTK_CONTAINER (window), 10);
38     // 设置构件名称
39     gtk_widget_set_name (GTK_WIDGET (window), "main_window");
40     // 创建一个按钮
41     button = gtk_button_new_with_label ("Hello World");
42
43     // 注册单击按钮事件的回调函数
44     g_signal_connect (button, "clicked", G_CALLBACK (hello), NULL);
45     g_signal_connect_swapped (button, "clicked",
46             G_CALLBACK (gtk_widget_destroy), window);
47     // 把按钮构件添加到窗口内
48     gtk_container_add (GTK_CONTAINER (window), button);
49
50     // 显示按钮
51     gtk_widget_show (button);
52     // 显示窗口
53     gtk_widget_show (window);
54
55     // 进入 Gtk+主循环
56     gtk_main ();
57
58     return 0;
59 }
```

在命令行编译本程序，如下所示。

```
jianglinmei@ubuntu:~/c$ gcc -o ex_gtk ex_gtk.c `pkg-config --cflags --libs gtk+-3.0`
```

运行程序后，结果界面如图 9-3 所示。主窗口中容纳了一个"Hello World"按钮。单击主窗口标题栏的按钮，将输出"delete event occurred"（程序清单第 11 行），单击"Hello World"按钮，将输出"Hello Wolrd"（程序清单第 5 行），然后输出"main_window：exit!"（程序清单第 17 行）关闭窗口，同时退出应用程序。具体输出如下所示。

```
jianglinmei@ubuntu:~/c$ ./ex_gtk
delete event occurred
Hello World
main_window : exit!
```

图 9-3　响应事件的 Gtk+程序

9.4.2　事件和信号

在 Gtk+中，一个事件（event）就是一个从 X Window 传出来的信息。事件是通过信号（signal）来传递的。当一个事件（比如单击鼠标）发生时，事件所作用的构件（比如被单击的按钮）就会发出一个相应的信号（比如"clicked"）来通知应用程序。如果应用程序已将该信号与一个回调函数连接起来，Gtk+会自动调用该回调函数执行相关的操作，从而完成一次由事件所引发的行为。与信号相连接的回调函数称为信号处理函数。当为事件所发出的信号连接了信号处理函数时，称响应了某个事件。

Gtk 中有通用于所有构件的公共信号（比如"destory"信号），也有专属于某类构件的专有信号（比如 toggle button 具有的"toggled"信号）。而程序清单 9-5 第 31 行所用到的"delete-event"事件通常在用户单击主窗口的关闭按钮时发生。

如上所述，在 Gtk+中要让应用程序响应某个事件，必须事先给该事件发出的信号连接一个信号处理函数。这需要用到 g_signal_connect 函数。其原型如下。

```
gulong g_signal_connect( gpointer *object,
                  const gchar *name,
                  GCallback func,
                  gpointer func_data );
```

函数各参数和返回值的含义如下。

1. object　　　发出信号的构件
2. name　　　信号名称
3. func　　　事件发生时将调用的"信号处理函数"
4. func_data　事件发生时传递给信号处理函数的"用户数据"
5. 返回值　　成功返回信号处理函数的 ID（非 0 值）；失败时返回 0

这里"信号处理函数"以 GCallback 类型声明。实际上，在 Gtk+中，不同信号所对应的信号处理函数的类型（参数个数和参数类型）可能是不同的。作为一种设计策略，Gtk+中使用 GCallback 类型表示通用回调函数（这里是"信号处理函数"）类型，其定义如下。

```
void (*GCallback)(void);
```

同时，Gtk+中定义了一个通用回调函数类型转换宏 G_CALLBACK。

```
#define G_CALLBACK(f) ((GCallback) (f))
```

在实际调用 g_signal_connect 函数时，应将一个具有以下形式的回调函数经 G_CALLBACK

宏进行强制类型转换后传递给 func 参数。

```
void callback_func( GtkWidget *widget,
                    ... /* 其他参数 */
                    gpointer  callback_data );
```

虽然不同信号所对应的信号处理函数的类型可能不同，但是其第一个参数和最后一个参数是固定的。第一个参数 widget 为发出信号的构件；最后一个参数 callback_data 是用户数据，当信号处理函数被调用时，它将得到 g_signal_connect 函数连接信号时所提供的 func_data 参数的值。例如，程序清单 9-5 第 31 ~ 32 行连接 "delete-event" 信号的代码为：

```
g_signal_connect (window, "delete-event",
                  G_CALLBACK (delete_event), NULL);
```

这里，window 为发出 "delete-event" 信号的主窗口构件，最后一个参数 NULL 为将传递给信号处理函数 delete_event 的用户数据。delete_event 函数在程序清单 9-5 第 8 ~ 14 行定义如下。

```
static gboolean delete_event( GtkWidget *widget,
                              GdkEvent *event, gpointer data )
{
    g_printf ("delete event occurred\n");
    // 如果返回 FALSE, GTK+会发出一个"destroy"信号
    return TRUE;
}
```

当因主窗口发出 "delete-event" 信号而由 Gtk+调用 delete_event 函数时，widget 参数得到的值为主窗口构件指针（对应 g_signal_connect 的第一个参数），data 参数得到的值为 NULL（对应 g_signal_connect 的最后一个参数），event 参数则为触发信号的原始事件。

在 Gtk+中，事件具有一个 "传播" 的过程。一个事件可能在一个构件上先后引发不同的信号。同时，对每个事件，信号先由它直接作用的构件引发，然后是它的直接父构件，然后是父构件的父构件，依次向上递归，这个过程称为事件 "冒泡"。因此，一个事件可能在多个构件上面分别引发多个信号。

另外，Gtk+允许为一个构件的一个信号连接多个信号处理函数，当相应信号被传播时，这些信号处理函数将按连接的顺序依次被调用。例如，程序清单 9-5 第 44 ~ 46 行就为 button 构件的 "clicked" 信号分别连接了 hello 函数和 gtk_widget_destroy 函数。

Gtk+事件的信号处理函数必须返回一个 gint 型整数值（gboolean 与 gint 等价）。最后一个运行的信号处理函数决定了信号引发的返回值。如果该返回值是 TRUE, Gtk+主循环会停止当前事件的传播过程，否则将继续事件的传播。

例如，对于程序清单 9-5 中连接 "delete-event" 信号的信号处理函数 delete_event，它最后返回 TRUE（第 13 行）即终止了事件的传播。如果返回 FALSE, GTK+会发出一个 "destroy" 信号，该信号会使主窗口关闭。

除了 g_signal_connect 函数外，另一个函数 g_signal_connect_swapped 也可用来连接信号和信号处理函数，其原型为：

```
gulong g_signal_connect_swapped( gpointer *object,
                                 const gchar *name,
                                 GCallback func,
                                 gpointer *callback_data );
```

可见，该函数的参数和返回值与 g_signal_connect 函数的完全一样。因此，它们的用法也相类似，区别在于回调函数。g_signal_connect_swapped 函数连接的信号处理函数应具有以下形式。

```
void callback_func( gpointer  callback_data,
               ... /* 其他参数 */
               GtkWidget *widget);
```

与 g_signal_connect 函数连接的信号处理函数相比较可发现，两者的第一个参数和最后一个参数的位置刚好相反，这也是函数名最后一部分 "swap" 的含义所在。

在 Gtk+程序中一般不使用 g_signal_connect_swap 函数连接信号和信号处理函数。该函数仅用于连接 "只带一个构件或对象作为参数" 的 Gtk+内置应用接口函数作为信号处理函数的时候。例如，程序清单 9-5 第 45 ~ 46 行：

```
g_signal_connect_swapped (button, "clicked",
          G_CALLBACK (gtk_widget_destroy), window);
```

在这个调用中，第四个参数，即传递给信号处理函数的 "用户数据" 是 window。而信号处理函数是 gtk_widget_destory，它是 Gtk+内置的应用接口函数，作用是销毁一个构件。其原型为：

```
void gtk_widget_destroy(GtkWidget *widget);
```

在 Gtk+回调 gtk_widget_destory 时，将把 g_signal_connect_swapped 的第四个参数而不是第一个参数传递给 gtk_widget_destory。因而，对于程序清单 9-5 所示程序，当用户单击 "Hello World" 按钮时，将销毁主窗口而不是按钮本身。

调用 g_signal_emit_by_name 函数可在程序中手动（区别于 Gtk+自动产生信号）产生一个信号，该函数的原型如下。

```
void g_signal_emit_by_name (gpointer instance,
                      const gchar *detailed_signal, ...);
```

这个函数的 instance 参数为信号所作用的目标，一般是一个构件。detailed_signal 参数是表示具体信号的字符串，如 "destroy"。省略号 "..." 部分代表两个可选的参数，前一个参数为信号的 "用户数据"，后一个参数为存放信号处理函数的返回值的地址。

在 Gtk+中，使用共用体 GdkEvent 类型来表示一个事件，该类型定义如下。

```
typedef union _GdkEvent
{
  GdkEventType       type;          // 事件类型
  GdkEventAny        any;           // 通用事件头部
  GdkEventExpose     expose;        // 以下为具体的事件类型
  GdkEventVisibility visibility;
  GdkEventMotion     motion;
  GdkEventButton     button;
  GdkEventScroll     scroll;
  GdkEventKey        key;
  GdkEventCrossing   crossing;
  GdkEventFocus      focus_change;
  GdkEventConfigure  configure;
  GdkEventProperty   property;
  GdkEventSelection  selection;
  GdkEventOwnerChange owner_change;
```

```
GdkEventProximity    proximity;
GdkEventDND          dnd;
GdkEventWindowState  window_state;
GdkEventSetting      setting;
GdkEventGrabBroken   grab_broken;
} GdkEvent;
```

其中 type 成员是一个枚举值，用于指明事件类型。事件类型 GdkEventType 列出了 Gtk+中所有的事件类型，其定义如下。

```
typedef enum {
  GDK_NOTHING            = -1,
  GDK_DELETE             = 0,
  GDK_DESTROY            = 1,
  GDK_EXPOSE             = 2,
  GDK_MOTION_NOTIFY      = 3,
  GDK_BUTTON_PRESS       = 4,
  GDK_2BUTTON_PRESS      = 5,
  GDK_3BUTTON_PRESS      = 6,
  GDK_BUTTON_RELEASE     = 7,
  GDK_KEY_PRESS          = 8,
  GDK_KEY_RELEASE        = 9,
  GDK_ENTER_NOTIFY       = 10,
  GDK_LEAVE_NOTIFY       = 11,
  GDK_FOCUS_CHANGE       = 12,
  GDK_CONFIGURE          = 13,
  GDK_MAP                = 14,
  GDK_UNMAP              = 15,
  GDK_PROPERTY_NOTIFY    = 16,
  GDK_SELECTION_CLEAR    = 17,
  GDK_SELECTION_REQUEST  = 18,
  GDK_SELECTION_NOTIFY   = 19,
  GDK_PROXIMITY_IN       = 20,
  GDK_PROXIMITY_OUT      = 21,
  GDK_DRAG_ENTER         = 22,
  GDK_DRAG_LEAVE         = 23,
  GDK_DRAG_MOTION        = 24,
  GDK_DRAG_STATUS        = 25,
  GDK_DROP_START         = 26,
  GDK_DROP_FINISHED      = 27,
  GDK_CLIENT_EVENT       = 28,
  GDK_VISIBILITY_NOTIFY  = 29,
  GDK_SCROLL             = 31,
  GDK_WINDOW_STATE       = 32,
  GDK_SETTING            = 33,
  GDK_OWNER_CHANGE       = 34,
  GDK_GRAB_BROKEN        = 35,
  GDK_DAMAGE             = 36,
  GDK_EVENT_LAST              // 用作哨兵
} GdkEventType;
```

GdkEvent 的 any 成员的 GdkEventAny 类型定义如下。

```
struct GdkEventAny {
  GdkEventType type;         // 事件类型
```

```
  GdkWindow *window;          // 事件的目标窗口
  gint8 send_event;           // 手动引发(用 XSendEvent)或由 GDK 引发
};
```

GdkEvent 类型的成员中，除了 type 和 any 成员以外，其他成员都表示某一个具体的事件类型。Gtk+中每一个具体事件类型均以 GdkEventAny 结构体的三个成员开头，因此，GdkEventAny 是一个通用事件的头部。

Gtk+最常使用的两种具体事件类型是 GdkEventButton 和 GdkEventKey。GdkEventButton 类型对应与鼠标操作相关的事件，如鼠标按键（引发"clicked"、"button_press_event"信号）、鼠标移动（引发"motion_notify_event"信号）等，其类型定义如下。

```
typedef struct {
  GdkEventType type;      // 通用事件的头部的三个成员
  GdkWindow *window;
  gint8 send_event;
  guint32 time;           // 事件发生时间（毫秒计）
  gdouble x;              // 相对事件窗口的坐标，可能为负
  gdouble y;
  gdouble *axes;          // 设备坐标，对于鼠标为 NULL
  guint state;            // 修改键屏蔽值，指示哪个组合键或鼠标按键是按下的
  guint button;           // 被按下或释放的鼠标键：从 1 到 5 编号
  GdkDevice *device;      // 硬件设备(如图形输入板或鼠标)
  gdouble x_root          // 相对于根窗口的绝对坐标
  gdouble y_root;
} GdkEventButton;
```

GdkEventKey 类型对应与键盘操作相关的事件，如键盘按键按下（引发"key-press-event"信号）和键盘按键释放（引发"key-release-event"信号），其类型定义如下。

```
typedef struct {
  GdkEventType type;
  GdkWindow *window;
  gint8 send_event;
  guint32 time;
  guint state;                    // 修改键屏蔽值
  guint keyval;                   // 键值，在<gdk/gdkkeysyms.h> 中定义，
                                  // 如:GDK_a, GDK_A, GDK_KEY_Return
  gint length;                    // string 成员的长度
  gchar *string;                  // 按键的字符串表示，已弃用
  guint16 hardware_keycode;       // 硬件按键原始编码（扫描码）
  guint8 group;                   // 键盘组
  guint is_modifier : 1;
} GdkEventKey;
```

Gtk+中另两个常用的具体事件类型和构件显示相关，它们是 GdkEventConfigure 和 GdkEventExpose。构形事件 GdkEventConfigure 在一个窗口的尺寸或位置改变时发生（引发"configure_event"信号），其类型定义如下。

```
typedef struct {
```

```
GdkEventType type;
GdkWindow *window;
gint8 send_event;
gint x, y;                    // 相对于父窗口的新坐标
gint width;                   // 新的尺寸
gint height;
} GdkEventConfigure;
```

暴露事件 GdkEventExpose 在一个窗口变为可见并需要重绘时发生（引发 "expose_event" 信号），它的类型定义如下。

```
typedef struct {
GdkEventType type;
GdkWindow *window;
gint8 send_event;
GdkRectangle area;            // 须重绘的区域外围矩形
GdkRegion *region;            // 须重绘的区域，裁剪区
gint count;                   // 后续的 GDK_EXPOSE 事件的个数
} GdkEventExpose;
```

最后，与焦点变更（引发 "focus_in_event"、"focus_out_event" 信号）事件相关的 GdkEventFocus 也是较为常用的具体事件类型之一，其类型定义如下。

```
typedef struct {
GdkEventType type;
GdkWindow *window;
gint8 send_event;
gint16 in;                    // 获得焦点时为 TRUE，失去焦点时为 FALSE
} GdkEventFocus;
```

9.5　构件的基本概念

9.5.1　有窗口构件和无窗口构件

根据是否有相关联的 GdkWindow，构件可以分为 "有窗口构件" 和 "无窗口构件"。

GdkWindow 窗口和 GtkWindow 窗口是不一样的。GdkWindow 是一个 X 服务器用于划分屏幕的抽象概念。一个 GdkWindow 窗口，对 X 服务器给出了关于将要显示的图形的结构信息。

大多数构件都有一个相关联的 GdkWindow 窗口，构件就绘制在这个窗口上。

有一些构件没有与之相关联的 GdkWindow，是相对轻量级的，如 GtkLabel 构件。"无窗口构件" 绘制在它的父构件的 GdkWindow 窗口上。

一些操作要求有一个 GdkWindow 窗口（例如捕获事件、绘制背景色），因此不能在无窗口构件上做这些操作。

9.5.2　敏感性

构件可以是敏感的（sensitive）或不敏感的（insensitive），不敏感的构件不能对输入进行响应。一般不敏感的构件是灰色的，不能接收键盘焦点。

可以用 gtk_widget_set_sensitive()函数改变构件的敏感性。该函数的原型如下：

```
void gtk_widget_set_sensitive (GtkWidget *widget,
                               gboolean sensitive);
```

函数的 widget 参数是要设置敏感性的构件。sensitive 参数的值为 TRUE 时，将构件设置为敏感的，sensitive 参数的值 FALSE 时，将构件设置为不敏感的。

构件缺省是敏感的。但只有构件的所有容器是敏感的，构件才能是真正敏感的。因此，容器的敏感性影响整个容器内所有构件的敏感性。可以用 GTK_WIDGET_IS_SENSITIVE 宏测试构件的真正敏感性，用 GTK_WIDGET_SENSITIVE 宏测试构件本身的敏感性。这两个宏均只带一个构件（GtkWidget*）作为参数。

```
#define GTK_WIDGET_IS_SENSITIVE(widget)
#define GTK_WIDGET_SENSITIVE(widget)
```

9.5.3　焦点、独占和缺省构件

● 焦点

X Window 的当前顶层窗口中某个构件可能具有键盘焦点。顶层窗口接收到的任何键盘事件都被发送到这个具有焦点的构件。

大多数构件在具有焦点时，会有一个视觉的指示，如具有一个细黑框。可以用方向键或 Tab 键在构件之间移动焦点，或用鼠标单击构件移动焦点。

● 独占

构件从其他构件中独占（grab）鼠标指针和键盘，即，构件是"模态"的，用户只能向这个构件中输入字符，键盘焦点也不能改变到其他构件。如，创建一个模态对话框时，因为窗口是独占的，所以不能与其他的窗口交互。

有两种级别的独占：应用程序级的独占和 Gdk 级的独占。上述的独占是应用程序级的独占，称为构件独占。构件独占是一个 Gtk+概念，它只独占同一个应用程序中的其他构件的事件。

Gdk 级的独占发生在 X 服务器范围内，也就是，其他应用程序不能接收到键盘和鼠标事件。

● 缺省

每个窗口至多有一个缺省构件。例如，典型情况下，对话框都有一个缺省按钮，当用户按回车键时，相当于单击了这个按钮。

9.5.4　构件状态

构件的状态决定了它们的外观。状态的准确含义及其视觉表达依赖于特定构件以及当前窗口管理器的主题。

构件可能有五种状态，可以用 GTK_WIDGET_STATE(widget)宏获取构件的状态值，这个宏返回指示构件状态的常量值。构件的状态、状态值及含义如表 9-3 所示。

表 9-3　　　　　　　　　　　　　　　构件的状态

状　　态	状　态　值	含　　义
正常（Normal）	GTK_STATE_NORMAL	就是正常该有的样子
活动（Active）	GTK_STATE_ACTIVE	如，按钮正被按下，或检查按钮(check box)正被选中

状　　态	状　态　值	含　　义
高亮（Prelight）	GTK_STATE_PRELIGHT	鼠标指针越过一个构件。例如，当鼠标越过按钮时，按钮会"高亮显示"
选中（Selected）	GTK_STATE_SELECTED	构件是在一个列表中，或者是在其他类似状态，当前它是被选中的
不敏感（Insensitive）	GTK_STATE_INSENSITIVE	构件是"灰色"的，不活动的，或者不响应

9.6　构件的排列

9.6.1　容器构件

构件排列的基本原则是，应尽量避免对窗口尺寸、屏幕尺寸、构件外观、字体等因素做任何假设。如果这些因素发生变化，应用程序应该能够自动适应。在用 Gtk+构件创建应用程序界面时，用容器实现构件的定位。容器会为它们容纳的子构件分配尺寸大小和位置。

在 Gtk+中有两种容器，它们都是抽象的 GtkContainer 构件的子类。

第一种容器构件总是由 GtkBin（另一种抽象基类）或其抽象子类派生而来。GtkBin 的派生类只能容纳一个子构件，并且有一个可见的外观，如，GtkButton、GtkFrame 和 GtkWindow。

第二种容器构件不以 GtkBin 为其祖先类。这些构件可以有多个子构件，它们的作用就是管理布局，一般（个别高级容器除外，如 GtkNotebook、GtkPane）不具有可见的外观，如，GtkHBox、GtkVBox、GtkTable、GtkFixed 等。

组装盒（GtkBox）容器是最常使用的容器构件。有两种类型的组装盒：水平组装盒（GtkHBox）和竖直组装盒（GtkVBox）。GtkHBox 将它的子构件在一个水平的栈内排列，GtkVBox 将它的子构件在一个竖直的栈内排列。

使用表格容器构件（GtkTable）可以让子构件在一个表格中根据单元格定位，把构件置于表格的一个或多个单元格中。

使用固定容器构件（GtkFixed）可以将子构件放在任意坐标位置。GtkFixed 以绝对坐标定位构件，这是一个好的排列原则所不提倡的。

在一个容器中还可以容纳其他容器，因此，可以灵活使用容器的各种组合或嵌套按需排列构件。有许多构件本身就是容器，可以在上面添加其他的构件。比如按钮（GtkButton）构件一般只含一个文本，但实际可以在按钮上先放一个组装盒，然后添加小图片和标签等其他构件，从而作出带图标的按钮的效果。

9.6.2　尺寸分配

窗口中构件的尺寸分配依赖于定位构件的容器构件以及构件的定位选项。构件可能会按一定的规则改变大小，而这些规则又是通过一种称为"请求"和"分配"的协商机制实现的。

● 请求

请求是子构件向父构件发出的尺寸大小申请。构件的请求由宽度和高度组成，用一个 GtkRequisition 结构表示，该结构定义如下。

```
struct _GtkRequisition
{
    gint16  width;
    gint16  height;
};
typedef struct _GtkRequisition GtkRequisition;
```

布局时从一个顶层构件（GtkWindow）开始。GtkWindow 询问它的子构件的尺寸要求，子构件再询问它的子构件，依此递归。

Gtk+的构件可调用 gtk_widget_set_size_request 函数提出尺寸请求，该函数原型如下。

```
void gtk_widget_set_size_request (GtkWidget *widget,
                                  gint width, gint height);
```

参数 width 为请求的宽度，height 为请求的高度。

● 分配

子构件发出尺寸请求之后，GtkWindow 对可供子构件使用的空间做出一个决定，并向子构件传达这个决定。这就是子构件的尺寸分配，由以下结构表示。

```
struct _GtkAllocation
{
    gint16 x;              // 相对父构件的坐标
    gint16 y;
    guint16 width;         // 尺寸
    guint16 height;
} ;
typedef struct _GtkAllocation GtkAllocation;
```

GtkAllocation 是由父构件分配给子构件的。子构件应该使用父构件最终传给它们的 GtkAllocation 值而不是使用 GtkRequisition 值来决定自己的绘制行为，因为 GtkRequisition 仅仅是一个请求。

容器的任务之一就是将每个子构件的请求汇总并沿着构件树向上层传递，然后，将它们接收到的尺寸大小分配给子构件。

Gtk+中的构件可以通过连接 "configure_event" 信号，然后在信号处理函数中将 GdkEvent* 类型的 event 参数转换为 GdkEventConfigure 类型（见 9.4.2 小节）来取得父构件所分配的尺寸。

9.6.3　GtkWindow

GtkWindow 容器即窗口构件，常用作顶层容器。GtkWindow 从 GtkBin 派生而来，只能容纳一个子构件。

创建一个新窗口的方法是调用 gtk_window_new 函数，参见 9.3.4 小节。

窗口一般都有一个标题栏，在标题栏上可显示一个标题字符串。设置标题的函数是 gtk_window_set_title，该函数原型如下。

```
void gtk_window_set_title (GtkWindow *window,
                           const gchar *title);
```

函数的两个参数中，window 是窗口构件，title 是要设置的标题字符串。

窗口的尺寸大小有的是可调整的，有的是固定不变的。这可通过调用函数 gtk_window_set_

resizable 进行设置，该函数的原型如下。

```
void gtk_window_set_resizable (GtkWindow *window,
                               gboolean resizable);
```

当参数 resizable 为 TRUE 时，将窗口设置为尺寸可变，反之为固定大小。

调用 gtk_window_set_default_size 函数可为窗口设置一个缺省大小。一般来说，只要所设置的大小不超过屏幕的大小，该缺省值就是窗口启动时的实际大小。该函数的原型是：

```
void gtk_window_set_default_size(GtkWindow *window,
                                 gint width, gint height);
```

参数 width 和 height 分别为以像素值表示的窗口宽度和高度。

因为窗口是一个容器，所以可以为其添加子构件。这可通过调用通用容器类 GtkContainer 的 gtk_container_add 方法来完成。gtk_container_add 的原型如下。

```
void gtk_container_add (GtkContainer *container,
                        GtkWidget *widget);
```

调用 gtk_container_add 函数为窗口添加子构件时，应用 GTK_CONTAINER 宏将窗口构件转换为一个容器构件作为第一个参数，而将子构件作为第二个参数。例如，程序清单 9-5 第 48 行所示：

```
gtk_container_add (GTK_CONTAINER (window), button);
```

对于 GtkWindow 窗口构件，最常用的两个信号是 "delete_event" 和 "destroy"。

当使用窗口管理器关闭窗口（单击窗口标题条上的 "×" 按钮），或者在窗口的某个构件上调用 gtk_widget_destroy()函数时，将引发 "delete_event" 信号。

如果在 "delete_event" 信号处理函数中返回 FALSE，Gtk+将引发 "destroy" 信号，返回 TRUE 则意味着不需要销毁窗口。

一般应该为窗口的 delete_event 信号连接一个信号处理函数，对该信号进行处理。否则，缺省行为是，只要用户单击窗口标题条上的 "×" 按钮，窗口就会关闭。

9.6.4　GtkBox

GtkBox 容器又称组装盒，有两种 GtkBox，GtkHBox（水平组装盒）和 GtkVBox（竖直组装盒）。一个 GtkBox 可以管理一行（GtkHBox）或一列（GtkVBox）构件。

对 GtkHBox 来说，所有的构件都分配了同样的高度，可以在构件间预留间隙（称为 "间距"）。GtkVBox 的作用是一样的，不过是作用在竖直方向上。

组装盒是最有用的容器构件。GtkBox 是一个抽象的基类，因此无法直接创建一个 GtkBox。GtkVBox 和 GtkHBox 是 GtkBox 的子类，完全实现了它的所有接口。

应调用 gtk_hbox_new 或 gtk_vbox_new 分别创建水平组装盒或竖直组装盒。这两个函数的原型如下。

```
GtkWidget * gtk_hbox_new (gboolean homogeneous, gint spacing);
GtkWidget * gtk_vbox_new (gboolean homogeneous, gint spacing);
```

函数的两个参数中，homogeneous 表示是否同质，即所有子构件是否具有相同尺寸，spacing 表示子构件的间距。函数的返回值为所创建出来的组装盒。

组装盒创建之后，应调用 gtk_box_pack_start 或 gtk_box_pack_end 函数为其添加子构件。这两个函数的原型如下。

```
void gtk_box_pack_start (GtkBox *box, GtkWidget *child,
            gboolean expand, gboolean fill, guint padding);
void gtk_box_pack_end (GtkBox *box, GtkWidget *child,
            gboolean expand, gboolean fill, guint padding);
```

其中，gtk_box_pack_start 函数的作用是从前往后填充，gtk_box_pack_end 函数的作用是从后往前填充。函数各参数的含义如下。

1. box　　　　组装盒容器，应使用 GTK_BOX 宏进行类型转换
2. child　　　待填充的子构件
3. expand　　是否扩展子构件占用的空间
4. fill　　　　是否扩展子构件的尺寸以填充所占用的整个空间，expand 为 TRUE 时起作用
5. padding　　子构件间的额外间隙

应当注意的是，expand 和 fill 参数只在组装盒分配给子构件的尺寸比子构件所要求的尺寸大时才有用，也就是说，这些参数决定额外的空间如何分配。

9.6.5　GtkTable

GtkTable 是常用的定位构件，是一个无形的表格容器。构件放在单元格里，可以在表格中占据任意多个相邻的单元格。

可调用 gtk_table_new 函数来创建表格容器构件。该函数的原型如下。

```
GtkWidget* gtk_table_new (guint rows,
            guint columns,
            gboolean homogeneous);
```

函数各参数和返回值的含义如下。

1. rows　　　　　表格的行数
2. columns　　　表格的列数
3. homogeneous　是否同质，即所有子构件是否具有相同尺寸
4. 返回值　　　　创建出来的表格构件

表格容器创建之后，可调用 gtk_table_attach 函数向其单元格中填充一或多个子构件。该函数的原型如下。

```
void gtk_table_attach (GtkTable *table,
            GtkWidget *child,
            guint left_attach,
            guint right_attach,
            guint top_attach,
            guint bottom_attach,
            GtkAttachOptions xoptions,
            GtkAttachOptions yoptions,
            guint xpadding,
            guint ypadding);
```

函数各参数的含义如下。

1. table　　　　　表格构件，应使用 GTK_TABLE 宏进行类型转换

2. child   待填充的子构件

3. left_attach   将占用的最左单元格的列号（列号 0 为表格的最左列）

4. right_attach   将占用的最右单元格的后一列的列号

5. top_attach   将占用的最上单元格的行号（行号 0 为表格的最上行）

6. bottom_attach   将占用的最下单元格的后一行的行号

7. xoptions   列选项，用于设置当表格尺寸变化时，子构件的宽度变化方式。一般设置为：GTK_EXPAND | GTK_FILL

8. yoptions   行选项，用于设置当表格尺寸变化时，子构件的高度变化方式。一般设置为：GTK_EXPAND | GTK_FILL

9. xpadding   横向填充值

10. ypadding   纵向填充值

其中 xoption 和 yoption 为枚举型 GtkAttachOptions，其定义如下。

```
typedef enum {
  GTK_EXPAND = 1 << 0,      // 扩展占用的空间
  GTK_SHRINK = 1 << 1,      // 收缩占用的空间
  GTK_FILL   = 1 << 2       // 扩展构件的尺寸以填充所占用的空间
} GtkAttachOptions;
```

gtk_table_attach 函数选项众多，使用较为复杂。在大多数情况下，可以以 gtk_table_attach_defaults 函数代替它。该函数的原型如下。

```
void gtk_table_attach_defaults (GtkTable *table,
            GtkWidget *child,
            guint left_attach,
            guint right_attach,
            guint top_attach,
            guint bottom_attach);
```

gtk_table_attach_defaults 函数各参数的含义与 gtk_table_attach 函数的同名参数的含义完全相同，只是以 GTK_EXPAND | GTK_FILL 设置省略的 xoption 和 yoption 参数，以 0 设置省略的 xpadding 和 ypadding 参数。

程序清单 9-6 给出了一个综合使用各类排列构件的例子。

程序清单 9-6   ex_gtk_layout.c

```
1  #include <gtk/gtk.h>
2
3  // 窗口销毁事件
4  static void onDestroy( GtkWidget *widget, gpointer user_data )
5  {
6      // 退出 Gtk+ 主循环
7      gtk_main_quit ();
8  }
9
10 int main( int argc, char *argv[] )
11 {
12     GtkWidget *window;
13     GtkWidget *hbox;
14     GtkWidget *vbox;
```

```
15    GtkWidget *table;
16    GtkWidget *button;
17    gint i, j;
18    gchar szLabel[1024];
19
20    gtk_init (&argc, &argv);
21
22    // 创建窗口
23    window = gtk_window_new (GTK_WINDOW_TOPLEVEL);
24    // 设置窗口边距
25    gtk_container_set_border_width (GTK_CONTAINER (window), 10);
26    // 连接窗口销毁信号
27    g_signal_connect (window, "destroy", G_CALLBACK (onDestroy), NULL);
28
29    // 创建竖直组装盒
30    vbox = gtk_vbox_new(FALSE, 5);
31    // 创建水平组装盒
32    hbox = gtk_hbox_new(FALSE, 5);
33    // 创建表格
34    table = gtk_table_new (3, 4, TRUE);
35
36    // 创建按钮
37    button = gtk_button_new_with_label("Top Button");
38    // 将按钮放入竖直组装盒
39    gtk_box_pack_start(GTK_BOX(vbox), button, TRUE, TRUE, 5);
40    // 将水平组装盒放入竖直组装盒
41    gtk_box_pack_start(GTK_BOX(vbox), hbox, TRUE, TRUE, 5);
42
43    // 创建按钮
44    button = gtk_button_new_with_label("Left Button");
45    // 将按钮放入水平组装盒
46    gtk_box_pack_start(GTK_BOX(hbox), button, TRUE, TRUE, 5);
47    // 将表格放入水平组装盒
48    gtk_box_pack_start(GTK_BOX(hbox), table, TRUE, TRUE, 5);
49
50    for(i = 0; i < 3; i++)
51    {
52        for(j = 0; j < 4; j++)
53        {
54            // 生成按钮名
55            sprintf(szLabel, "Button[%d][%d]", i + 1, j + 1);
56            // 创建按钮
57            button = gtk_button_new_with_label(szLabel);
58            // 将按钮放入表格
59            gtk_table_attach_defaults(GTK_TABLE(table),
60                    button, j, j + 1, i, i + 1);
61        }
62    }
63
64    // 将竖直组装盒添加到主窗口
65    gtk_container_add (GTK_CONTAINER (window), vbox);
66
67    // 显示所有构件
```

```
68    gtk_widget_show_all (window);
69    // 进入 Gtk+ 主循环
70    gtk_main ();
71    return 0;
72 }
```

编译运行本程序后，结果如图 9-4 所示。

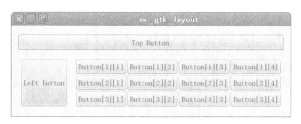

图 9-4　构件排列

9.7　小　　结

本章首先介绍了 Gtk+的基本概念和与 Gtk+相关的库的组织结构，并对 Gtk+所依赖的 glib 库作了简要介绍。随后，本章以一个最简单的 Gtk+程序为例展开了对 Gtk+程序结构和其中的关键技术的介绍，详细说明了 Gtk+库的初始化方法、窗口和构件的概念、构件的创建和显示方法以及 Gtk+的主循环的运作方式。Gtk+和其他图形界面编程构架一样，是由"信号"（或称"消息"）来驱动的，因此本章详细阐述了 Gtk+中信号的连接方法、信号与事件的联系、事件的数据结构等相关知识。此后，本章对构件的一些基本概念作了简要介绍。本章最后一部分，介绍了在界面中排列构件的基本技术，包括 Gtk+中的容器构件种类、Gtk+尺寸分配的机制和具体的容器构件的使用方法。

9.8　习　　题

（1）Gtk+的名称由何而来？Gtk+库和其他哪些库有关？它们之间有何关联？

（2）glib 库是不是由 Gtk+专用的？glib 库中哪些元素可用于辅助调试？

（3）简述 Gtk+程序结构是怎样的，有哪些必须的组成部分。

（4）连接信号的两个函数 g_signal_connect 和 g_signal_connect_swapped 有何区别？查阅 DevHelp 手册，看还有无其他连接信号的方法，这些方法有何区别。

（5）简述 Gtk+信号的传播过程。

（6）Gtk+中用什么数据结构来表示事件？该结构有何特点？

（7）什么是有窗口构件？什么是无窗口构件？它们有何区别？

（8）简述什么是构件独占。

（9）Gtk+中有哪两类容器？其区别是什么？

（10）请编写程序，使用本章所介绍的所有的容器构件并在界面上规整地排列 20 个以上的按钮构件，响应按钮的单击信号，在信号处理函数中输出被单击的按钮的名称。

第10章
Gtk+构件

本章将介绍 Gtk+中的各类常用构件，是上一章所介绍的 Gtk+编程基础知识的延续和实践应用。Gtk+的构件十分丰富，有的使用简单，有的功能强大但使用起来较为复杂。本章将详细说明各种常用的构件的使用方法，并给出详尽的例子引导读者快速掌握各种 Gtk+构件的编程技术。本章内容包括：

- 基础构件
- 菜单
- 工具栏
- 树型构件和列表构件
- 对话框

10.1　基　础　构　件

10.1.1　GtkImage

GtkImage 构件用于显示图片，可以是静态图片也可是小动画（animation）图片。

创建 GtkImage 构件最简单的方法是调用函数 gtk_image_new_from_file，该函数原型如下。

```
GtkWidget * gtk_image_new_from_file(const gchar *filename);
```

函数唯一的参数 filename 用于指定一个图片文件名。该函数总是返回一个有效的构件。如果加载图片文件失败，它将返回一个缺省的显示"破裂图片"的构件。例如，以下代码创建一个显示"myfile.png"图片文件的 GtkImage 构件。

```
GtkWidget *image;
image = gtk_image_new_from_file ("myfile.png");
```

GtkImage 是 GtkMisc 的子类，因此可以调用 GtkMisc 的方法设置或获取图片的对齐（alignment）方式和补白（padding）像素值。GtkMisc 的相关方法定义如下。

```
void gtk_misc_set_alignment    // 设置对齐方式
     (GtkMisc *misc, gfloat xalign, gfloat yalign);
void gtk_misc_set_padding      // 设置补白值
     (GtkMisc *misc, gint xpad, gint ypad);
```

```
void gtk_misc_get_alignment        // 获取对齐方式
        (GtkMisc *misc, gfloat *xalign, gfloat *yalign);
void gtk_misc_get_padding          // 获取补白值
        (GtkMisc *misc, gint *xpad, gint *ypad);
```

其中：xalign 值为 0 表示左对齐，值为 1 表示右对齐；yalign 值为 0 表示上对齐，值为 1 表示下对齐。

GtkImage 是一个无窗口构件，因此不能响应事件。如果要让 GtkImage 构件响应事件，可以将 GtkImage 构件放在一个 GtkEventBox（事件盒容器）构件中，然后为 GtkEventBox 容器构件连接事件的信号。例如，以下代码示例了让 GtkImage 构件响应鼠标单击事件的方法。

```
// "clicked"信号的信号处理函数
static gboolean button_press_callback
    (GtkWidget *event_box, GdkEventButton *event, gpointer data)
{
    g_print ("Event box clicked at coordinates %f,%f\n",
            event->x, event->y);        // 输出鼠标单击位置的坐标
    return TRUE;
}

// 创建 GtkImage 构件并连接信号
static GtkWidget* create_image (void)
{
    GtkWidget *image;
    GtkWidget *event_box;

    // 创建图片构件 GtkImage
    image = gtk_image_new_from_file ("myfile.png");
    // 创建事件盒容器构件 GtkEventBox
    event_box = gtk_event_box_new ();
    // 将图片放入事件盒容器
    gtk_container_add (GTK_CONTAINER (event_box), image);
    // 连接信号和信号处理函数
    g_signal_connect (G_OBJECT (event_box),
                    "button_press_event",
                    G_CALLBACK (button_press_callback),
                    image);

    return image;
}
```

10.1.2 GtkButton

GtkButton 构件是最常使用的构件之一，当按钮被按下时常触发一个功能操作。

创建 GtkButton 构件最常用的方法是调用函数 gtk_button_new_with_label，该函数原型如下。

```
GtkWidget * gtk_button_new_with_label(const gchar *label);
```

函数的唯一参数 label 用于指定按钮上的文本。

另一个常用的创建按钮的函数是 gtk_button_new_from_stock，该函数创建一个带有系统库存项的文本和图标的按钮。其好处是可保持应用程序界面和系统界面的一致性，并省去了制作或寻

找图标的麻烦。gtk_button_new_from_stock 函数的原型如下。

```
GtkWidget * gtk_button_new_from_stock(const gchar *stock_id);
```

函数的唯一参数 stock_id 用于指定要使用的库存项 ID，一般用 Gtk+ 预定义的宏来指定。图 10-1 显示了含有一个使用库存项 ID 为 GTK_STOCK_ABOUT 创建的按钮的窗口。

表 10-1 列出了一些常用的库存项 ID 宏。

图 10-1　库存项按钮

表 10-1　　　　　　　　　　常用的预定义库存项 ID 宏

库存项 ID 宏	含　义	库存项 ID 宏	含　义
GTK_STOCK_ABOUT	关于	GTK_STOCK_ADD	添加
GTK_STOCK_APPLY	应用	GTK_STOCK_CANCEL	取消
GTK_STOCK_CLEAR	清除	GTK_STOCK_CLOSE	关闭
GTK_STOCK_COPY	复制	GTK_STOCK_CUT	剪切
GTK_STOCK_DELETE	删除	GTK_STOCK_DISCARD	放弃
GTK_STOCK_EDIT	编辑	GTK_STOCK_EXECUTE	执行
GTK_STOCK_FILE	文件	GTK_STOCK_FIND	查找
GTK_STOCK_GO_BACK	后退	GTK_STOCK_GO_DOWN	向下
GTK_STOCK_GO_FORWARD	前进	GTK_STOCK_GO_UP	向上
GTK_STOCK_HELP	帮助	GTK_STOCK_NEW	新建
GTK_STOCK_NO	否	GTK_STOCK_OK	确定
GTK_STOCK_OPEN	打开	GTK_STOCK_PASTE	粘贴
GTK_STOCK_QUIT	退出	GTK_STOCK_REDO	重做
GTK_STOCK_REFRESH	刷新	GTK_STOCK_REMOVE	移除
GTK_STOCK_SAVE	保存	GTK_STOCK_SAVE_AS	另存为
GTK_STOCK_UNDO	撤销	GTK_STOCK_YES	是

GtkButton 最常被关注的信号是"clicked"，该信号在按钮被单击时发出。"clicked"信号的信号处理函数应具有以下原型。

```
void user_function (GtkButton *button, gpointer user_data);
```

button 参数为引发"clicked"信号的按钮构件，该参数也可定义为 GtkButton 的祖先类的指针，如 GtkWidget *；user_data 是连接信号时给出的"用户数据"。例如，程序清单 9-5 第 44 行：

```
g_signal_connect (button, "clicked", G_CALLBACK (hello), NULL);
```

为 button 按钮连接了 hello 函数，该函数在程序清单 9-5 第 3 行定义为：

```
static void hello( GtkWidget *widget, gpointer data )
```

10.1.3　GtkEntry

GtkEntry 构件是一个单行文本编辑构件，是最常使用的构件之一。当输入的文本的长度超出了构件的可视范围时，构件内的文本能自动滚动以使输入位置光标总是可见。

调用 gtk_entry_new 函数即可创建一个 GtkEntry 构件，该函数的原型如下。

```
GtkWidget *  gtk_entry_new(void);
```

调用函数 gtk_entry_set_text 可以为单行文本编辑构件设置文本，调用函数 gtk_entry_get_text 则可获取单行文本编辑构件中的文本。这两个函数的原型如下。

```
void gtk_entry_set_text (GtkEntry *entry, const gchar *text);
const gchar * gtk_entry_get_text(GtkEntry *entry);
```

使用 gtk_entry_set_max_length 函数可以设置单行文本编辑构件最多能容纳的字符数，如果设置前构件中文本内容的长度大于此设置值，超出部分将被截断。函数原型如下。

```
void gtk_entry_set_max_length(GtkEntry *entry, gint max);
```

另外，因 GtkEntry 实现了 GtkEditable 接口，可以调用该接口中函数 gtk_editable_get_chars 来获取输入框中的一段文本。该函数的原型如下。

```
gchar * gtk_editable_get_chars(GtkEditable *editable,
                               gint start_pos, gint end_pos);
```

其中，参数 editable 应为 GtkEntry 构件，start_pos 为起始位置，end_pos 为结束位置，返回值为从 start_pos 至 end_pos 之间的所有字符组成的字符串。注意，所取的文本不含 end_pos 位置的字符。如果 end_pos 的值为负数，则取以 start_pos 到整个文本结束之间的所有字符。

另外，也可以调用 GtkEditable 接口中的 gtk_editable_select_region 函数将一段文本设置为选中状态，该函数原型如下。

```
void gtk_editable_select_region( GtkEditable * editable,
                                 gint start_pos, gint end_pos );
```

该函数各参数的含义和 gtk_editable_get_chars 对应的参数的含义一样。要获取被选中的文本的位置可调用 gtk_editable_get_selection_bounds 函数，其原型如下。

```
gboolean gtk_editable_get_selection_bounds (GtkEditable
                *editable, gint *start_pos, gint *end_pos);
```

如果需要将单行文本编辑构件设置为只读（不可编辑），则可通过调用 GtkEditable 接口中的函数 gtk_editable_set_editable 来改变 GtkEntry 构件的可编辑状态。该函数原型如下。

```
void gtk_editable_set_editable( GtkEditable *entry,
                                gboolean editable );
```

当将 GtkEntry 构件用于输入密码时，可以调用 gtk_entry_set_visibility 函数将构件中的文本设置为不可见字符。系统有默认的不可见字符，如 "*"，如果想使用自定义的不可见字符，可以调用 gtk_entry_set_invisible_char 函数来设置。调用 gtk_entry_unset_invisible_char 则可恢复成默认的不可见字符。这三个函数的原型如下。

```
void gtk_entry_set_visibility (GtkEntry *entry,
                               gboolean visible);
void gtk_entry_set_invisible_char (GtkEntry *entry,
                                   gunichar ch);
void gtk_entry_unset_invisible_char (GtkEntry *entry);
```

对于 GtkEntry 构件，通常被关心的事件是"key-press-event"（键盘按键事件）。利用该事件，可以在用户按下回车键时对输入的文本进行处理。

程序清单 10-1 所示程序说明了 GtkEntry 构件的基本用法。

程序清单 10-1　ex_gtk_entry.c

```c
#include <gtk/gtk.h>
#include <gdk/gdkkeysyms.h> // 在这个头文件中定义了按键常量值

// 键盘按键事件
static gboolean onKeyPress (GtkWidget *widget, GdkEvent *event,
                    gpointer user_data)
{
    // 将通用事件类型转换为具体的键盘按键事件类型
    GdkEventKey * pEventKey = (GdkEventKey *) event;
    // 判断是否按下了回车键
    if (pEventKey->keyval == GDK_KEY_Return)
    {
        // 取用户输入的文本并输出
        const gchar * text = gtk_entry_get_text(GTK_ENTRY(widget));
        printf("All: %s\n", text);
        // 取从第 3 个字符开始的文本并输出
        text = gtk_editable_get_chars(GTK_EDITABLE(widget), 2, -1);
        printf("From 2: %s\n", text);
    }
    // 这里一定要返回 FALSE，以便 GtkEntry 进一步处理
    return FALSE;
}

// 窗口销毁事件
static void onDestroy( GtkWidget *widget, gpointer user_data )
{
    // 退出 Gtk+主循环
    gtk_main_quit ();
}

int main( int argc, char *argv[] )
{
    GtkWidget *window;
    GtkWidget *entry;
    gtk_init (&argc, &argv);

    // 创建 GtkEntry 构件
    entry = gtk_entry_new();
    // 设置文本
    gtk_entry_set_text(GTK_ENTRY(entry), "Hello, GtkEntry!");
    // 连接键盘按键信号
    g_signal_connect (entry, "key-press-event",
                    G_CALLBACK(onKeyPress), NULL);

    // 创建窗口
    window = gtk_window_new (GTK_WINDOW_TOPLEVEL);
```

```
47    // 设置窗口边距
48    gtk_container_set_border_width (GTK_CONTAINER (window), 10);
49    // 连接窗口销毁信号
50    g_signal_connect (window, "destroy", G_CALLBACK (onDestroy), NULL);
51
52    // 将单行文本编辑构件添加到主窗口
53    gtk_container_add (GTK_CONTAINER (window), entry);
54    // 显示所有构件
55    gtk_widget_show_all (window);
56    // 进入 Gtk+ 主循环
57    gtk_main ();
58    return 0;
59 }
```

在命令行编译并运行本程序，结果界面如图 10-2 所示。主窗口中容纳了一个单行文本编辑构件，构件中具有初始文本 "Hello, GtkEntry"。按下回车键，将输出 "All: Hello GtkEntry"（程序清单第 15 行）然后输出 "From 2: llo, GtkEntry!"（程序清单第 18 行）。删除 "Hello" 后再按回车键，将输出 "All: GtkEntry" 和 "From 2: kEntry"。最后单击标题栏的关闭按钮将退出程序。具体输出如下所示。

```
jianglinmei@ubuntu:~/c$ ./ex_gtk_entry
All: Hello, GtkEntry!
From 2: llo, GtkEntry!
All: GtkEntry!
From 2: kEntry!
```

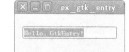

图 10-2　GtkEntry 构件

10.1.4　GtkLabel

GtkLabel 构件是最常使用的构件之一，用于显示一个标签，即一小段提示性的文本。在标签中可包含助记符（mnemonics）。助记符是文本中带下划线的字符，用户在当前界面按 Alt+助记符即可激活（activate）助记符所关联的可激活构件。例如，当一个助记符的标签位于一个按钮中时，按下 Alt+助记符相当于单击该按钮。标签本身不是可激活构件。

调用函数 gtk_label_new 即可创建一个 GtkLabel 构件，该函数原型如下。

```
GtkWidget * gtk_label_new(const gchar *str);
```

参数 str 用于指定标签文本。如果 str 为空，则将创建一个空白标签。

调用函数 gtk_label_new_with_mnemonic 可创建一个带助记符的标签。该函数的原型如下。

```
GtkWidget * gtk_label_new_with_mnemonic(const gchar *str);
```

参数 str 用于指定标签文本，str 中使用下划线（'_'）字符指定其后的一个字符为助记符，而下划线字符本身不作为标签文本的一部分。例如，以下代码创建一个可用助记符激活的按钮（按下 Alt+H 相当于单击该按钮）。

```
button = gtk_button_new ();
label = gtk_label_new_with_mnemonic ("_Hello");
gtk_container_add (GTK_CONTAINER (button), label);
```

一个更简便的方法是调用函数 gtk_button_new_with_mnemonic 直接创建可用助记符激活的按钮。例如，以下一行代码和上面的三行代码等效。

```
button = gtk_button_new_with_mnemonic ("_Hello");
```

带助记符的标签除应用于按钮以外，也可以与其他类型的构件相关联。这需要用到 gtk_label_set_mnemonic_widget 函数。例如，以下代码将一个带助记符的标签关联到一个编辑框构件，当按下 Alt+H 后即可将焦点移动到该输入框内。

```
entry = gtk_entry_new ();
label = gtk_label_new_with_mnemonic ("_Hello");
gtk_label_set_mnemonic_widget (GTK_LABEL (label), entry);
```

调用函数 gtk_label_set_text 可以改变标签上的文本，调用函数 gtk_label_get_text 则可获取标签上的文本。这两个函数的原型如下。

```
void gtk_label_set_text (GtkLabel *label, const gchar *str);
const gchar * gtk_label_get_text(GtkLabel *label);
```

应当说明的是，gtk_label_get_text 所返回的标签文本不包括用于指示助记符的下划线（'_'）字符。

和 GtkImage 一样，GtkLabel 是 GtkMisc 的子类。可以调用 GtkMisc 的方法设置或获取图片的对齐（alignment）方式和补白（padding）像素值。GtkLabel 也是无窗口构件，不能为其设置背景色也不能响应事件。如需改变背景应改变其父构件的背景；如需响应事件，应将其加入一个 GtkEventBox 容器中。

程序清单 10-2 所示程序说明了通过 GtkLabel 构件和 GtkImage 构件来实现一个带图标的按钮的方法。

程序清单 10-2　ex_gtk_label.c

```
 1  #include <gtk/gtk.h>
 3
 4  // 窗口销毁事件
 5  static void onDestroy( GtkWidget *widget, gpointer user_data )
 6  {
 7      // 退出 Gtk+ 主循环
 8      gtk_main_quit ();
 9  }
10
11  int main( int argc, char *argv[] )
12  {
13      GtkWidget *window;
14      GtkWidget *button;
15      GtkWidget *hbox;
16      GtkWidget *icon;
17      GtkWidget *label;
18
19      gtk_init (&argc, &argv);
20
21      // 创建图片构件
22      icon = gtk_image_new_from_file("loader.gif");
23      // 创建标签构件
24      label = gtk_label_new("Loading...");
25      // 创建水平组装盒
26      hbox = gtk_hbox_new(FALSE, 5);
```

```
27    // 将图片和标签放入组装盒
28    gtk_box_pack_start(GTK_BOX(hbox), icon, TRUE, TRUE, 5);
29    gtk_box_pack_start(GTK_BOX(hbox), label, TRUE, TRUE, 5);
30
31    // 创建按钮
32    button = gtk_button_new();
33    // 将水平组装盒构件添加到按钮
34    gtk_container_add (GTK_CONTAINER (button), hbox);
35
36    // 创建窗口
37    window = gtk_window_new (GTK_WINDOW_TOPLEVEL);
38    // 设置窗口边距
39    gtk_container_set_border_width (GTK_CONTAINER (window), 10);
40    // 连接窗口销毁信号
41    g_signal_connect (window, "destroy", G_CALLBACK (onDestroy), NULL);
42
43    // 将按钮构件添加到主窗口
44    gtk_container_add (GTK_CONTAINER (window), button);
45    // 显示所有构件
46    gtk_widget_show_all (window);
47    // 进入 Gtk+ 主循环
48    gtk_main ();
49    return 0;
50 }
```

在命令行编译本程序并运行，结果如图 10-3 所示。

10.1.5 GtkCheckButton

图 10-3 带图标的按钮

GtkCheckButton 是复选框构件，常用于打开或关闭一个选项。常见的复选框会在右边跟上一个标签。创建复选框构件的函数有三个，它们的原型如下。

```
GtkWidget * gtk_check_button_new (void);
GtkWidget * gtk_check_button_new_with_label
                                (const gchar *label);
GtkWidget * gtk_check_button_new_with_mnemonic
                                (const gchar *label);
```

gtk_check_button_new 函数最简单，它单独创建一个没有标签的复选框。gtk_check_button_new_with_label 函数则创建一个右边有标签构件（GtkLabel）的复选框。最后，gtk_check_button_new_with_mnemonic 函数创建一个右边有带助记符标签的复选框。

GtkCheckButton 是 GtkToggleButton（开关按钮）的子类。要获取复选框的状态，必须调用该类的 gtk_toggle_button_get_active 函数，要设置复选框的状态则必须调用该类的 gtk_toggle_button_set_active 函数。这两个函数的原型如下。

```
gboolean gtk_toggle_button_get_active
        (GtkToggleButton *toggle_button);
void gtk_toggle_button_set_active
        (GtkToggleButton *toggle_button, gboolean is_active);
```

通过连接 GtkToggleButton 的开关信号 "toggled"，可监听复选框是否被单击。该信号的信号处理函数应具有以下原型。

```
void onToggled(GtkToggleButton *togglebutton,
        gpointer user_data);
```

程序清单 10-3 所示程序说明了 GtkCheckButton 的基本的使用方法。

程序清单 10-3　ex_gtk_checkbutton.c

```c
1  #include <gtk/gtk.h>
2
3  // 复选框的开关信号处理函数
4  void onToggled(GtkToggleButton *togglebutton, gpointer user_data)
5  {
6      // 获取复选框的开关状态
7      gboolean active = gtk_toggle_button_get_active(togglebutton);
8      // 输出提示信息
9      printf("%s toggled, current status: %s\n",
10         (const gchar*)user_data, active ? "checked" : "unchecked");
11     // 刷新缓存，立即输出
12     fflush(stdout);
13 }
14
15 // 窗口销毁事件
16 static void onDestroy( GtkWidget *widget, gpointer user_data )
17 {
18     // 退出 Gtk+主循环
19     gtk_main_quit ();
20 }
21
22 int main( int argc, char *argv[] )
23 {
24     GtkWidget *window;
25     GtkWidget *vbox;
26     GtkWidget *checkbutton1;
27     GtkWidget *checkbutton2;
28
29     gtk_init (&argc, &argv);
30
31     // 创建复选框构件
32     checkbutton1 = gtk_check_button_new_with_label("Option 1");
33     checkbutton2 = gtk_check_button_new_with_label("Option 2");
34     // 连接开关信号和信号处理函数，以选项名为"用户数据"
35     g_signal_connect(checkbutton1, "toggled",
36             G_CALLBACK(onToggled), "Option 1");
37     g_signal_connect(checkbutton2, "toggled",
38             G_CALLBACK(onToggled), "Option 2");
39
40     // 创建竖直组装盒
41     vbox = gtk_vbox_new(FALSE, 5);
42     // 将图片和标签放入组装盒
43     gtk_box_pack_start(GTK_BOX(vbox), checkbutton1, TRUE, TRUE, 5);
```

```
44      gtk_box_pack_start(GTK_BOX(vbox), checkbutton2, TRUE, TRUE, 5);
45
46      // 创建窗口
47      window = gtk_window_new (GTK_WINDOW_TOPLEVEL);
48      // 设置窗口边距
49      gtk_container_set_border_width (GTK_CONTAINER (window), 10);
50      // 连接窗口销毁信号
51      g_signal_connect (window, "destroy", G_CALLBACK (onDestroy), NULL);
52
53      // 将组装盒构件添加到主窗口
54      gtk_container_add (GTK_CONTAINER (window), vbox);
55      // 显示所有构件
56      gtk_widget_show_all (window);
57      // 进入 Gtk+主循环
58      gtk_main ();
59      return 0;
60 }
```

在命令行编译本程序并运行, 结果界面如图 10-4 所示。分别单击两次图中的两个复选框, 将输出如下提示信息。

```
Option 1 toggled, current status: checked
Option 1 toggled, current status: unchecked
Option 2 toggled, current status: checked
Option 2 toggled, current status: unchecked
```

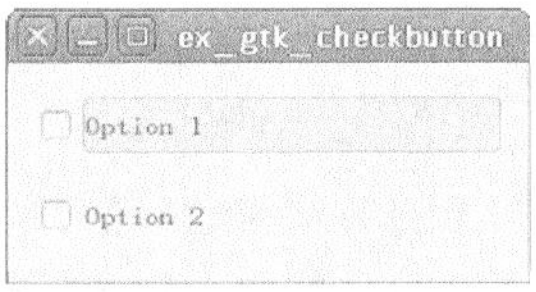

图 10-4　GtkCheckButton

10.1.6　GtkComboBoxText

GtkComboBoxText 是文本组合框构件, 可作下拉列表使用, 也能支持文本编辑操作。GtkComboBoxText 是通用组合框构件 GtkComboBox 的子类, 因其只支持文本, 所以使用较为简单。

创建文本组合框构件的函数有两个, gtk_combo_box_text_new 函数创建一个不可编辑的下拉列表, gtk_combo_box_text_new_with_entry 函数创建一个带文本编辑功能的组合框。它们的原型如下。

```
GtkWidget * gtk_combo_box_text_new (void);
GtkWidget * gtk_combo_box_text_new_with_entry (void);
```

在创建文本组合框构件后, 可调用以下函数增删列表中的文本项。

```
void gtk_combo_box_text_append_text      // 在列表的末尾添加文本项
        (GtkComboBoxText *combo_box, const gchar *text);
void gtk_combo_box_text_prepend_text     // 在列表的首部添加文本项
        (GtkComboBoxText *combo_box, const gchar *text);
void gtk_combo_box_text_insert_text      // 在第 position 项前插入文本项
        (GtkComboBoxText *combo_box,
         gint position, const gchar *text);
void gtk_combo_box_text_remove           // 移除第 position 个文本项
        (GtkComboBoxText *combo_box, gint position);
void gtk_combo_box_text_remove_all       // 清除所有文本项
        (GtkComboBoxText *combo_box);
```

　　然后调用 gtk_combo_box_text_get_active_text 可以获取当前被选中的或正被编辑的文本。该函数的原型为：

```
gchar * gtk_combo_box_text_get_active_text
                    (GtkComboBoxText *combo_box);
```

　　对于下拉列表，在没有项被选中时返回值为 NULL；对于可编辑的组合框，返回的是文本编辑框中的文本，不一定是列表中的项。另外，返回的串要用 g_free 函数释放内存。

　　程序清单 10-4 所示程序说明了 GtkComboText 的基本的使用方法。

程序清单 10-4　ex_gtk_combotext.c

```
1  #include <gtk/gtk.h>
2
3  // 组盒框选择项改变信号的信号处理函数
4  void onChanged (GtkComboBox *widget, gpointer user_data)
5  {
6      gchar *text = gtk_combo_box_text_get_active_text
7                          (GTK_COMBO_BOX_TEXT(widget));
8      if (text != NULL)
9      {
10         printf("%s\n", text);
11         g_free(text);
12     }
13 }
14
15 // 窗口销毁事件
16 static void onDestroy( GtkWidget *widget, gpointer user_data )
17 {
18     // 退出 Gtk+主循环
19     gtk_main_quit ();
20 }
21
22 int main( int argc, char *argv[] )
23 {
24     GtkWidget *window;
25     GtkWidget *entry;
26     GtkWidget *combo1;
27     GtkWidget *combo2;
28     GtkWidget *vbox;
29
30     gtk_init (&argc, &argv);
31
32     // 创建文本组合框构件
33     combo1 = gtk_combo_box_text_new();
34     gtk_combo_box_text_append_text(GTK_COMBO_BOX_TEXT(combo1), "one");
35     gtk_combo_box_text_append_text(GTK_COMBO_BOX_TEXT(combo1), "two");
36     gtk_combo_box_text_append_text(GTK_COMBO_BOX_TEXT(combo1), "three");
37
38     // 连接组盒框选择项改变信号
39     g_signal_connect (combo1, "changed", G_CALLBACK (onChanged), NULL);
40
41     // 创建带文本编辑框的文本组合框构件
42     combo2 = gtk_combo_box_text_new_with_entry();
```

```
43    gtk_combo_box_text_append_text(GTK_COMBO_BOX_TEXT(combo2), "Opt 1");
44    gtk_combo_box_text_append_text(GTK_COMBO_BOX_TEXT(combo2), "Opt 2");
45    gtk_combo_box_text_append_text(GTK_COMBO_BOX_TEXT(combo2), "Opt 3");
46
47    // 取组合框中的文本编辑框构件
48    entry = gtk_bin_get_child(GTK_BIN(combo2));
49    // 设置文本编辑框中的文本
50    gtk_entry_set_text(GTK_ENTRY(entry), "Hello, ComboBoxText");
51
52    // 创建竖直组装盒
53    vbox = gtk_vbox_new(FALSE, 5);
54    // 将组合框放入组装盒
55    gtk_box_pack_start(GTK_BOX(vbox), combo1, TRUE, TRUE, 5);
56    gtk_box_pack_start(GTK_BOX(vbox), combo2, TRUE, TRUE, 5);
57
58    // 创建窗口
59    window = gtk_window_new (GTK_WINDOW_TOPLEVEL);
60    // 设置窗口边距
61    gtk_container_set_border_width (GTK_CONTAINER (window), 10);
62    // 设置窗口缺省尺寸
63    gtk_window_set_default_size (GTK_WINDOW (window), 250, 100);
64    // 连接窗口销毁信号
65    g_signal_connect (window, "destroy", G_CALLBACK (onDestroy), NULL);
66
67    // 将组装盒构件添加到主窗口
68    gtk_container_add (GTK_CONTAINER (window), vbox);
69    // 显示所有构件
70    gtk_widget_show_all (window);
71    // 进入 Gtk+ 主循环
72    gtk_main ();
73    return 0;
74 }
```

在命令行编译本程序并运行结果界面如图 10-5 所示（左图为启动时的界面，右图为展开下拉列表的界面）。选中列表中的项后，在终端将显示相应项的文本。

10.1.7 GtkRadioButton

GtkCheckButton 是单选按钮构件，常用于在多个选项中选择其中一项。和复选框类似，常见的单选按钮会在右边跟上一个标签。创建单选按钮构件的函数有三个，它们的原型如下。

图 10-5　GtkComboText

```
GtkWidget * gtk_radio_button_new (GSList *group);
GtkWidget * gtk_radio_button_new_from_widget
            (GtkRadioButton *radio_group_member);
GtkWidget * gtk_radio_button_new_with_label
            (GSList *group, const gchar *label);
GtkWidget * gtk_radio_button_new_with_label_from_widget
            (GtkRadioButton *radio_group_member,
            const gchar *label);
```

```
GtkWidget * gtk_radio_button_new_with_mnemonic
                (GSList *group, const gchar *label);
GtkWidget * gtk_radio_button_new_with_mnemonic_from_widget
                (GtkRadioButton *radio_group_member,
                 const gchar *label);
```

函数各参数的含义如下。

1. group 以单向链表表示的单选按钮组，若为组中的第一个单选按钮，应设为 NULL

2. radio_group_member 单选按钮组中的成员构件，用于将当前创建的单选按钮加入该构件所在的组

3. label 标签构件

gtk_check_button_new 函数最简单，它单独创建一个没有标签的单选按钮。gtk_check_button_new_with_label 函数则创建一个右边有标签构件（GtkLabel）的单选按钮。gtk_check_button_new_with_mnemonic 函数则创建一个右边有带助记符标签的单选按钮。这三个函数一般用于创建组中的第一个单选按钮。另外三个带后缀"from_widget"的三个函数则用于在创建单选按钮的同时加入单选按钮组。

和 GtkCheckButton 一样，GtkRadioButton 是 GtkToggleButton（开关按钮）的子类。要获取单选按钮的状态，必须调用该类的 gtk_toggle_button_get_active 函数，要设置复选框的状态则必须调用该类的 gtk_toggle_button_set_active 函数。

通过连接 GtkToggleButton 的开关信号"toggled"，可监听单选按钮是否被单击。

程序清单 10-5 所示程序说明了 GtkRadioButton 的基本的使用方法。

程序清单 10-5　ex_gtk_checkbutton.c

```
1  #include <gtk/gtk.h>
2
3  // 单选按钮的开关信号处理函数
4  void onToggled(GtkToggleButton *togglebutton, gpointer user_data)
5  {
6      // 获取单选按钮的开关状态
7      gboolean active = gtk_toggle_button_get_active(togglebutton);
8      // 输出提示信息
9      printf("%s toggled, current status: %s\n",
10         (const gchar*)user_data, active ? "checked" : "unchecked");
11     // 刷新缓存，立即输出
12     fflush(stdout);
13 }
14
15 // 窗口销毁事件
16 static void onDestroy( GtkWidget *widget, gpointer user_data )
17 {
18     // 退出 Gtk+主循环
19     gtk_main_quit ();
20 }
21
22 int main( int argc, char *argv[] )
23 {
24     GtkWidget *window;
```

```
25    GtkWidget *vbox;
26    GtkWidget *radio1;
27    GtkWidget *radio2;
28    GtkWidget *radio3;
29
30    gtk_init (&argc, &argv);
31
32    // 创建单选按钮构件
33    radio1 = gtk_radio_button_new_with_label(NULL, "Option 1");
34    // 创建单选按钮构件并将其加入前一个单选按钮所在组
35    radio2 = gtk_radio_button_new_with_label_from_widget
36                    (GTK_RADIO_BUTTON(radio1), "Option 2");
37    radio3 = gtk_radio_button_new_with_label_from_widget
38                    (GTK_RADIO_BUTTON(radio1), "Option 3");
39    // 连接开关信号和信号处理函数，以选项名为"用户数据"
40    g_signal_connect(radio1, "toggled",
41            G_CALLBACK(onToggled), "Option 1");
42    g_signal_connect(radio2, "toggled",
43            G_CALLBACK(onToggled), "Option 2");
44    g_signal_connect(radio3, "toggled",
45            G_CALLBACK(onToggled), "Option 3");
46
47    // 创建竖直组装盒
48    vbox = gtk_vbox_new(FALSE, 5);
49    // 将图片和标签放入组装盒
50    gtk_box_pack_start(GTK_BOX(vbox), radio1, TRUE, TRUE, 5);
51    gtk_box_pack_start(GTK_BOX(vbox), radio2, TRUE, TRUE, 5);
52    gtk_box_pack_start(GTK_BOX(vbox), radio3, TRUE, TRUE, 5);
53
54    // 创建窗口
55    window = gtk_window_new (GTK_WINDOW_TOPLEVEL);
56    // 设置窗口边距
57    gtk_container_set_border_width (GTK_CONTAINER (window), 10);
58    // 连接窗口销毁信号
59    g_signal_connect (window, "destroy", G_CALLBACK (onDestroy), NULL);
60
61    // 将组装盒构件添加到主窗口
62    gtk_container_add (GTK_CONTAINER (window), vbox);
63    // 显示所有构件
64    gtk_widget_show_all (window);
65    // 进入 Gtk+主循环
66    gtk_main ();
67    return 0;
68 }
```

在命令行编译本程序并运行结果界面如图 10-6 所示。分别单击图中的各个单选按钮，将输出如下提示信息。

```
jianglinmei@ubuntu:~/c$ ./ex_gtk_radiobutton
Option 1 toggled, current status: unchecked
Option 2 toggled, current status: checked
Option 2 toggled, current status: unchecked
Option 3 toggled, current status: checked
```

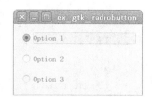

图 10-6　GtkRadioButton

```
Option 3 toggled, current status: unchecked
Option 1 toggled, current status: checked
```

10.1.8　GtkScrolledWindow

GtkScrolledWindow 是滚动窗口容器构件。Gtk+中的构件本身一般不具有滚动功能，为此，Gtk+专门提供了 GtkScrolledWindow 容器为其他构件添加滚动功能。

用 gtk_scrolled_window_new 函数可创建一个滚动窗口，其原型如下。

```
GtkWidget * gtk_scrolled_window_new (GtkAdjustment *hadjustment,
                                     GtkAdjustment *vadjustment);
```

其中，hadjustment 是水平方向的调整对象，vadjustment 是竖直方向的调整对象，它们一般都设置为 NULL。

在创建出滚动窗口之后，一般还要调用 gtk_scrolled_window_set_policy 函数设置窗口的滚动策略。该函数的原型如下。

```
void gtk_scrolled_window_set_policy
              (GtkScrolledWindow *scrolled_window,
               GtkPolicyType hscrollbar_policy,
               GtkPolicyType vscrollbar_policy);
```

其中，hscrollbar_policy 是水平方向的滚动策略，vscrollbar_policy 是竖直方向的滚动策略，它们的类型 GtkPolicyType 是一个枚举类型，定义如下。

```
typedef enum {
  GTK_POLICY_ALWAYS,        //   滚动条总是可见
  GTK_POLICY_AUTOMATIC,     //   根据情况自动设置滚动条的可见性
  GTK_POLICY_NEVER          //   滚动条不可见
} GtkPolicyType;
```

10.1.9　GtkTextView

GtkTextView 是多行文本编辑器构件，Gtk+使用 GtkTextBuffer 类的对象来表示和存储 GtkTextView 所编辑的文本，使用 GtkTextIter 类的对象来表示文本中字符位置。应当注意的是，GtkTextBuffer 以 utf-8 编码来存储文本，对于中文文字的处理，记住这一点显得尤为重要。

调用 gtk_text_view_new 函数即可创建一个 GtkTextView 构件，调用 gtk_text_view_get_buffer 函数则可获取 GtkTextView 构件的 GtkTextBuffer 对象，然后调用 gtk_text_buffer_set_text 函数可设置编辑器中的文本（若原来有内容将被删除）。相关函数的原型如下。

```
GtkWidget * gtk_text_view_new (void);
GtkTextBuffer * gtk_text_view_get_buffer
                        (GtkTextView *text_view);
void gtk_text_buffer_set_text (GtkTextBuffer *buffer,
                        const gchar *text, gint len);
```

gtk_text_buffer_set_text 函数的 text 参数为用 utf-8 编码的文本，len 参数为 text 所指文本的字节数（注意一个 utf-8 字符可能占用多个字节）。len 值如果设置为–1，则 text 应当以空字符（'\0'）结束。

例如，以下代码创建一个多行文本编辑器，并为其预设文本内容为"Hello, GtkTextView"。

```
GtkWidget *view;
GtkTextBuffer *buffer;
view = gtk_text_view_new ();
buffer = gtk_text_view_get_buffer (GTK_TEXT_VIEW (view));
gtk_text_buffer_set_text (buffer, "Hello, GtkTextView", -1);
```

调用 gtk_text_buffer_get_line_count 函数可获取文本编辑器中文本的总行数，调用 gtk_text_buffer_get_char_count 则可获取文本中的字符数。它们的原型如下。

```
gint gtk_text_buffer_get_line_count (GtkTextBuffer *buffer);
gint gtk_text_buffer_get_char_count (GtkTextBuffer *buffer);
```

要获取文本编辑器中的某段文本则应使用 gtk_text_buffer_get_text 函数，其原型如下。

```
gchar * gtk_text_buffer_get_text (GtkTextBuffer *buffer,
                        const GtkTextIter *start,
                        const GtkTextIter *end,
                        gboolean include_hidden_chars);
```

函数各参数及返回值的含义如下。

1. buffer   文本存储对象
2. start   起始位置
3. end   结束位置
4. include_hidden_chars 是否要取不可见的字符
5. 返回值   所取得的 utf-8 编码的文本字符串

要使用 gtk_text_buffer_get_text 函数，必须要先取得表示所取文本起始位置和结束位置的 GtkTextIter（迭代器）。函数 gtk_text_buffer_get_start_iter 可取得整个文本开始位置的 GtkTextIter，函数 gtk_text_buffer_get_end_iter 则可取得整个文本结束位置的 GtkTextIter。它们的原型如下。

```
void gtk_text_buffer_get_start_iter (GtkTextBuffer *buffer,
                                     GtkTextIter *iter);
void gtk_text_buffer_get_end_iter (GtkTextBuffer *buffer,
                                   GtkTextIter *iter);
```

其中，buffer 参数为 GtkTextView 的文本存储对象，iter 为输出参数，保存取到的位置迭代器。例如，以下代码用于获取文本编辑器中的所有内容（不含不可见字符）。

```
GtkTextIter iterStart;
GtkTextIter iterEnd;
gchar *text;
// view 为文本编辑器构件
pTextBuffer = gtk_text_view_get_buffer(view));
gtk_text_buffer_get_start_iter(pTextBuffer, &iterStart);
gtk_text_buffer_get_end_iter(pTextBuffer, &iterEnd);
text = (gchar *) gtk_text_buffer_get_text(pTextBuffer,
                        &iterStart, &iterEnd, FALSE);
```

函数 gtk_text_buffer_get_iter_at_offset 可根据相对于整个文本的首字符的位移量获取任意指定位置的 GtkTextIter。此外，也可按行来获取 GtkTextIter，调用 gtk_text_buffer_get_iter_at_line 函数可获取任意一行行首位置的 GtkTextIter，调用 gtk_text_buffer_get_iter_at_line_offset 则可根据相对于整个某行首字符的位移量获取指定位置的 GtkTextIter。这几个函数的原型如下。

```
void gtk_text_buffer_get_iter_at_offset (GtkTextBuffer *buffer,
                    GtkTextIter *iter, gint char_offset);
void gtk_text_buffer_get_iter_at_line (GtkTextBuffer *buffer,
                    GtkTextIter *iter, gint line_number);
void gtk_text_buffer_get_iter_at_line_offset
                    (GtkTextBuffer *buffer, GtkTextIter *iter,
                    gint line_number, gint char_offset);
```

其中，char_offset 为相对于整个文本开始位置的位移量（首字符位置量为 0），line_number 为行号（从 0 开始编号）。

调用 gtk_text_buffer_get_selection_bounds 函数可获取被选中的文本块的起始位置和结束位置的 GtkTextIter，函数原型如下。

```
gboolean gtk_text_buffer_get_selection_bounds
  (GtkTextBuffer *buffer, GtkTextIter *start, GtkTextIter *end);
```

该函数的返回值如果为 TRUE 表示有文本被选中，为 FALSE 则表示没有文本被选中。

使用 gtk_text_buffer_select_range 函数可在程序中自动选中一段文本，其原型如下。

```
void gtk_text_buffer_select_range(GtkTextBuffer *buffer,
        const GtkTextIter *ins, const GtkTextIter *bound);
```

其中，ins 为待选文本起始位置迭代器，bound 为待选文本结束位置迭代器。

GtkTextView 缺省是不具有滚动功能的，如果需要滚动条，应将其放在一个 GtkScrolledWindow（滚动窗口）容器构件中。

程序清单 10-6 所示程序说明了 GtkTextView 构件的基本用法。

<hr>

程序清单 10-6　ex_gtk_textview.c

```
 1  #include <gtk/gtk.h>
 2  #include <gdk/gdkkeysyms.h> // 在这个头文件中定义了按键常量值
 3
 4  // 键盘按键事件
 5  static gboolean onKeyPress (GtkWidget *widget, GdkEvent *event,
 6                      gpointer user_data)
 7  {
 8      // 将通用事件类型转换为具体的键盘按键事件类型
 9      GdkEventKey * pEventKey = (GdkEventKey *) event;
10      // 判断是否按下了左换档(Alt)键
11      if (pEventKey->keyval == GDK_KEY_Alt_L)
12      {
13          GtkTextBuffer *buffer;
14          GtkTextIter iterStart;
15          GtkTextIter iterEnd;
16          gchar *text;
17          gboolean selected;
18
19          // 获取文本存储对象
20          buffer = gtk_text_view_get_buffer (GTK_TEXT_VIEW (widget));
21          // 获取用户选中文本区域的位置迭代器
22          selected = gtk_text_buffer_get_selection_bounds(buffer,
23                              &iterStart, &iterEnd);
24          // 取用户输入的文本并输出
```

```
25        if(selected)
26        {
27            text = (gchar *) gtk_text_buffer_get_text(buffer,
28                          &iterStart, &iterEnd, FALSE);
29            printf("Selected text: %s\n", text);
30        }
31    }
32    // 这里一定要返回 FALSE，以便 GtkTextView 进一步处理
33    return FALSE;
34 }
35
36 // 窗口销毁事件
37 static void onDestroy( GtkWidget *widget, gpointer user_data )
38 {
39    // 退出 Gtk+主循环
40    gtk_main_quit ();
41 }
42
43 int main( int argc, char *argv[] )
44 {
45    GtkWidget *window;
46    GtkWidget *scroll;
47    GtkWidget *view;
48    GtkTextBuffer *buffer;
49    gtk_init (&argc, &argv);
50
51    // 创建滚动窗口构件
52    scroll = gtk_scrolled_window_new(NULL, NULL);
53    // 创建滚动策略
54    gtk_scrolled_window_set_policy(GTK_SCROLLED_WINDOW(scroll),
55            GTK_POLICY_AUTOMATIC, GTK_POLICY_AUTOMATIC);
56    // 设置边距
57    gtk_container_set_border_width(GTK_CONTAINER(scroll), 5);
58    // 创建文本编辑器构件
59    view = gtk_text_view_new ();
60    // 将文本编辑器构件添加到滚动窗口
61    gtk_container_add(GTK_CONTAINER(scroll), view);
62
63    // 获取文本存储对象
64    buffer = gtk_text_view_get_buffer (GTK_TEXT_VIEW (view));
65    // 设置文本
66    gtk_text_buffer_set_text (buffer, "Hello, GtkTextView", -1);
67    // 连接键盘按键信号
68    g_signal_connect (view, "key-press-event",
69                G_CALLBACK(onKeyPress), NULL);
70
71    // 创建窗口
72    window = gtk_window_new (GTK_WINDOW_TOPLEVEL);
73    // 设置窗口边距
74    gtk_container_set_border_width (GTK_CONTAINER (window), 10);
75    // 连接窗口销毁信号
76    g_signal_connect (window, "destroy", G_CALLBACK (onDestroy), NULL);
```

```
77
78      // 将滚动窗口添加到主窗口
79      gtk_container_add (GTK_CONTAINER (window), scroll);
80      // 显示所有构件
81      gtk_widget_show_all (window);
82      // 进入 Gtk+主循环
83      gtk_main ();
84      return 0;
85  }
```

在命令行编译本程序并运行，结果界面如图 10-7 所示，在文本编辑器中输入足够多的文本后，将自动出现滚动条（将鼠标移动到文本编辑器的边框处）如图 10-8 所示。

图 10-7　GtkTextView

图 10-8　GtkTextView 滚动条

当选中某块文本，然后按下左 Alt 键时，终端将输出所选中的文本，如下所示（具体输出因所选文本的不同而不同）。

```
Selected text: Hello, GtkTextView!
Selected text: the third line here for testing
Selected text: the second line here
```

10.1.10　GtkSeparator

GtkSeparator 是一种装饰型的构件，即用于美化布局。GtkSeparator 显示一个分隔条，分隔条可以是水平的也可以是竖直的。

使用 gtk_separator_new 函数可创建一个分隔条，该函数原型如下。

```
GtkWidget * gtk_separator_new(GtkOrientation orientation);
```

参数 orientation 用于指定分隔条的方向，其类型 GtkOrientation 定义如下。

```
typedef enum {
  GTK_ORIENTATION_HORIZONTAL,  // 水平
  GTK_ORIENTATION_VERTICAL     // 竖直
} GtkOrientation;
```

10.1.11　GtkFrame

GtkFrame 也是一种装饰型的构件。GtkFrame 构件显示一个圆角矩形的框架，在上边框中可放置一个文本标签，或一个其他构件。

使用用 gtk_frame_new 函数可创建 GtkFrame 构件，该函数原型如下。

```
GtkWidget * gtk_frame_new(const gchar *label);
```

label 参数用于指定位于上边框中的标签，可为 NULL。label 为 NULL 时表示忽略即不显示标签。也可在创建完 GtkFrame 构件后，调用 gtk_frame_set_label 函数改变标签文本。函数原型如下。

```
void gtk_frame_set_label (GtkFrame *frame, const gchar *label);
```

除了在上边框中放置文本外，也可放置一个其他构件，如 GtkEntry、GtkButton 等。这可通过调用 gtk_frame_set_label_widget 函数来完成，该函数原型为：

```
void gtk_frame_set_label_widget (GtkFrame *frame,
                                 GtkWidget *label_widget);
```

参数 label_widget 指明要放入上边框的构件。

最后，可使用 gtk_frame_set_label_align 函数设置上边框中的标签或构件的位置，其原型为：

```
void gtk_frame_set_label_align (GtkFrame *frame,
                                gfloat xalign, gfloat yalign);
```

参数 xalign 和 yalign 的值应为 0.0 至 1.0 之间的浮点数。

程序清单 10-7 所示程序说明了 GtkFrame 构件和 GtkSeparator 构件的基本用法。

程序清单 10-7　ex_gtk_frame.c

```
 1  #include <gtk/gtk.h>
 2
 3  // 窗口销毁事件
 4  static void onDestroy( GtkWidget *widget, gpointer user_data )
 5  {
 6      // 退出 Gtk+主循环
 7      gtk_main_quit ();
 8  }
 9
10  int main( int argc, char *argv[] )
11  {
12      GtkWidget *window;
13      GtkWidget *frame;
14      GtkWidget *entry;
15      GtkWidget *separatorH;
16      GtkWidget *separatorV;
17      GtkWidget *hbox;
18
19      gtk_init (&argc, &argv);
20
21      // 创建水平分隔条构件
22      separatorH = gtk_separator_new(GTK_ORIENTATION_HORIZONTAL);
23      // 创建竖直分隔条构件
24      separatorV = gtk_separator_new(GTK_ORIENTATION_VERTICAL);
25
26      // 创建水平组装盒
27      hbox = gtk_hbox_new(FALSE, 5);
28      // 将分隔条放入组装盒
29      gtk_box_pack_start(GTK_BOX(hbox), separatorH, TRUE, TRUE, 5);
30      gtk_box_pack_start(GTK_BOX(hbox), separatorV, TRUE, TRUE, 5);
31
32      // 创建单行文本编辑框
33      entry = gtk_entry_new();
34      // 创建框架构件
35      frame = gtk_frame_new(NULL);
36      // 设置上边框构件
```

```
37    gtk_frame_set_label_widget(GTK_FRAME(frame), entry);
38    // 设置对齐位置
39    gtk_frame_set_label_align(GTK_FRAME(frame), 0.1, 0.7);
40
41    // 将水平组装盒放入框架构件
42    gtk_container_add (GTK_CONTAINER (frame), hbox);
43
44    // 创建窗口
45    window = gtk_window_new (GTK_WINDOW_TOPLEVEL);
46    // 设置窗口边距
47    gtk_container_set_border_width (GTK_CONTAINER (window), 10);
48    // 设置窗口缺省尺寸
49    gtk_window_set_default_size (GTK_WINDOW (window), 300, 200);
50    // 连接窗口销毁信号
51    g_signal_connect (window, "destroy", G_CALLBACK (onDestroy), NULL);
52
53    // 将按钮构件添加到主窗口
54    gtk_container_add (GTK_CONTAINER (window), frame);
55    // 显示所有构件
56    gtk_widget_show_all (window);
57    // 进入 Gtk+主循环
58    gtk_main ();
59    return 0;
60 }
```

在命令行编译本程序并运行，结果界面如图 10-9 所示。

图 10-9　框架和分隔条构件

10.2　菜　　单

菜单是一般图形界面应用程序的标准组成部分之一。在 Gtk+ 中创建菜单要用到 GtkMenuBar（菜单栏）、GtkMenu（菜单）和 GtkMenuItem（菜单项）构件。其中 GtkMenuBar 和 GtkMenu 均为抽象类 GtkMenuShell 的子类。

使用 gtk_menu_bar_new 可以创建一个菜单栏，其原型如下。

```
GtkWidget * gtk_menu_bar_new(void);
```

在创建菜单栏后应创建菜单项并将菜单项加入菜单栏。创建菜单项一般用 gtk_menu_item_new_with_mnemonic 函数，该函数创建的菜单项是带助记符的。调用 gtk_menu_item_new_with_label 函数则可创建普通的菜单项。调用函数 gtk_separator_menu_item_new 可创建分隔条菜单项。另外，和创建按钮相似，也可创建带有系统库存项的文本和图标的菜单项，以使应用程序的界面和系统界面具有一致性。使用函数 gtk_image_menu_item_new_from_stock 可创建库存菜单项。这几个函数的原型如下。

```
GtkWidget * gtk_menu_item_new_with_label (const gchar *label);
GtkWidget * gtk_menu_item_new_with_mnemonic
      (const gchar *label);
GtkWidget * gtk_separator_menu_item_new (void);
GtkWidget * gtk_image_menu_item_new_from_stock
```

```
                    (const gchar *stock_id, GtkAccelGroup *accel_group);
```

函数的参数中，label 即为菜单项文本，文本中作为加速键的字符前应有'_'字符。stock_id 为库存项 ID，这和创建库存项按钮的 ID 是共用的（参见表 10-1）。accel_group 为加速键组，用以表示应用程序中所用到的快捷键，该参数若为 NULL 则表示菜单项不使用快捷键。要在应用程序中使用快捷键，必须先创建一个加速键组，并将其加入应用程序主窗口。创建加速键组的函数为 gtk_accel_group_new，其原型为：

```
GtkAccelGroup * gtk_accel_group_new (void);
```

使用 gtk_window_add_accel_group 函数可将加速键组添加到主窗口，其原型为：

```
void gtk_window_add_accel_group (GtkWindow *window,
                        GtkAccelGroup *accel_group);
```

将菜单项加入菜单栏可使用 gtk_menu_Shell_append 函数。该函数是 GtkMenuBar 和 GtkMenu 共同的父类 GtkMenuShell 类的方法，因此也用于将菜单项加入菜单。其原型如下。

```
void gtk_menu_shell_append (GtkMenuShell *menu_shell,
                        GtkWidget *child);
```

gtk_menu_Shell_append 函数将菜单项加入菜单栏或菜单的尾部，也可使用 gtk_menu_Shell_prepend 函数将菜单项加入菜单栏或菜单的头部，或者调用 gtk_menu_Shell_insert 函数将菜单项插入到菜单栏或菜单的任意位置。它们的原型如下。

```
void gtk_menu_shell_prepend (GtkMenuShell *menu_shell,
                        GtkWidget *child);
void gtk_menu_shell_insert (GtkMenuShell *menu_shell,
                        GtkWidget *child, gint position);
```

在菜单栏上添加了菜单项之后，应创建菜单并将其作为子菜单加入菜单栏。创建菜单的函数为 gtk_menu_new，其原型为：

```
GtkWidget * gtk_menu_new(void);
```

在创建菜单之后，应创建菜单项并用上述的 GtkMenuShell 的相关方法加入菜单。

最后，在创建好菜单之后，应该让各菜单项响应激活事件。为此，必须为各菜单项连接 "activate" 信号。"activate" 信号的信号处理函数应具有以下原型。

```
void user_function (GtkMenuItem *menuitem, gpointer user_data);
```

程序清单 10-8 所示程序说明了在应用程序中添加菜单的基本方法。

程序清单 10-8　ex_gtk_menu.c

```
1 #include <gtk/gtk.h>
2 #include <gdk/gdkkeysyms.h> // 在这个头文件中定义了按键常量值
3
4 static GtkAccelGroup *g_accelGroup;        // 加速键组
5 static GtkWidget *g_window;                // 主窗口
6 typedef enum _MenuCmd {                    // 菜单命令项
7    CMD_NEW=0, CMD_OPEN, CMD_SAVE, CMD_SAVE_AS, CMD_PREPEND, CMD_QUIT
8 } ECmd;
9
```

```
10  // 菜单项激活信号处理函数
11  void onCommand(GtkWidget* widget, gpointer user_data)
12  {
13      ECmd enCmd = (ECmd)user_data;
14
15      switch(enCmd)
16      {
17      case CMD_NEW:
18          printf("new\n");
19          break;
20      case CMD_OPEN:
21          printf("open\n");
22          break;
23      case CMD_SAVE:
24          printf("save\n");
25          break;
26      case CMD_SAVE_AS:
27          printf("save as...\n");
28          break;
29      case CMD_PREPEND:
30          printf("prepend\n");
31          break;
32      case CMD_QUIT:
33          printf("quit\n");
34          // 发送销毁信号
35          g_signal_emit_by_name(G_OBJECT(g_window), "destroy");
36          break;
37      default:
38          break;
39      }
40      fflush(stdout);
41  }
42
43  // 窗口销毁事件
44  static void onDestroy( GtkWidget *widget, gpointer user_data )
45  {
46      // 退出 Gtk+主循环
47      gtk_main_quit ();
48  }
49
50  // 在菜单栏上添加一个下拉菜单
51  GtkWidget * addMenu(GtkMenuBar *menubar, const gchar *label)
52  {
53      GtkWidget *menuitem;
54      GtkWidget *menu;
55
56      // 创建一个带助记符的菜单项
57      menuitem = gtk_menu_item_new_with_mnemonic(label);
58      gtk_widget_show(menuitem);
59      // 将菜单项添加到菜单栏
60      gtk_menu_shell_append(GTK_MENU_SHELL (menubar), menuitem);
61
62      // 创建菜单
63      menu = gtk_menu_new();
```

```
64          // 将菜单设置为菜单栏上菜单项的子菜单
65          gtk_menu_item_set_submenu(GTK_MENU_ITEM (menuitem), menu);
66
67          return menu;
68  }
69
70  // 添加库存 ID 菜单项
71  GtkWidget * addStockMenuItem(GtkWidget* menu, const gchar *stockid)
72  {
73          GtkWidget *menuitem;
74
75          // 创建带图标的库存 ID 菜单项
76          menuitem = gtk_image_menu_item_new_from_stock(stockid, g_accelGroup);
77          // 将菜单项添加到菜单
78          gtk_menu_shell_append(GTK_MENU_SHELL (menu), menuitem);
79          // 显示菜单项
80          gtk_widget_show(menuitem);
81
82          return menuitem;
83  }
84
85  // 添加分隔条菜单项
86  GtkWidget * addSeparatorMenuItem(GtkWidget* menu)
87  {
88          GtkWidget *menuitem;
89
90          // 创建分隔条菜单项
91          menuitem = gtk_separator_menu_item_new();
92          // 将菜单项添加到菜单
93          gtk_menu_shell_append(GTK_MENU_SHELL (menu), menuitem);
94          gtk_widget_show(menuitem);
95
96          return menuitem;
97  }
98
99  // 添加菜单项
100 GtkWidget * addMenuItem(GtkWidget* menu, const gchar *label,
101             const gchar *imageFile , guint uAccelKey)
102 {
103         GtkWidget *menuitem = NULL;
104         GtkWidget *image = NULL;
105
106         if(imageFile)
107         {
108             // 创建一个带助记符带图标的菜单项
109             menuitem = gtk_image_menu_item_new_with_mnemonic(label);
110             // 加载图片文件创建图片构件
111             image = gtk_image_new_from_file(imageFile);
112             gtk_widget_show(image);
113             // 为菜单项设置图标
114             gtk_image_menu_item_set_image(GTK_IMAGE_MENU_ITEM(menuitem),
115                                           image);
```

```
116     }
117     else
118     {
119         // 创建一个带助记符的菜单项
120         menuitem = gtk_menu_item_new_with_mnemonic(label);
121     }
122
123     if (uAccelKey)
124     {
125         // 添加快捷键
126         gtk_widget_add_accelerator(menuitem, "activate", g_accelGroup,
127                 uAccelKey, GDK_CONTROL_MASK, GTK_ACCEL_VISIBLE);
128     }
129
130     // 将菜单项添加到菜单
131     gtk_menu_shell_append(GTK_MENU_SHELL (menu), menuitem);
132     gtk_widget_show(menuitem);
133
134     return menuitem;
135 }
136
137 int main( int argc, char *argv[] )
138 {
139     GtkWidget *menubar;
140     GtkWidget *menuFile;
141     GtkWidget *menuEdit;
142     GtkWidget *menuitem;
143     GtkWidget *frame;
144     GtkWidget *vbox;
145
146     gtk_init (&argc, &argv);
147
148     // 创建加速键组
149     g_accelGroup = gtk_accel_group_new();
150     // 创建菜单栏
151     menubar = gtk_menu_bar_new();
152
153     // 添加 File 菜单
154     menuFile = addMenu(GTK_MENU_BAR(menubar), "_File");
155     menuitem = addStockMenuItem(menuFile, GTK_STOCK_NEW);
156     // 连接菜单项激活信号
157     g_signal_connect (menuitem, "activate",
158                 G_CALLBACK (onCommand), (gpointer)CMD_NEW);
159     menuitem = addStockMenuItem(menuFile, GTK_STOCK_OPEN);
160     g_signal_connect (menuitem, "activate",
161                 G_CALLBACK (onCommand), (gpointer)CMD_OPEN);
162     addSeparatorMenuItem(menuFile);
163     menuitem = addStockMenuItem(menuFile, GTK_STOCK_SAVE);
164     g_signal_connect (menuitem, "activate",
165                 G_CALLBACK (onCommand), (gpointer)CMD_SAVE);
166     menuitem = addStockMenuItem(menuFile, GTK_STOCK_SAVE_AS);
167     g_signal_connect (menuitem, "activate",
168                 G_CALLBACK (onCommand), (gpointer)CMD_SAVE_AS);
169     menuitem = addMenuItem(menuFile, "_Prepend", "prepend.gif", GDK_KEY_P);
```

```
170     g_signal_connect (menuitem, "activate",
171              G_CALLBACK (onCommand), (gpointer)CMD_PREPEND);
172     addSeparatorMenuItem(menuFile);
173     menuitem = addStockMenuItem(menuFile, GTK_STOCK_QUIT);
174     g_signal_connect (menuitem, "activate",
175              G_CALLBACK (onCommand), (gpointer)CMD_QUIT);
176     // 添加 Edit 菜单
177     menuEdit = addMenu(GTK_MENU_BAR(menubar), "_Edit");
178     menuitem = addStockMenuItem(menuEdit, GTK_STOCK_UNDO);
179     menuitem = addStockMenuItem(menuEdit, GTK_STOCK_REDO);
180
181     // 创建框架构件
182     frame = gtk_frame_new(NULL);
183     // 设置框架尺寸请求
184     gtk_widget_set_size_request(frame, 230, 120);
185
186     // 创建竖直组装盒
187     vbox = gtk_vbox_new(FALSE, 5);
188     // 将菜单栏放入组装盒
189     gtk_box_pack_start(GTK_BOX(vbox), menubar, TRUE, TRUE, 5);
190     gtk_box_pack_start(GTK_BOX(vbox), frame, TRUE, TRUE, 5);
191
192     // 创建窗口
193     g_window = gtk_window_new (GTK_WINDOW_TOPLEVEL);
194     // 设置窗口边距
195     gtk_container_set_border_width (GTK_CONTAINER (g_window), 10);
196     // 设置窗口缺省尺寸
197     gtk_window_set_default_size (GTK_WINDOW (g_window), 250, 150);
198     // 连接窗口销毁信号
199     g_signal_connect (g_window, "destroy", G_CALLBACK (onDestroy), NULL);
200
201     // 将加速键组添加到主窗口
202     gtk_window_add_accel_group(GTK_WINDOW(g_window), g_accelGroup);
203     // 将组装盒构件添加到主窗口
204     gtk_container_add (GTK_CONTAINER (g_window), vbox);
205     // 显示所有构件
206     gtk_widget_show_all (g_window);
207
208     // 进入 Gtk+主循环
209     gtk_main ();
210     return 0;
211 }
```

在命令行编译本程序并运行，结果界面如图 10-10 所示（左边是启动时的界面，右边是打开 File 菜单的界面）。单击 File 菜单的各菜单项将输出相应的提示信息，单击"退出"则将退出应用程序。

图 10-10 菜单

10.3　工　具　栏

和菜单一样，工具栏也是一般图形界面应用程序的标准组成部分之一。在 Gtk+中使用工具栏要用到 GtkToolbar（工具栏）、GtkToolItem（工具项）和 GtkToolButton（工具按钮）构件。其中 GtkToolbar 实现了 GtkToolShell 接口。

使用 gtk_toolbar_new 函数可以创建一个工具栏，其原型如下。

```
GtkWidget * gtk_toolbar_new (void);
```

工具栏可以是水平的也可以是竖直的，使用 gtk_toolbar_set_orientation 函数（Gnome 3 中不可用）可以设置工具栏的方向，该函数原型为：

```
void gtk_toolbar_set_orientation (GtkToolbar *toolbar,
                                  GtkOrientation orientation);
```

函 数 参 数 orientation 的 值 可 为 GTK_ORIENTATION_HORIZONTAL（ 水 平 ）或 GTK_ORIENTATION_VERTICAL（竖直），GtkOrientation 类型的定义参见 10.1.10 节。

调用函数 gtk_toolbar_set_style 可以设置工具栏的风格，其原型为：

```
void gtk_toolbar_set_style (GtkToolbar *toolbar,
                            GtkToolbarStyle style);
```

函数的 style 参数的类型为 GtkToolbarStyle 枚举型，其定义和含义如下：

```
typedef enum {
  GTK_TOOLBAR_ICONS,          // 只显示图标
  GTK_TOOLBAR_TEXT,           // 只显示文本标签
  GTK_TOOLBAR_BOTH,           // 同时显示图标和标签，竖排
  GTK_TOOLBAR_BOTH_HORIZ      // 同时显示图标和标签，横排
} GtkToolbarStyle;
```

如果在工具栏上显示图标的话，可使用 gtk_toolbar_set_icon_size 函数指定图标的大小。该函数的原型为：

```
void gtk_toolbar_set_icon_size (GtkToolbar *toolbar,
                                GtkIconSize icon_size);
```

函数的 icon_size 参数的类型为 GtkIconSize 枚举型，其定义如下。

```
typedef enum {
  GTK_ICON_SIZE_INVALID,
  GTK_ICON_SIZE_MENU,
  GTK_ICON_SIZE_SMALL_TOOLBAR, // 小图标
  GTK_ICON_SIZE_LARGE_TOOLBAR, // 大图标
  GTK_ICON_SIZE_BUTTON,
  GTK_ICON_SIZE_DND,
  GTK_ICON_SIZE_DIALOG
} GtkIconSize;
```

对于工具栏而言，icon_size 应设为 GTK_ICON_SIZE_SMALL_TOOLBAR 或 GTK_ICON_

SIZE_LARGE_TOOLBAR 二者之一。

在实际应用中，通常将工具栏实现为可拆卸的（detachable）部分。这可以通过将工具栏加入到一个 GtkHandleBox（手柄盒）容器构件中实现。创建 GtkHandleBox 的方法是调用 gtk_handle_box_new 函数，该函数的原型为：

```
GtkWidget * gtk_handle_box_new (void);
```

GtkHandleBox 是 GtkBin 的子类，只能使用 gtk_container_add 方法为其添加唯一的一个子构件。

在创建工具栏后应创建工具项，然后将工具项加入到工具栏。常用的工具项构件是 GtkToolButton，它呈现为一个工具按钮。有两个用于创建 GtkToolButton 的函数，它们是 gtk_tool_button_new 和 gtk_tool_button_new_from_stock，前者创建一般的工具按钮，后者创建带有系统库存项的文本和图标的工具按钮。另外，使用函数 gtk_separator_tool_item_new 可创建分隔工具项。这几个函数的原型如下。

```
GtkToolItem * gtk_tool_button_new (GtkWidget *icon_widget,
                                   const gchar *label);
GtkToolItem * gtk_tool_button_new_from_stock
                                   (const gchar *stock_id);
GtkToolItem * gtk_separator_tool_item_new (void);
```

函数的参数中，icon_widget 为工具按钮的图标，一般是一个 GtkImage 构件。label 为工具按钮文本。stock_id 为库存项 ID，这和创建库存项按钮的 ID 是共用的（参见表 10-1）。

在工具栏除了可以放置普通工具按钮外，还可放置 GtkMenuToolButton（下拉菜单工具按钮）、GtkToggleToolButton（开关工具按钮）和 GtkRadioToolButton（单选工具按钮）。

如果需要在工具栏上加入 GtkEntry、GtkComboBoxText 等特殊的构件，可调用 gtk_tool_item_new 函数创建一个 GtkToolItem 构件，然后将特殊构件作为子构件加入 GtkToolItem 构件中。gtk_tool_item_new 函数的原型为：

```
GtkToolItem * gtk_tool_item_new (void);
```

此外，可调用 gtk_tool_item_set_tooltip_text 函数为工具项设置一个工具提示信息。该函数原型是：

```
void gtk_tool_item_set_tooltip_text (GtkToolItem *tool_item,
                                     const gchar *text);
```

text 参数即为提示信息文本。

创建好工具项后，可使用 gtk_toolbar_insert 函数将其加入工具栏，该函数原型如下。

```
void gtk_toolbar_insert (GtkToolbar *toolbar,
                         GtkToolItem *item, gint pos);
```

函数的 pos 参数用于指定工具项插入的位置，当值为-1 时表示添加到工具栏的尾部。

最后，在创建好工具栏之后，应为各工具按钮连接"clicked"信号以响应用户的单击操作。"clicked"信号的信号处理函数应具有以下原型。

```
void user_function (GtkToolButton *toolbutton,
                    gpointer user_data)
```

程序清单 10-9 所示程序说明了在应用程序中添加工具栏的基本方法。

```
1  #include <gtk/gtk.h>
2
3  static GtkWidget *g_window;          // 主窗口
4  typedef enum _ToolCmd {              // 工具命令项
5      CMD_NEW=0, CMD_OPEN, CMD_PREPEND, CMD_QUIT
6  } ECmd;
7
8  // 工具按钮单击信号处理函数
9  void onCommand(GtkToolButton *toolbutton, gpointer user_data)
10 {
11     ECmd enCmd = (ECmd)user_data;
12
13     switch(enCmd)
14     {
15     case CMD_NEW:
16         printf("new\n");
17         break;
18     case CMD_OPEN:
19         printf("open\n");
20         break;
21     case CMD_PREPEND:
22         printf("prepend\n");
23         break;
24     case CMD_QUIT:
25         printf("quit\n");
26         break;
27     default:
28         break;
29     }
30     fflush(stdout);
31 }
32
33 // 窗口销毁事件
34 static void onDestroy( GtkWidget *widget, gpointer user_data )
35 {
36     gtk_main_quit ();
37 }
38
39 // 添加库存 ID 工具按钮
40 GtkWidget * addStockToolItem(GtkWidget* toolbar,
41              const gchar *stockid, const gchar *tooltip)
42 {
43     GtkToolItem *toolitem;
44     // 创建库存项工具按钮
45     toolitem = gtk_tool_button_new_from_stock(stockid);
46     // 设置工具提示信息
47     gtk_tool_item_set_tooltip_text(toolitem, tooltip);
48     // 将工具项插入工具栏尾部
49     gtk_toolbar_insert(GTK_TOOLBAR(toolbar), toolitem, -1);
50     gtk_widget_show(GTK_WIDGET(toolitem));
```

```
51
52      return GTK_WIDGET(toolitem);
53  }
54
55  // 添加分隔工具项
56  GtkWidget * addSeparatorToolItem(GtkWidget* toolbar)
57  {
58      GtkToolItem *toolitem;
59      // 创建分隔工具项
60      toolitem = gtk_separator_tool_item_new ();
61      gtk_toolbar_insert(GTK_TOOLBAR(toolbar), toolitem, -1);
62      gtk_widget_show(GTK_WIDGET(toolitem));
63
64      return GTK_WIDGET(toolitem);
65  }
66
67  // 添加工具项
68  GtkWidget * addToolItem(GtkWidget* toolbar, const gchar *pLabel,
69              const gchar *tooltip, const gchar *pImageFile)
70  {
71      GtkWidget *image = NULL;
72      GtkToolItem *toolitem = NULL;
73      // 创建图片构件
74      image = gtk_image_new_from_file(pImageFile);
75      gtk_widget_show(image);
76      // 创建工具按钮
77      toolitem = gtk_tool_button_new(image, pLabel);
78      // 设置工具提示信息
79      gtk_tool_item_set_tooltip_text(toolitem, tooltip);
80      // 将工具项插入工具栏尾部
81      gtk_toolbar_insert(GTK_TOOLBAR(toolbar), toolitem, -1);
82      gtk_widget_show(GTK_WIDGET(toolitem));
83
84      return GTK_WIDGET(toolitem);
85  }
86
87  int main( int argc, char *argv[] )
88  {
89      GtkWidget *toolbar;
90      GtkWidget *toolitem;
91      GtkWidget *handlebox;
92      GtkWidget *frame;
93      GtkWidget *vbox;
94
95      gtk_init (&argc, &argv);
96
97      // 创建工具栏
98      toolbar = gtk_toolbar_new();
99      // 设置工具栏风格式化
100     gtk_toolbar_set_style(GTK_TOOLBAR(toolbar), GTK_TOOLBAR_ICONS);
101     // 设置工具图标大小
102     gtk_toolbar_set_icon_size(GTK_TOOLBAR(toolbar),
103                     GTK_ICON_SIZE_SMALL_TOOLBAR);
```

```
104
105      // 创建手柄盒
106      handlebox = gtk_handle_box_new();
107      // 工具栏加入手柄盒
108      gtk_container_add(GTK_CONTAINER(handlebox), toolbar);
109
110      // 添加工具按钮
111      toolitem = addStockToolItem(toolbar, GTK_STOCK_NEW, "new");
112      // 连接工具按钮单击信号
113      g_signal_connect (toolitem, "clicked",
114                  G_CALLBACK (onCommand), (gpointer)CMD_NEW);
115      toolitem = addStockToolItem(toolbar, GTK_STOCK_OPEN, "open");
116      g_signal_connect (toolitem, "clicked",
117                  G_CALLBACK (onCommand), (gpointer)CMD_OPEN);
118      toolitem = addToolItem(toolbar, "Prepend", "prepend", "prepend.gif");
119      g_signal_connect (toolitem, "clicked",
120                  G_CALLBACK (onCommand), (gpointer)CMD_PREPEND);
121      addSeparatorToolItem(toolbar);
122      toolitem = addStockToolItem(toolbar, GTK_STOCK_QUIT, "quit");
123      g_signal_connect (toolitem, "clicked",
124                  G_CALLBACK (onCommand), (gpointer)CMD_QUIT);
125
126      // 创建框架构件
127      frame = gtk_frame_new(NULL);
128      // 设置框架尺寸请求
129      gtk_widget_set_size_request(frame, 230, 120);
130
131      // 创建竖直组装盒
132      vbox = gtk_vbox_new(FALSE, 5);
133      // 将工具栏手柄盒放入组装盒
134      gtk_box_pack_start(GTK_BOX(vbox), handlebox, TRUE, TRUE, 5);
135      gtk_box_pack_start(GTK_BOX(vbox), frame, TRUE, TRUE, 5);
136
137      g_window = gtk_window_new (GTK_WINDOW_TOPLEVEL);
138      gtk_container_set_border_width (GTK_CONTAINER (g_window), 10);
139      gtk_window_set_default_size (GTK_WINDOW (g_window), 250, 150);
140      g_signal_connect (g_window, "destroy", G_CALLBACK (onDestroy), NULL);
141
142      gtk_container_add (GTK_CONTAINER (g_window), vbox);
143
144      gtk_widget_show_all (g_window);
145      gtk_main ();
146      return 0;
147 }
```

　　在命令行编译本程序并运行，结果界面如图 10-11 所示。单击各工具按钮将输出相应的提示信息。

```
jianglinmei@ubuntu:~/c$ ./ex_gtk_toolbar
new
prepend
quit
```

图 10-11　工具栏

10.4　树型构件和列表构件

在 Gtk+中，树型构件和列表构件是表现力丰富但编程较为困难的两类构件。Gtk+设计这两种构件时采用了 MVC（模型/视图/控制器）模式，主要涉及以下几个组成部分：① 树视图构件（GtkTreeView）；② 视图列（GtkTreeViewColumn）；③ 格子装饰器（GtkCellRenderer）；④ 模型接口（GtkTreeModel）。"视图"由前三个对象构成，最后一个对象属于"模型"。采用 MVC 模式的一个最大好处是，数据（模型）与数据的展示（视图）是分离的，允许同时用多个视图以不同形式来展示一个数据的不同部分。

树型构件和列表构件并无本质的不同，它们都要使用 GtkTreeView 视图来呈现。但模型部分一般以 GtkTreeStore 来存储和管理树型数据，以 GtkListStore 来存储和管理列表数据。GtkTreeStore 和 GtkListStore 都实现了 GtkTreeModel 接口。

10.4.1　模型

GtkTreeModel 表示的是具有层次结构的强类型的列数据，也就是说，GtkTreeModel 以树的形式组织数据，树中每个节点均有多列数据，根据所选列的不同，树中的每个节点可以展示不同类型的数据。而对于每一个节点的相同列，其数据类型也是相同的。如果模型只有一层的话，可简单看成一张数据表格。

一般在创建视图之前应准备好模型。调用 gtk_tree_store_new 函数可创建 GtkTreeStore 对象，调用 gtk_list_store_new 函数即可创建 GtkListStore 对象。这两个函数的用法完全一样，其原型如下。

```
GtkTreeStore * gtk_tree_store_new (gint n_columns, ...);
GtkListStore * gtk_list_store_new (gint n_columns, ...);
```

第一个参数 n_columns 指定模型的列数，省略号 "..." 部分应提供 n_columns 个用 GType 类型表示的列的数据类型。常用的 GType 数据类型和 glib 类型的对应关系如表 10-2 所示。例如，以下代码创建具有两个列（第一列为字符串型、第二列为整型）的列表模型。

```
gtk_list_store_new (2, G_TYPE_STRING, G_TYPE_INT);
```

表 10-2　　　　　　　　　　　　　　GType 数据类型和 glib 类型

GType 类型	glib 类型	GType 类型	glib 类型
G_TYPE_NONE	void	G_TYPE_CHAR	gchar
G_TYPE_UCHAR	guchar	G_TYPE_BOOLEAN	gboolean
G_TYPE_INT	gint	G_TYPE_UINT	guint
G_TYPE_LONG	glong	G_TYPE_ULONG	gulong
G_TYPE_INT64	gint64	G_TYPE_UINT64	guint64
G_TYPE_FLOAT	gfloat	G_TYPE_DOUBLE	gdouble
G_TYPE_STRING	gchar*	G_TYPE_POINTER	gpointer

模型创建之后，即可向其添加数据。这需要用到迭代器 GtkTreeIter。迭代器是访问 GtkTreeModel 的首要工具。调用 gtk_tree_store_append 可在 GtkTreeStore 对象中增加一个节点（即

一行），并返回指向该节点的 GtkTreeIter 对象。该函数的原型如下。

```
void gtk_tree_store_append (GtkTreeStore *tree_store,
                      GtkTreeIter *iter, GtkTreeIter *parent);
```

函数的 iter 参数用于返回指向新节点的 GtkTreeIter 对象。parent 参数如果为 NULL，新节点将添加到顶层的末尾，否则新节点将添加到 parent 的所有子节之后。

调用 gtk_list_store_append 则可在 GtkListStore 对象中增加一行，并返回指向该行的 GtkTreeIter 对象。该函数的原型如下。

```
void gtk_list_store_append (GtkListStore *list_store,
                          GtkTreeIter *iter);
```

函数的 iter 参数用于返回指向新行的 GtkTreeIter 对象，新行将添加到列表的末尾。

使用 gtk_tree_store_append 或 gtk_list_store_append 函数新增的行是一空行，应调用 gtk_tree_store_set 或 gtk_list_store_set 函数为其设置数据。这两个函数的用法一致，原型为：

```
void gtk_tree_store_set (GtkTreeStore *tree_store,
                       GtkTreeIter *iter, ...);
void gtk_list_store_set (GtkListStore *list_store,
                       GtkTreeIter *iter, ...);
```

函数的 iter 参数指向要设置数据的行，省略号 "..." 部分应为 "列/值" 对，即一个列号，一个数值（数值的类型要和对应的类型一致），再一个列号，再一个数值……最后以–1 结尾。例如，以下代码将第 1 列设为字符串 "Tom"，第 2 列设为整数值 45。

```
gtk_list_store_set(store, &iter, 0, "Tom", 1, 45, -1);
```

因为经常要使用到列数和列号，所以一般会将列定义为如下形式的枚举型，提高代码的可读性。

```
typedef enum _Column {
    NAME_COLUMN,        // 第一列
    AGE_COLUMN,         // 第二列
    N_COLUMNS           // 列数
} EColumn;
```

定义这个枚举型后，上面的 gtk_list_store_set 语句可改写如下。

```
gtk_list_store_set(store, &iter,
                NAME_COLUMN, "Tom", AGE_COLUMN, 45, -1);
```

在模型中添加数据之后，如果要获取某个节点（某行）的数据，应先取得指向该节点的迭代器。调用 gtk_tree_model_get_iter_first 函数可取得指向模型首节点（首行）的迭代器，其原型如下。

```
gboolean gtk_tree_model_get_iter_first
        (GtkTreeModel *tree_model, GtkTreeIter *iter);
```

参数 tree_model 一般为 GtkTreeStore 或 GtkListStore 对象，iter 用于返回取得的 GtkTreeIter 对象。如果取到了首节点迭代器，返回值为 TRUE；如果模型为空，则返回值为 FALSE。此外，可调用以下函数在 GtkTreeStore 对象的各节点间进行遍历。

```
// 取 iter 节点同一层的下一节点
```

```
gboolean gtk_tree_model_iter_next (GtkTreeModel *tree_model,
                    GtkTreeIter *iter);
// 取 iter 节点同一层的前一节点
gboolean gtk_tree_model_iter_previous (GtkTreeModel *tree_model,
                    GtkTreeIter *iter);
// 取 parent 节点的第一个子节点
gboolean gtk_tree_model_iter_children (GtkTreeModel *tree_model,
                    GtkTreeIter *iter, GtkTreeIter *parent);
// 取 child 节点的父节点
gboolean gtk_tree_model_iter_parent (GtkTreeModel *tree_model,
                    GtkTreeIter *iter, GtkTreeIter *child);
```

在取得迭代器之后，可调用 gtk_tree_model_get 函数获取迭代器所指向的节点的数据。该函数的原型如下。

```
void gtk_tree_model_get (GtkTreeModel *tree_model,
                    GtkTreeIter *iter, ...);
```

参数 tree_model 应为 GtkTreeStore 或 GtkListStore 对象，iter 为迭代器，省略号 "..." 部分应为 "列/变量地址" 对，即一个列号，一个变量地址（变量的类型要和对应的类型一致），再一个列号，一个变量地址……最后以-1 结尾。例如，以下代码取第 1 列（NAME_COLUMN）存放到字符指针变量 name，取第 2 列（AGE_COLUMN）存放到整型变量 age。对于字符串类型，gtk_tree_model_get 将为其在堆中分配内存，因此，在使用完所取得的字符串后，要调用 g_free 释放其占用的内存。

```
gchar *name;
int age;
gtk_tree_model_get(store, &iter,
                    NAME_COLUMN, &name,
                    AGE_COLUMN, &age,
                    -1);
g_printf("Name:%s\tAge:%d\n", name, age);
g_free (name);   // 释放为字符串分配的空间
```

10.4.2　视图

在创建好模型之后，即可创建 GtkTreeView 视图对象来呈现模型中的数据。为模型创建 GtkTreeView 的方法是调用 gtk_tree_view_new_with_model 函数，该函数的原型为：

```
GtkWidget * gtk_tree_view_new_with_model (GtkTreeModel *model);
```

参数 model 一般为使用上一小节介绍的方法创建的 GtkTreeStore 或 GtkListStore，返回值即为所创建的 GtkTreeView 视图。应当注意，在调用该函数之后，因为所创建的 GtkTreeView 视图内含有对 model 的引用，所以应当调用 g_object_unref 函数为 model 对象解引用。g_object_unref 函数的原型如下。

```
void g_object_unref(gpointer object);
```

该函数的作用是将 object 对象的引用计数减一，当对象的引用计数为 0 时将被自动终止化（finalized），比如被释放内存。

GtkTreeView 视图创建好之后，还应为其添加列——GtkTreeViewColumn。不过在创建

GtkTreeViewColumn 之前，还应准备好格子装饰器——GtkCellRenderer。GtkCellRenderer 的作用是控制列中数据的呈现形式，即外观。最常使用的格子装饰器是文本装饰器 GtkCellRendererText。使用函数 gtk_cell_renderer_text_new 可创建 GtkCellRendererText，其原型如下。

```
GtkCellRenderer * gtk_cell_renderer_text_new (void);
```

不同类型的格子装饰具有许多相同或不同的属性。可用于文本装饰器的属性有 "foreground"、"background"、"xalign" 等。调用 g_object_set 函数可为格子装饰器设置属性值。例如，以下代码将文本装饰器的前景色设为蓝色。

```
g_object_set (G_OBJECT (renderer), "foreground", "blue", NULL);
```

另外，开关装饰器 GtkCellRendererToggle 也是常用的一类装饰器。它用于布尔型列，以复选框或单选按钮的形式来呈现数据。创建 GtkCellRendererToggle 的方法是调用 gtk_cell_renderer_toggle_new 函数，其原型为：

```
GtkCellRenderer * gtk_cell_renderer_toggle_new (void);
```

开关装饰器默认以复选框呈现数据，要显示单选按钮应将其 "radio" 属性设置为 TRUE，代码如下。

```
g_object_set (G_OBJECT (renderer), "radio", TRUE, NULL);
```

准备好格子装饰器后，可调用 gtk_tree_view_column_new_with_attributes 函数来创建视图列。该函数的原型如下。

```
GtkTreeViewColumn * gtk_tree_view_column_new_with_attributes
            (const gchar *title, GtkCellRenderer *cell, ...);
```

函数的 title 参数为列标题；cell 参数为格子装饰器；省略号 "..." 部分应为 "装饰器属性/列号" 对，即一个装饰器属性，一个列号，再一个装饰器属性，再一个列号……最后以 NULL 结尾。例如，以下代码创建一个标题为 "Name" 的视图列，然后将文本装饰器的 "text" 属性与模型的 NAME_COLUMN 列相关联。

```
gtk_tree_view_column_new_with_attributes
        ("Name", renderer, "text", NAME_COLUMN, NULL);
```

最后，在创建好视图列后，还要调用 gtk_tree_view_append_column 函数将视图列添加到视图。该函数的原型如下。

```
gint gtk_tree_view_append_column (GtkTreeView *tree_view,
                            GtkTreeViewColumn *column);
```

tree_view 参数为视图，column 参数为视图列，返回值为添加后视图的总列数。

对于树型构件和列表构件，通常需要在用户单击了某个节点（某列）时对选择项做相关的操作。为此需要连接选择项变更信号 "changed"。但是，并不能为 GtkTreeView 视图本身连接该信号，而是必须先取得视图的 GtkTreeSelection 选择器，为选择器连接 "changed" 信号。获取视图的 GtkTreeSelection 的方法是调用 gtk_tree_view_get_selection。该函数的原型如下。

```
GtkTreeSelection * gtk_tree_view_get_selection
                            (GtkTreeView *tree_view);
```

GtkTreeSelection 连接的"changed"信号的信号处理函数应具有以下的原型。

```
void callback(GtkTreeSelection *treesel, gpointer user_data)
```

通过调用 gtk_tree_selection_get_selected 函数，可以获得视图中当前选中的节点。该函数的原型如下。

```
gboolean gtk_tree_selection_get_selected
                    (GtkTreeSelection *selection,
                     GtkTreeModel **model, GtkTreeIter *iter);
```

参数 selection 为选择器，model 参数用以返回模型，iter 参数用以返回指向被选中行的迭代器。程序清单 10-10 所示程序说明了在应用程序中使用树型构件和列表构件的基本方法。

程序清单 10-10   ex_gtk_tree.c

```
1  #include <gtk/gtk.h>
2
3  static GtkWidget *g_window;        // 主窗口
4  typedef enum _Column              // 列
5  {
6      NAME_COLUMN,                  // 姓名
7      AGE_COLUMN,                   // 年龄
8      HEIGHT_COLUMN,                // 身高
9      WEIGHT_COLUMN,                // 体重
10     ONLINE_COLUMN,                // 在线否
11     N_COLUMNS                     // 列数
12 } EColumn;
13
14 // 选择项变更信号的信号处理函数
15 void onChanged(GtkTreeSelection *treeselection,
16                          gpointer user_data)
17 {
18     GtkTreeModel * store;
19     GtkTreeIter iter;
20     gchar *name;
21     gint age, height, weight;
22     gboolean online;
23
24     // 获取当前选择项
25     if( !gtk_tree_selection_get_selected (treeselection, &store, &iter))
26        return;
27
28     // 获取选择项的内容
29     gtk_tree_model_get(store, &iter,
30                 NAME_COLUMN, &name,
31                 AGE_COLUMN, &age,
32                 HEIGHT_COLUMN, &height,
33                 WEIGHT_COLUMN, &weight,
34                 ONLINE_COLUMN, &online,
35                 -1);
36     // 输出选择项的内容
37     printf("Name:%s\tAge:%d\tHeight:%d\tWeight:%d\tOnline:%s\n",
```

```
38                   name, age, height, weight, online ? "Yes" : "No");
39      g_free (name);    // 释放为字符串分配的空间
40
41      fflush(stdout);
42  }
43
44  // 窗口销毁事件
45  static void onDestroy( GtkWidget *widget, gpointer user_data )
46  {
47      gtk_main_quit ();
48  }
49
50  // 添加树型节点
51  // pIterC 返回添加的节点
52  // pIterp 指向父节点（为 NULL 时添加顶级节点）
53  void addTreeItem(GtkTreeStore *store, GtkTreeIter *pIterC,
54                  GtkTreeIter *pIterP, const gchar* text)
55  {
56      // 获取一个迭代器
57      gtk_tree_store_append (store, pIterC, pIterP);
58      // 设置迭代项内容
59      gtk_tree_store_set (store, pIterC, 0, text, -1);
60  }
61
62  // 创建树型构件
63  GtkWidget * createTree()
64  {
65      GtkTreeStore *store;          // 树存储器
66      GtkTreeIter iterc;            // 子迭代器
67      GtkTreeIter iterp;            // 父迭代器
68      GtkWidget *tree;
69      GtkTreeViewColumn *column;  // 列
70      GtkCellRenderer *renderer;  // 格子装饰器
71
72      // 创建 GtkTreeModel 模型
73      store = gtk_tree_store_new (1, G_TYPE_STRING);  // 仅一列
74      // 添加数据
75      addTreeItem(store, &iterp, NULL, "Asia");
76      addTreeItem(store, &iterc, &iterp, "China");
77      addTreeItem(store, &iterc, &iterp, "Taiwan");
78      addTreeItem(store, &iterc, &iterp, "Japan");
79      addTreeItem(store, &iterc, &iterp, "Thai");
80      addTreeItem(store, &iterp, NULL, "America");
81      addTreeItem(store, &iterc, &iterp, "USA");
82      addTreeItem(store, &iterc, &iterp, "Canada");
83      addTreeItem(store, &iterp, NULL, "Europe");
84      addTreeItem(store, &iterc, &iterp, "England");
85      addTreeItem(store, &iterc, &iterp, "France");
86      addTreeItem(store, &iterc, &iterp, "Italia");
87
88      // 创建 GtkTreeView 视图
```

```
89      tree = gtk_tree_view_new_with_model (GTK_TREE_MODEL (store));
90      // tree 已有对模型的引用，取消 store 对模型的引用
91      g_object_unref (G_OBJECT (store));
92      // 设置隐藏标题
93      gtk_tree_view_set_headers_visible(GTK_TREE_VIEW(tree), FALSE);
94
95      // 创建格子装饰器
96      renderer = gtk_cell_renderer_text_new ();
97      // 设置文本前景色为蓝色
98      g_object_set (G_OBJECT (renderer), "foreground", "blue", NULL);
99
100     // 创建列，并将格子装饰器的"text"属性与模型的第 0 列关联
101     column = gtk_tree_view_column_new_with_attributes
102             ("City & University", renderer, "text", 0, NULL);
103     // 将列添加到视图
104     gtk_tree_view_append_column (GTK_TREE_VIEW (tree), column);
105
106     return GTK_WIDGET(tree);
107 }
108
109 // 添加列表项(一行)数据
110 void addListItem(GtkListStore *store, const gchar* name, gint age,
111         gint height, gint weight, gboolean online)
112 {
113     GtkTreeIter iter;    // 迭代器
114
115     // 获取一个迭代器
116     gtk_list_store_append(store, &iter);
117     // 设置迭代项内容
118     gtk_list_store_set(store, &iter,
119                 NAME_COLUMN, name,
120                 AGE_COLUMN, age,
121                 HEIGHT_COLUMN, height,
122                 WEIGHT_COLUMN, weight,
123                 ONLINE_COLUMN, online,
124                 -1);
125 }
126
127 // 创建列表构件
128 GtkWidget * createList()
129 {
130     GtkListStore *store;         // 树存储器
131
132     GtkWidget *tree;
133     GtkTreeViewColumn *column; // 列
134     GtkCellRenderer *renderer; // 格子装饰器
135
136     // 创建 GtkTreeModel 模型
137     store = gtk_list_store_new (N_COLUMNS, G_TYPE_STRING,
138         G_TYPE_INT, G_TYPE_INT, G_TYPE_INT, G_TYPE_BOOLEAN);
139
140     // 添加数据
```

```
141    addListItem(store, "Tom", 18, 170, 65, TRUE);
142    addListItem(store, "Alice", 17, 160, 42, FALSE);
143    addListItem(store, "Bob", 20, 191, 89, FALSE);
144    addListItem(store, "Lily", 16, 165, 50, TRUE);
145    addListItem(store, "Rose", 19, 176, 49, TRUE);
146    addListItem(store, "Jack", 21, 166, 51, FALSE);
147    addListItem(store, "Michael", 192, 170, 98, TRUE);
148    addListItem(store, "Tompson", 179, 170, 68, FALSE);
149    addListItem(store, "Alen", 19, 180, 68, TRUE);
150    addListItem(store, "Ginger", 16, 170, 65, TRUE);
151    addListItem(store, "kathy", 18, 168, 55, TRUE);
152
153    // 创建 GtkTreeView 视图
154    tree = gtk_tree_view_new_with_model (GTK_TREE_MODEL (store));
155    // tree 已有对模型的引用，取消 store 对模型的引用
156    g_object_unref (G_OBJECT (store));
157
158    // 创建格子装饰器
159    renderer = gtk_cell_renderer_text_new ();
160    // 设置居中
161    g_object_set (G_OBJECT (renderer), "xalign", 0.5, NULL);
162
163    // 创建列，并将格子装饰器的"text"属性与模型的第 NAME_COLUMN 列关联
164    column = gtk_tree_view_column_new_with_attributes
165        ("Name", renderer, "text", NAME_COLUMN, NULL);
166    // 将列添加到视图
167    gtk_tree_view_append_column (GTK_TREE_VIEW (tree), column);
168
169    // 创建年龄列
170    column = gtk_tree_view_column_new_with_attributes
171        ("Age", renderer, "text", AGE_COLUMN, NULL);
172    gtk_tree_view_append_column (GTK_TREE_VIEW (tree), column);
173
174    // 创建身高列
175    column = gtk_tree_view_column_new_with_attributes
176        ("Height", renderer, "text", HEIGHT_COLUMN, NULL);
177    gtk_tree_view_append_column (GTK_TREE_VIEW (tree), column);
178
179    // 创建体重列
180    column = gtk_tree_view_column_new_with_attributes
181        ("Weight", renderer, "text", WEIGHT_COLUMN, NULL);
182    gtk_tree_view_append_column (GTK_TREE_VIEW (tree), column);
183
184    // 创建下一列（开关装饰）
185    renderer = gtk_cell_renderer_toggle_new ();
186    column = gtk_tree_view_column_new_with_attributes
187        ("Online", renderer, "active", ONLINE_COLUMN, NULL);
188    gtk_tree_view_append_column (GTK_TREE_VIEW (tree), column);
189
190    return GTK_WIDGET(tree);
191 }
192
193 int main( int argc, char *argv[] )
```

```
194 {
195     GtkWidget *tree;
196     GtkWidget *list;
197     GtkWidget *hbox;
198     GtkTreeSelection *treeSel;
199
200     gtk_init (&argc, &argv);
201
202     // 创建树型构件和列表构件
203     tree = createTree();
204     // 展开所有节点
205     gtk_tree_view_expand_all(GTK_TREE_VIEW(tree));
206
207     // 创建列表构件
208     list = createList();
209     // 取视图的选择器
210     treeSel = gtk_tree_view_get_selection(GTK_TREE_VIEW(list));
211     // 连接选择项变更信号
212     g_signal_connect(G_OBJECT(treeSel), "changed",
213                         G_CALLBACK(onChanged), NULL);
214
215     // 创建水平组装盒
216     hbox = gtk_hbox_new(FALSE, 5);
217     // 将树型构件和列表构件放入组装盒
218     gtk_box_pack_start(GTK_BOX(hbox), tree, TRUE, TRUE, 5);
219     gtk_box_pack_start(GTK_BOX(hbox), list, TRUE, TRUE, 5);
220
221     g_window = gtk_window_new (GTK_WINDOW_TOPLEVEL);
222     gtk_container_set_border_width (GTK_CONTAINER (g_window), 10);
223     gtk_widget_set_size_request(tree, 120, 180);
224     gtk_widget_set_size_request(list, 260, 180);
225     gtk_window_set_default_size (GTK_WINDOW (g_window), 320, 240);
226     g_signal_connect (g_window, "destroy", G_CALLBACK (onDestroy), NULL);
227     gtk_container_add (GTK_CONTAINER (g_window), hbox);
228     gtk_widget_show_all (g_window);
229     gtk_main ();
230     return 0;
231 }
```

在命令行编译本程序并运行，结果界面如图 10-12 所示，单击列表中的各行将输出该行的数据信息。

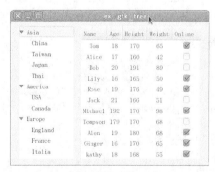

图 10-12　树型构件和列表构件

10.5　对　话　框

10.5.1　GtkMessageDialog

GtkMessageDialog 是消息对话框构件，是最常用的通用对话框。调用函数 gtk_message_dialog_new 即可创建一个消息对话框，其原型如下。

```
GtkWidget * gtk_message_dialog_new (GtkWindow *parent,
    GtkDialogFlags flags, GtkMessageType type,
    GtkButtonsType buttons, const gchar *message_format, ...);
```

函数各参数和返回值的含义如下。

1. parent　　父窗口

2. flag　　选项标志，定义如下：

```
typedef enum {
  GTK_DIALOG_MODAL            = 1 << 0,        // 模态对话框
  GTK_DIALOG_DESTROY_WITH_PARENT = 1 << 1      // 随父窗口销毁
} GtkDialogFlags;
```

3. type　消息类型，定义如下：

```
typedef enum {
  GTK_MESSAGE_INFO,            // 提示信息
  GTK_MESSAGE_WARNING,         // 警告信息
  GTK_MESSAGE_QUESTION,        // 询问信息
  GTK_MESSAGE_ERROR,           // 错误信息
  GTK_MESSAGE_OTHER            // 其他
} GtkMessageType;
```

4. buttons　　按钮类型

```
typedef enum {
  GTK_BUTTONS_NONE,            // 不显示任何按钮
  GTK_BUTTONS_OK,              // "确定"按钮
  GTK_BUTTONS_CLOSE,           // "关闭"按钮
  GTK_BUTTONS_CANCEL,          // "取消"按钮
  GTK_BUTTONS_YES_NO,          // "是"和"否"按钮
  GTK_BUTTONS_OK_CANCEL        // "确定"和"取消"按钮
} GtkButtonsType;
```

5. message_format 消息的格式化字符串，同 printf 函数的第一个参数

6. ...　　　　　　变量列表，同 printf 函数

7. 返回值　　　　消息对话框构件

在创建 GtkMessageDialog 后，可调用 gtk_window_set_title 函数为其设置标题。调用 gtk_dialog_run 才能让对话框运行并显示出来，该函数的原型如下。

```
gint gtk_dialog_run (GtkDialog *dialog);
```

dialog 参数为已创建的对话框。只有在用户单击对话框中的某个按钮关闭对话框时 gtk_dialog_run 函数才会返回，返回值为被单击的对话框按钮对应的返回值。gtk_dialog_run 可能的返回值由 GtkResponseType 定义。

```
typedef enum {
  GTK_RESPONSE_NONE        = -1,
  GTK_RESPONSE_REJECT      = -2,
  GTK_RESPONSE_ACCEPT      = -3,
  GTK_RESPONSE_DELETE_EVENT = -4,
  GTK_RESPONSE_OK          = -5,
  GTK_RESPONSE_CANCEL      = -6,
  GTK_RESPONSE_CLOSE       = -7,
  GTK_RESPONSE_YES         = -8,
  GTK_RESPONSE_NO          = -9,
  GTK_RESPONSE_APPLY       = -10,
  GTK_RESPONSE_HELP        = -11
} GtkResponseType;
```

GtkResponseType 的各枚举值与 GtkButtonsType 中规定的按钮具有由名称可见的对应关系。

最后，使用完对话框后，应调用 gtk_widget_destroy 函数销毁已创建的对话框。

以下代码中的 confirm 函数被调用后将弹出一个"确认"对话框，对话框中显示一条提示信息以及"是"和"否"两个按钮。当用户单击了对话框中的"是"按钮后函数返回 TRUE，否则返回 FALSE。

```
gboolean confirm(const std::string & strHint)
{
    if(this->m_pDocument->isDirty())
    {
        GtkWidget *dialog = gtk_message_dialog_new(
                GTK_WINDOW(this->m_pWidget),
                GTK_DIALOG_MODAL, GTK_MESSAGE_QUESTION,
                GTK_BUTTONS_YES_NO, "%s", strHint.c_str());
        gtk_window_set_title(GTK_WINDOW(dialog), "确认提示");
        gint result = gtk_dialog_run(GTK_DIALOG(dialog));
        gtk_widget_destroy(dialog);

        return (result == GTK_RESPONSE_YES);
    }

    return TRUE;
}
```

10.5.2 GtkFileChooserDialog

GtkFileChooserDialog 是文件选择对话框构件，其外观如图 10-13 所示。

函数 gtk_file_chooser_dialog_new 用以创建 GtkFileChooserDialog，其原型为：

```
GtkWidget * gtk_file_chooser_dialog_new (const gchar *title,
        GtkWindow *parent, GtkFileChooserAction action,
        const gchar *first_button_text, ...);
```

图 10-13　GtkFileChooserDialog

函数各参数和返回值的含义如下。

1．title　　　　　对话框的标题

2．parent　　　　父窗口

3．action　　　　选取模式

4．first_button_text 第一个按钮的文本标签或库存 ID

5．...　　　　　 第一个按钮被单击后的返回值，随后是第二个按钮的文本标签或库存 ID
和其被单击后的返回值……以此类推，最后以 NULL 结束

6．返回值　　　　文件选择对话框构件

枚举类型 GtkFileChooserAction 的定义如下。

```
typedef enum {
  GTK_FILE_CHOOSER_ACTION_OPEN,                // 打开文件模式
  GTK_FILE_CHOOSER_ACTION_SAVE,                // 保存文件模式
  GTK_FILE_CHOOSER_ACTION_SELECT_FOLDER,       // 选择目录模式
  GTK_FILE_CHOOSER_ACTION_CREATE_FOLDER        // 创建或更名目录模式
} GtkFileChooserAction;
```

在创建好 GtkFileChooserDialog 构件之后，需调用 gtk_dialog_run 让对话框运行并显示出来。在 gtk_dialog_run 函数返回之后，可调用 gtk_file_chooser_get_filename 函数取得用户所选择的文件的文件名。该函数原型为：

```
gchar * gtk_file_chooser_get_filename
                     (GtkFileChooser *chooser);
```

在使用完返回的文件名之后，应调用 g_free 函数将文件名指针释放。

如果使用保存文件模式创建 GtkFileChooserDialog，可调用函数 gtk_file_chooser_set_do_overwrite_confirmation 函数设置是否需要在文件已存在时弹出对话框提示用户是否要覆盖。注意，应在调用 gtk_dialog_run 函数之前调用该函数。其原型为：

```
void gtk_file_chooser_set_do_overwrite_confirmation
  (GtkFileChooser *chooser, gboolean do_overwrite_confirmation);
```

另外，可调用 gtk_file_chooser_set_current_folder 函数设置初始目录，调用 gtk_file_chooser_set_current_name 设置初始文件。它们的原型如下：

```
gboolean gtk_file_chooser_set_current_folder
        (GtkFileChooser *chooser, const gchar *filename);
void gtk_file_chooser_set_current_name
        (GtkFileChooser *chooser, const gchar *name);
```

最后，使用完对话框后，应调用 gtk_widget_destroy 函数销毁已创建的对话框。
以下代码说明了文件选择对话框构件 GtkFileChooserDialog 的基本用法。

```
GtkWidget *dialog;

dialog = gtk_file_chooser_dialog_new ("编辑文件",
                    parent_window,
                    GTK_FILE_CHOOSER_ACTION_OPEN,
                    GTK_STOCK_CANCEL, GTK_RESPONSE_CANCEL,
                    GTK_STOCK_OPEN, GTK_RESPONSE_ACCEPT,
                    NULL);

if (gtk_dialog_run (GTK_DIALOG (dialog)) == GTK_RESPONSE_ACCEPT)
{
    char *filename;

    filename = gtk_file_chooser_get_filename
                            (GTK_FILE_CHOOSER (dialog));
    open_file (filename);
    g_free (filename);
}

gtk_widget_destroy (dialog);
```

10.5.3 自定义对话框

自定义对话框需使用 GtkDialog 类，该类是通用窗口 GtkWindow 的子类。一般使用
gtk_dialog_new_with_buttons 函数创建一个对话框构件。该函数的原型如下。

```
GtkWidget * gtk_dialog_new_with_buttons (const gchar *title,
        GtkWindow *parent, GtkDialogFlags flags,
        const gchar *first_button_text, ...);
```

函数各参数和返回值的含义如下。

1. title   对话框的标题
2. parent   父窗口
3. flags   选项标志，同 gtk_message_dialog_new 函数
4. first_button_text 第一个按钮的文本标签或库存 ID
5. ...   第一个按钮被单击后的返回值，随后是第二个按钮的文本标签或库存 ID
                    和其被单击后的返回值……以此类推，最后以 NULL 结束
6. 返回值   对话框构件

创建对话框之后，调用 gtk_dialog_get_content_area 函数可取得对话框中的内容区域容器构件，
应将其它构件添加到该容器中，而非添加到对话框构件中。gtk_dialog_get_content_area 函数的原
型如下。

```
GtkWidget * gtk_dialog_get_content_area (GtkDialog *dialog);
```

当用户单击对话框中的"动作（action）构件"或对话框的关闭按钮时，将引发"response"
信号，该信号的信号处理函数应具有以下原型。

```
void user_function (GtkDialog *dialog,
                    gint response_id, gpointer user_data)
```

其中，response_id 为响应 ID，是一个 GtkResponseType 类型的枚举值，因用户单击的按钮的
不同而不同。

程序清单 10-11 所示程序说明了自定义对话框的基本方法。

<hr>

程序清单 10-11　ex_gtk_toolbar.c

```
 1 #include <gtk/gtk.h>
 2
 3 // 自定义对话框
 4 void myMessageDialog (GtkWindow* parent, const gchar *message)
 5 {
 6     GtkWidget *dialog, *label, *content_area;
 7
 8     // 创建对话框
 9     dialog = gtk_dialog_new_with_buttons ("Message",
10                 parent,
11                 GTK_DIALOG_DESTROY_WITH_PARENT,
12                 GTK_STOCK_OK,
13                 GTK_RESPONSE_NONE,
14                 NULL);
15     // 设置对话框缺省尺寸
16     gtk_window_set_default_size (GTK_WINDOW (dialog), 200, 80);
17
18     // 获取内容区域，自定义的构件将添加在此
19     content_area = gtk_dialog_get_content_area (GTK_DIALOG (dialog));
20     // 创建一个标签
21     label = gtk_label_new (message);
22
23     // 连接"response"信号，在用户响应时销毁对话框
24     g_signal_connect_swapped (dialog,
25                     "response",
26                     G_CALLBACK (gtk_widget_destroy),
27                     dialog);
28
29     // 将标签加入内容区域
30     gtk_container_add (GTK_CONTAINER (content_area), label);
31     gtk_widget_show_all (dialog);
32 }
33
34 static void onClicked( GtkWidget *widget, gpointer user_data )
35 {
36     // 创建并显示自定义对话框
37     myMessageDialog(GTK_WINDOW(user_data),
38                     "This is a custom dialog!");
39 }
40
41 static void onDestroy( GtkWidget *widget, gpointer user_data )
```

```
42 {
43    gtk_main_quit ();
44 }
45
46 int main( int argc, char *argv[] )
47 {
48    GtkWidget *window;
49    GtkWidget *button;
50    gtk_init (&argc, &argv);
51
52    window = gtk_window_new (GTK_WINDOW_TOPLEVEL);
53    gtk_container_set_border_width (GTK_CONTAINER (window), 10);
54    g_signal_connect (window, "destroy", G_CALLBACK (onDestroy), NULL);
55    gtk_window_set_default_size (GTK_WINDOW (window), 200, 80);
56
57    button = gtk_button_new_with_label("Show Dialog");
58    g_signal_connect (button, "clicked",
59                   G_CALLBACK (onClicked), (gpointer)window);
60
61    gtk_container_add (GTK_CONTAINER (window), button);
62    gtk_widget_show_all (window);
63    gtk_main ();
64    return 0;
65 }
```

在命令行编译本程序并运行，结果如图 10-14 所示。左图为程序启动时的界面，右图为单击 "Show Dialog" 按钮后弹出的对话框。

图 10-14　自定义对话框

10.6　小　　结

本章详细地介绍了 Gtk+中各种常用构件的使用方法，对各类构件都给出了示例代码，并在代码中进行了详细的注释，以期引导读者快速掌握 Gtk+各种构件的编程技术。限于篇幅，本章并未囊括 Gtk+的所有构件，相信读者能举一反三，能够在 DevHelp 编程手册的帮助下快速掌握其他构件的使用方法。

10.7　习　　题

（1）编写 Gtk+程序，创建标题为"计算"的窗口，在窗口中排列三个文本编辑框和一个按钮。

在用户单击按钮时，将前两个文本编辑框中的输入的数之和显示在第三个文本编辑框中。

（2）改写第（1）题的程序，去掉界面上的按钮。当用户在前两个文本编辑框中任一个中按下回车键时，在第三个文本编辑框中显示前两个编辑框中的数的乘积。

（3）编写 Gtk+程序实现一个简单的四则运算计算器。

（4）编写 Gtk+程序实现一个简单的通讯录管理器，用一个文本文件存储通讯录中的相关数据。要求将通讯录中的人员进行分类（如：亲人、同学、朋友、其他）。主界面由菜单、工具栏、一个树型构件、一个列表框和其他可选构件构成。在主界面中，用一个树型构件显示类别和类别下的人员名单，当用户单击树中的人员姓名时，将该人员的详细信息显示在一个列表构件中。提供菜单项和工具按钮在用户单击时弹出一个"人员编辑"对话框，在对话框中排列相关构件，实现对人员信息的输入和编辑。最后，当用户单击主窗口的关闭按钮时，要求弹出对话框让用户确认是否要退出，用户单击"是"按钮时退出，否则不退出应用程序。

[1] W. Richard Stevens, 尤晋元(译). UNIX 环境高级编程(第 2 版)[G]. 人民邮电出版社, 2006.

[2] M. Tim Jones 著, 张元章(译). GNU/LINUX 环境编程(第 2 版)[G]. 清华大学出版社, 2010.

[3] Matthew N,Stones R, 陈健(译). Linux 程序设计(第 4 版)[G]. 人民邮电出版社, 2010.

[4] 孟庆昌, 牛欣源. Linux 教程(第 2 版)[G]. 电子工业出版社, 2007.

[5] 许宏松. LINUX 应用程序开发指南[G]. 机械工业出版社, 2000.

[6] DevHelp 手册.